建筑遗产保护丛书

本研究为国家自然科学基金资助项目(NO.51138002)的一部分

东南大学城市与建筑遗产保护教育部重点实验室

朱光亚　主编

历史性建筑估价

Historic Property Valuation

徐进亮　著

东南大学出版社 · 南京

内容简介

本书基于经济原理、产权制度和估价技术体系等，通过对市场实例进行研究分析，建立一套相对完整的历史性建筑估价理论与方法体系。

本书首先是对历史性建筑的概念、价值体系等进行分析；其次是对历史性建筑的经济学原理和产权制度进行探究；第三是详细阐述影响历史性建筑经济价值变动的主要因素；最后是依据估价原理，应用不同的估价方法对历史性建筑经济价值的认定进行研究，建立可行的估价方法技术体系，并附以具体的历史性建筑估价实例，证明其科学合理性。

通过对历史性建筑经济价值进行准确估价，能够为历史性建筑的保护、修缮及再利用提供经济参考依据，也为鼓励引入民间资金、进一步完善历史性建筑市场建设等提供决策支持。

图书在版编目(CIP)数据

历史性建筑估价 / 徐进亮著. —南京：东南大学出版社，2015.9
(建筑遗产保护丛书/朱光亚主编)
ISBN 978-7-5641-5944-3

Ⅰ.①历… Ⅱ.①徐… Ⅲ.①古建筑—估价 Ⅳ.①TU-87

中国版本图书馆 CIP 数据核字(2015)第 173104 号

出版发行　东南大学出版社
出 版 人　江建中
网　　址　http://www.seupress.com
电子邮箱　press@seupress.com
社　　址　南京市四牌楼 2 号
邮　　编　210096
电　　话　025-83793191(发行)　025-57711295(传真)
经　　销　全国各地新华书店
印　　刷　南京玉河印刷厂
开　　本　787mm×1092mm　1/16
印　　张　15
字　　数　302 千
版　　次　2015 年 9 月第 1 版
印　　次　2015 年 9 月第 1 次印刷
书　　号　ISBN 978-7-5641-5944-3
印　　数　1～3000 册
定　　价　45.00 元

继往开来,努力建立建筑遗产保护的现代学科体系[1]

建筑遗产保护在中国由几乎是绝学转变成显学只不过是二三十年时间。差不多五十年前,刘敦桢先生承担瞻园的修缮时,能参与其中者凤毛麟角,一期修缮就费时六年;三十年前我承担苏州瑞光塔修缮设计时,热心参加者众多而深入核心问题讨论者则十无一二,从开始到修好费时十一载。如今保护文化遗产对民族、地区、国家以至全人类的深远意义已日益被众多社会人士所认识,并已成各级政府的业绩工程。这确实是社会的进步。

不过,单单有认识不见得就能保护好。文化遗产是不可再生的,认识其重要性而不知道如何去科学保护,或者盲目地决定保护措施是十分危险的,我所见到的因不当修缮而危及文物价值的例子也不在少数。在今后的保护工作中,十分重要的一件事就是要建立起一个科学的保护体系,而从过去几十年正反两方面的经验来看,要建立这样一个科学的保护体系并非易事,依我看至少要获得以下的一些认识。

首先,就是要了解遗产。了解遗产就是系统了解自己的保护对象的丰富文化内涵、价值以及发展历程,还要了解其构成的类型和不同的特征。此外,无论在中国还是在外国,保护学科本身也走过了漫长的道路,因而还包括要了解保护学科本身的渊源、归属和发展走向。人类步入 21 世纪,科学技术的发展日新月异,CAD 技术、GIS 技术和 GPS 技术及新的材料技术、分析技术和监控技术等大大拓展了保护的基本手段;但我们在努力学习新技术的同时要懂得,方法不能代替目的,媒介不能代替对象——离开了对对象本体的研究,离开了对保护主体的人的价值观念的关注,目的就沦丧了。

其次,要开阔视野。信息时代的到来缩小了空间和时间的距离,也为人类获得更多的知识提供了良好的条件,但在这个信息爆炸的时代,保护科学的体系构成日

[1] 本文是潘谷西教授为城市与建筑遗产保护教育部重点实验室(东南大学)成立写的一篇文章,征得作者同意并经作者修改,作为本丛书的代序。

益庞大、知识日益精深,因此对学科总体而言,要有一种宏观的开阔的视野,在建立起学科架构的基础上使得学科本身成为开放体系,成为不断吸纳和拓展的系统。

再次,要研究学科特色。任何宏观的认识都代替不了进一步的中观和微观的分析:从大处说,任何对国外理论的学习都要辅之以对国情的关注;从小处说,任何保护的个案都有着自己特殊的矛盾性质,类型的规律研究都要辅之以对个案的特殊矛盾的分析,解决个案的独特问题更能显示保护工作的功力。

最后,要通过实践验证。我曾多次说过,建筑科学是实践科学,建筑遗产保护科学尤其如此:再完整的保护理论如果在实践中无法获得成功,无法获得社会的认同,无法解决案例中的具体问题,那就不能算成功,就需要调整甚至需要扬弃;经过实践不断调整和扬弃后保留下来的理论,才是保护科学体系需要好好珍惜的部分。

潘谷西

2009 年 11 月于南京

丛书总序

建筑遗产保护丛书是酝酿了多年的成果。大约在 1978 年,东南大学通过恢复建筑历史学科的研究生招生,开启了新时期的学科发展继往开来的历史。1979 年开始,根据社会上的实际需求,东南大学承担了国家一系列重要的建筑遗产保护工程项目,这也显示了建筑遗产保护实践与建筑历史学科的学术关系。1987 年后的十年间东南大学提出申请并承担了国家自然科学基金重点项目中的中国建筑历史多卷集的编写工作,使研究和应用相得益彰;又接受了国家文物局委托举办古建筑保护干部专修科的任务,将人才的培养提上了工作日程。20 世纪 90 年代,特别是中国加入世界遗产组织后,建筑遗产的保护走上了和世界接轨的征程。人才培养也上升到成规模地培养硕士和博士的层次。东大建筑系在开拓新领域、开设新课程、适应新的扩大了的社会需求和教学需求方面投入了大量的精力,除了取得多卷集的成果和大量横向研究成果外,还完成了教师和研究生的一系列论文。

2001 年东南大学建筑历史学科被评估成为了中国第一个建筑历史与理论方面的国家重点学科。2009 年城市与建筑遗产保护教育部重点实验室(东南大学)获准成立。该实验室将全面开展建筑遗产保护的研究工作,特别是将从实践中凝练科学问题的多学科的研究工作承担了起来。形势的发展对学术研究的系统性和科学性提出了更为迫切的要求。因此,有必要在前辈奠基及改革开放后几代人工作积累的基础上,专门将建筑遗产保护方面的学术成果结集出版,此即为《建筑遗产保护丛书》。

这里提到的中国建筑遗产保护的学术成果是由前辈奠基,绝非虚语。今日中国的建筑遗产保护运动已经成为显学且正在接轨国际并日新月异。其基本原则:将人类文化遗产保护的普世精神和与中国的国情、中国的历史文化特点相结合的原则,早在营造学社时代就已经确立。这些原则经历史检验已显示其长久的生命力。当年学社社长朱启钤先生在学社成立时所说的“一切考工之事皆本社所有之事……一切无形之思想背景,属于民俗学家之事亦皆本社所应旁搜远绍者……中国营造学社者,全人类之学术,非吾一民族所私有”的立场,“依科学之眼光,作有系统之研究”“与世界学术名家公开讨论”的眼界和体系，“沟通儒匠，浚发智巧”的切入点，都是在今日建筑遗产保护研究中需要牢记的。

当代的国际文化遗产保护运动发端于欧洲并流布于全世界，建立在古希腊文化和希伯来文化及其衍生的基督教文化的基础上；又经文艺复兴弘扬的欧洲文化精神是其立足点；注重真实性，注重理性，注重实证是这一运动的特点；但这一运动又在其流布的过程中不断吸纳东方的智慧，1994 年的《奈良文告》以及 2007 年的《北京文件》等都反映了这种多元的微妙变化——《奈良文告》将原真性同地区与民族的历史文化传统相联系可谓明证。同样，在这一文件的附录中，将遗产研究工作纳入保护工作系统也可谓是远见卓识。因此本丛书也就十分重视涉及建筑遗产保护的东方特点以及基础研究的成果。又因为建筑遗产保护涉及多种学科的多种层次研究，丛书既包括了基础研究，也包括了应用基础的研究，以及应用性的研究。为了取得多学科的学术成果，一如遗产实验室的研究项目是开放性的一样，本丛书也是向全社会开放的，欢迎致力于建筑遗产保护的研究者向本丛书投稿。

遗产保护在欧洲延续着西方学术的不断分野的传统，按照科学和人文的不同学科领域，不断在精致化的道路上拓展；中国的传统优势则是整体思维和辩证思维。1930 年代的营造学社在接受了欧洲的学科分野的先进方法论后又经朱启钤的运筹和擘画，在整体上延续了东方的特色。鉴于中国从古延续至今的经济发展和文化发展的不均衡性，这种东方的特色是符合中国多数遗产保护任务，尤其是不发达地区的遗产保护任务的需求的。我们相信，中国的建筑遗产保护领域的学术研究也会向学科的精致化方向发展，但是关注传统的延续，关注适应性技术在未来的传承，依然是本丛书的一个侧重点。

面对着当代人类的重重危机，保护构成人类文明的多元的文化生态已经成为经济全球化大趋势下的有识之士的另一种强烈的追求，因而保护中国传统建筑遗产不仅对于华夏子孙，也对整个人类文明的延续有着重大的意义。在认识文明的特殊性及其贡献方面，本丛书的出版也许将会显示出另一种价值。

朱光亚

2009 年 12 月 20 日于南京

序

1997年前后，我在承担国家自然科学基金项目《中国建筑遗产资源评估系统模式研究》时，就在实践中触及并不得不研究一个问题，那是讨论建筑遗产的价值时绕不开的——该遗产在现实社会中如何利用以及利用的效能如何。当时不得不列了一个专题叫作“可利用性评估”。因为在中国的国情下，各级政府在财力有限时，对建筑遗产的保护工作的顺序通常与遗产的可利用性成正相关。

二十年来，随着民族和地区文化意识的觉醒，随着文化遗产保护运动的深入，也随着古代建筑遗存的不断减少，遗产的珍稀性日益显现。各个阶层的干部群众对文化遗产保护的期待值也日益提升。各级决策者和相关利益者在斟酌遗产保护措施的社会效益的同时，也必然地斟酌这些措施的经济效益。然而在以往的城市建筑遗产保护工程的研究过程中却一直存在着两种倾向。一种是对建筑遗产的价值认识严重不足，希望通过拆除大量质量稍差一些的建筑遗存为兴建现代的各色建筑腾出土地；只有少数那些高规格的庙宇、会馆、祠堂才有可能获得保存。这种模式被人称为“大拆大建”或者是“建设性破坏”。它使大量的与城市记忆相关联的建筑遗产迅速消失，也使得城市历史文化资源宝库迅速萎缩。另一种则是出于对文化遗产的热爱或者是对前一种模式的矫枉过正的措施，要求对所有的建筑遗产都采取一视同仁的博物馆式或冷冻式的保护。这不仅使得建筑遗产的安全隐患得不到根治，而且也由于缺少容纳现代社会的种种机能要求而使其难以利用，直至衰败倒塌，这也使各级政府背上沉重的财务负担。这两种思维方式都缺乏将文化遗产的保护和利用、社会效益和经济效益整合起来考虑的能力。

价值评估无疑为克服这种割裂式的碎片化的思维创造了条件，但是普通的价值评估依然无法为城乡建筑遗产的保护项目实施者提供经济学的分析，毕竟任何市场经济下的活动都需要投入产出的计算，且计算越接近实际，项目实施中的风险就越小。这样从经济学的角度切入整体性地探讨建筑遗产保护的工作就必然走到台前。徐进亮的这本《历史性建筑估价》就是在这样的形势下推出的。徐进亮是从“杏花春雨江南”情调的苏州街巷中走出来，对地域传统建筑文化总是流连忘返。

这两年他又投身东南大学建筑学院的博士后站，更深入地研究和参与城乡建筑遗产的保护实践；他出身于经济学研究，专业要求他用理性的方式探讨经济学问题，两者的结合和历史的机遇终于促成了这样一本著作的诞生。我希望此书能够开辟一个新的研究平台和视角，为深化建筑遗产保护提供新的武器。

朱光亚

2015年1月于南京

目 录

0 绪论

0.1 研究背景与研究意义

0.1.1 研究背景

中国历史悠久,文物古迹众多,承载着传统文化的历史性建筑遗产遍布全国。历史性建筑反映了各个朝代或各个时期人文、社会、环境、风俗与历史记忆,是一种物化的实体档案,是人类延续最重要的记忆载体之一,担负着重要的历史文化传承。历史性建筑蕴含着丰富的历史、文化、艺术和科学信息要素,对于深入研究人类历史社会发展、建筑技术、传统文化,保护历史文化名城、名村镇与重要景点,引导城市合理规划、建设与发展等都具有十分重要的意义。比如苏州拥有举世闻名的世界文化遗产古典园林,有国家、省、市级的文物保护单位建筑 265 处,控制保护建筑 310 处,有山塘街、桃花坞和平江路等历史文化街区,这些历史性建筑或历史街区都是人类社会文化发展的历史见证。通过解读这些历史性建筑保存的建筑语言与时代特征,能够较好地诠释人类文化传承与发展演变过程;特别是其中一些历史性建筑经过千百年的时间积淀,已成为珍贵的历史文物,通过解读它们不仅可以证实历史文献记载的正确或讹误,还在许多情况下弥补了因文献缺失所造成的空白。历史性建筑不仅属于某人或群体,更属于整个人类社会。历史性建筑体现着先人的社会文化精神,象征着地域、民族甚至国家的文化源流。

然而,历史性建筑和其他事物发展变化一样,遵循着必然的产生、发展和灭失的自然生命周期规律。由于历史悠久,加之自然因素和人为因素的影响,无数历史性建筑随着时间推移不断消失,保留至今的历史性建筑也逐步减少。特别是自 20 世纪 90 年代以来,随着我国社会经济迅速发展、城市化进程的不断加快,城市现代化的观念盛行,城市高楼大厦的建设、各类开发区的兴起、房地产项目及开发区热所引致的土地市场的不断升温,许多历史悠久的老街坊、古城区遭遇了毁灭性拆除,那些承载着记忆与传统的历史性建筑也在城市化建设与旧城改造中迅速灭失,这在一定程度上导致了中国传统文化的失落。例如,苏州在 20 世纪 90 年代中期以主干道干将路拆迁建设作为标志,开始进入了城市化快速推进的发展阶段,虽然此举对苏州市区的经济发展起了关键性作用,但是保留了数百年的古城被拦腰截断,大量历史性建筑殁为尘土,加上后来的街坊改造、拆旧建新,导致目前苏州古城只残留下部分历史街区,基本不复明清、民国时期的古城历史遗韵。又如,许多学者都认为老北京城的破坏性开发是"一件令人悲哀的事"❶,例如北京的儒福里、红星胡同等一大批历史性建筑群也因为城市化进程中各种利益群体竞相争夺土地而遭受强制性拆迁,彻底遭到毁灭。这些为追求经济发展而采取的方式与行为,不仅引发了一系列的社会稳定问题,最重要的是造成了人类文化遗产的丢失❷。

历史性建筑是一座城市文化记忆的见证,能够丰富其城市内涵,使之更具深厚的文化底蕴。如果一座城市的历史性建筑遭到毁灭,到处是毫无特色的"方盒子"建筑,该城市的历史文化灵魂将遭到削弱,甚至失去其灵魂❸。值得庆幸的是,随着社会发展的进步、价值观的改变和历史文化传承的回归,国家和地方对历史性建筑的保护呼声也越来越高,各地政府对当地的历史性建筑、历史街区、古城镇、古村落等保护修复逐渐重视,也采取多种措施,能够使之得以延续。例如,1997 年和 2000 年苏州古典园林被列入世界文化遗产名录后,苏州掀起一股保护古城、古民居的强大热潮。苏州当地政府加大了历史性建筑的修复力度,并在 2003 年出台《苏州市古建筑保护条例》和不断修编《苏州历史文化名城保护规划》,对古建筑以及周边建筑、环境都做了明确的保护性限制。然而,即使是地方政府已经投入大量的保护资金,但对于数量众多的历史性建筑来说仍无疑是杯水车薪。政府的财力毕竟有限,而随着文化传统的回归,许多个人、企业等社会公众实体对历史性建筑也产生了浓厚兴趣,这些公众实体拥有雄厚资本,愿意也有能力运用资金对历史性建筑进行修复利用。因此,如果能适度引入民间社会资本,对一些古建筑及历史遗址保护修缮将起到重大作用。在这方面,苏州已经开始了社会资金引入的路径探索,例如在法规条文上,《苏州市古建筑保护条例》第 15 条规定:鼓励国内外组织和个人购买或者租用古建筑。苏州市近年来已经形成较为完善的历史性建筑交易市场——引入民间资本,通过修复保护实现历史性建筑的再利用,例如"葑湄草堂""绣园""山塘雕花楼""江洲会馆"等。此外,苏州还发展了相关的古建交易网,专门对可交易的古民居等进行推荐介绍,起到一种经纪中介的作用。

然而,任何市场都是从不完全向完全形态发展的,且存在一个逐渐完善的过程。历史性建筑保护与利用仍然处于起步阶段,市场机制发育不够健全,在这种引致性需求的交易市场背后,不可避免存在着诸多缺陷:首先,历史性建筑与普通不动产相比,具有历史、文化、艺术等特殊享受价值和不可替代性,本应在市场上趋之若鹜,但功能实用性缺乏、严格产权限制和过高的维护管理费用却又使得购买者望而却步;其次,当历史性建筑进入交易市场或涉及迁移补偿时,由于缺乏相应的可比交易实例,也没有权威估价机构可以对历史性建筑经济价值(市场价值)进行公正估价,交易双方在价格方面各执一词,导致交易成本上升,不利于历史性建筑市场的发展;再次,当前历史性

---

❶❸ 陈克元. 浅谈历史建筑保护[J]. 科协论坛(下半月),2007(1):126-127.

❷ 张杰,庞骏,董卫. 悖论中的产权、制度与历史建筑保护[J]. 现代城市研究,2006(10):10-15.

建筑所涉及的土地使用权多数属于划拨用地性质,交易时必然涉及划拨土地使用权的补办出让。然而,历史性建筑所涉及的土地使用权与一般性质的土地使用权之间存在一定的差异,国土管理部门如何确定其土地出让金尚存在较大争议。总体而言,在历史性建筑估价方面,国内相关研究较少甚至几乎是空白,表现为:缺乏相关估价理论,没有完整的技术体系和估价规范,估价原则与方法也不够科学合理,相关研究的专家学者同样寥寥无几。在市场交易过程中更多是仅凭少数学者或估价人员的言论或经验来考虑,这不仅会使得估价结果带有很强的主观性,而且也不可避免会忽视那些历史文化艺术方面的独特价值特征,导致历史性建筑的潜在经济价值被低估。无法科学、合理量化历史性建筑各类信息要素,使得历史性建筑在修复时不能实现优胜劣汰,在交易时很难达到公正、合理及客观性;政府部门也很难明确历史性建筑的土地出让金是否合理。长此以往,有悖于历史性建筑引入社会资本的初衷,不利于其修复与保护。例如,在 21 世纪初福建某地旧城改造拆迁时涉及一座寺庙,由于该寺庙年久失修,在征收评估过程中估价机构仅参照普通建筑价值进行简单修正评估,当寺庙被夷为平地后,才发现该寺庙曾为佛教一位大德高僧在此处的隐居修行地,具有极高的历史意义而应受保护;但由于事前缺乏必要的调查、研究,造成其经济价值被严重低估,千年古刹毁于一旦,蕴含的历史文化意义随之消失。这些历史文化遗产的损失很大程度上都是由于现行的历史性建筑估价技术体系不够完善而导致的。

0.1.2 研究意义

如前文所述,历史性建筑对于研究、延续人类历史文明具有重要意义,显化历史性建筑在经济上的体现已成为历史性建筑保护与再利用的重要前提,历史性建筑经济价值评估研究亟待完善。但目前相关研究还有必要进一步探讨,特别是对历史性建筑究竟有哪些特殊价值要素、如何体现经济价值、经济价值影响因素有哪些、如何对历史性建筑进行估价等问题都要进行系统性研究。

通过构建历史性建筑估价体系,不仅可以弥补当前相关理论研究的缺失,同时也可以指导实际估价工作的开展,为确定历史性建筑的保护原则、保护与更新的重点方向、具体方式等问题提供科学依据,以突破历史性建筑保护资金瓶颈因素的限制,最终为目标对象区域历史性建筑的保护利用及市场建设提供决策支持和价值参考。

0.2 研究目标与内容

0.2.1 研究目标

建立并完善历史性建筑经济价值评估体系是合理量化历史性建筑综合价值在经济上反映的前提。本书通过综合分析历史性建筑的概念、分类,估价的经济原理,以及影响历史性建筑经济价值的因素体系,探讨估价原则,明确资料收集,确定合理的估价方法和工作程序，最终构建相对完善的历史性建筑估价理论和方法体系。同时在理论分析的基础上进行实证研究，具备较强的可操作性。本书的研究目标是建立相对完整的历史性建筑估价理论与方法体系，科学合理地显化历史性建筑的经济价值，保证交易市场的正常运行，维护国家、社会及各法律主体的合法权益，也为我国历史性建筑的保护、开发与利用等提供客观公正的价值参考。

0.2.2 研究内容

基于以上研究目标，本书将理论分析与实证研究相结合，主要从三个方面开展研究：首先是对历史性建筑概念与价值体系进行理论分析；其次是对确定影响历史性建筑经济价值的重要因素进行分析；第三是对历史性建筑估价理论与方法适用进行探讨，建立较为完善的估价技术体系，并选取实例进行计算，以证明其可行性及科学合理性。

1）历史性建筑价值体系理论分析

历史性建筑价值体系是指历史性建筑特有的各种价值要素的综合体现与反映。通过对历史性建筑概念与特征的界定，探讨历史性建筑价值体系构成，分析历史性建筑各种价值属性内涵，揭示历史性建筑综合价值与经济价值的相互影响机制，进一步完善历史性建筑价值体系的理论研究。

2）历史性建筑经济价值影响因素研究

在综合分析历史性建筑价值体系的基础上，探讨、遴选与确定历史性建筑经济价值的主要影响因素，包括：传统意义上的普通不动产经济价值的影响因素与一些特殊限制因素，以及作为历史文化载体的历史性建筑本身所蕴含的历史、艺术、科学、社会和生态环境价值等方面的影响因素。

3）历史性建筑估价理论与方法体系研究

基于传统经济学、制度经济学等理论，对历史性建筑经济价值的形成机理和变化趋势、历史性建筑的产权界定与限制、历史性建筑估价基准、估价原则等原理进行研究；并在此基础上，借鉴相关的估价理论与方法，分别从传统不动产估价方法、资源经济学评估方法和一些其他特殊估价方法对历史性建筑估价行为进行适用性研究。并在上述理论分析基础上，选取一些江南地区的历史性建筑案例进行实证研究，验证提出的历史性建筑估价体系的科学合理性。

1 历史性建筑概述

1.1 历史性建筑概念

1.1.1 历史性建筑概念的界定

历史性建筑，隶属于历史文化遗产，对其概念的界定是一个发展的过程[1]。

2005年建设部《历史文化名城保护规划规范》(GB 50357—2005)提出了文物古迹、文物保护单位、保护建筑与历史建筑等概念：文物古迹是指“人类在历史上创造的具有价值的不可移动的实物遗存，包括地面与地下的古遗址、古建筑、古墓葬、石窟寺、古碑石刻、近代代表性建筑、革命纪念建筑等”，这个概念范围最为宽广；文物保护单位是指“经县以上人民政府核定公布应予重点保护的文物古迹”；保护建筑的界定是“具有较高历史、科学和艺术价值，规划认为应按文物保护单位保护办法进行保护的建(构)筑物”；历史建筑为“有一定历史、科学、艺术价值的，反映城市历史风貌和地方特色的建(构)筑物”。对于上述四个概念的传统解读为：文物古迹范围最为宽广，其涵盖了文物保护单位、保护建筑和历史建筑；文物保护单位与保护建筑需要政府部门核定，但保护强度与核定等级存在差异；除此之外的具有一定价值的历史性建筑均属于历史建筑，并不需要核定公布。

2007年重新修订后的《中华人民共和国文物保护法》规定：“古文化遗址、古墓葬、古建筑、石窟寺、石刻、壁画、近代现代重要史迹和代表性建筑等不可移动文物，根据它们的历史、艺术、科学价值，可以分别确定为各级文物保护单位”“尚未核定公布为文物保护单位的不可移动文物，由县级人民政府文物行政部门予以登记并公布。”文物保护单位属于文物范畴，不仅包括古代建筑，也包括近代、现代甚至当代建筑，是指具有历史价值、科学价值及艺术价值等的历史上遗留下的建筑物，以及与著名历史人物、革命运动及重大历史事件等有关的，具有重要纪念价值、教育价值及史料价值的纪念性建筑物[2]。从这一概念可知，文物保护单位必须是由县级以上的政府部门认定的不可

---

[1] 李滇，雷冬霞. 历史建筑价值认识的发展及其保护的经济学因素[J]. 同济大学学报(社会科学版)，2009，20(5)：44-51.

[2] 谢辰生. 中国大百科全书：文物、博物馆[M]. 北京：中国大百科全书出版社，1995：1.

移动文物；而不可移动文物范围要宽广一些，包括未核定为文保单位的部分建（构）筑物，同样也属于文物，要由相关政府部门认定。其中，不属于文保单位的不可移动文物，由文物部门登记在册的称为登录的不可移动文物。2008年国务院颁布的《历史文化名城名镇名村保护条例》第47条将“历史建筑”界定为“经城市、县人民政府确定公布的具有一定保护价值，能够反映历史风貌和地方特色，未公布为文物保护单位，也未登记为不可移动文物的建筑物、构筑物”。2012年住建部、国家文物局公布实施的《历史文化名城名镇名村保护规划编制要求（试行）》第23条提出：“传统风貌建筑，指具有一定建成历史，能够反映历史风貌和地方特色的建筑物。”同一条例第22条：“在具有传统风貌的街区、镇村，对文物保护单位、尚未核定公布为文物保护单位的登记不可移动文物、历史建筑之外的建筑物、构筑物，划分为传统风貌建筑、其他建筑。”综上所述，数个规范性文件将文物保护单位概念重新诠释，以及对“历史建筑”重新进行定义，并赋予其法定概念，同时明确了文物保护单位、登录的不可移动文物、历史建筑和传统风貌建筑四个等级，前三个等级应由政府部门确定公布或备案。

国内学者[1]认为历史性建筑是指具有一定历史价值、科学价值、艺术价值的，反映城市历史风貌和地方特色的建筑物或构筑物。有些研究[2]认为“历史性建筑是指建筑年龄在50年以上，并且具有至少以下特征之一的建筑：能反映所在城市的民俗传统和历史文化特点；建筑形式、施工工艺、结构和技术具有较高的艺术特色和科学价值；具有独特建筑风格特点；著名建筑师的代表作品；曾经或一直是所在城市标志性的建筑；在全国或所在城市的产业发展史上具有代表性的建筑；历史文化古迹中的代表性建筑；与著名历史人物或事件密切相关的建筑”。有些研究在对历史性建筑保护及利用分析时直接将历史性建筑界定为具有历史价值、艺术价值和科学价值的古建筑、近代建筑及当代建筑[3]。甚至还有研究将历史性建筑范围扩大到“不仅包括古代和近代优秀建筑，而且包括当代的优秀建筑；应涵盖历史单体建筑在内的历史街区及其环境”[4]。

综合以上论述，为了更好地对历史性建筑进行保护，必须对其概念及范围进行统一定义。因此，本书所涉及的历史性建筑，是指“各个历史阶段（包括不满50年）保存至今，具有历史价值、科学价值、艺术价值和其他价值要素，能在一定程度上反映文化传承或历史风貌的房地综合体及权益[5]，包括各级文物保护单位、登录的不可移动文

---

[1] 张杰，庞骏，董卫．悖论中的产权、制度与历史建筑保护[J]．现代城市研究，2006(10)：10-15.

[2] 高秀玲．天津市历史建筑保护研究与再开发管理模式研究[D]．天津：天津大学，2005.

[3] 杨毅栋，王凤春．杭州市历史建筑的保护与利用研究[J]．北京规划建设，2004(2)：128-130.

[4] 汝军红．历史建筑保护导则与保护技术研究[D]．天津：天津大学，2007.

[5] 房地综合体包括土地，建筑物、构筑物，树木、山石、池塘及水井等附属物，绝非单纯建筑形态。历史性建筑权益不仅包括特殊价值要素，也包括建筑本身的使用功能属性等。

物、历史建筑和风貌建筑等”[1,2]。

由于早期对历史建筑或历史性建筑的定义较为笼统，学术界经常以“历史建筑”来泛指建筑的自然发展过程和社会发展过程，经过漫长时期逐渐发展形成的具有不同历史时期社会文化、技术经济综合特征的建筑物单体、群体及其建筑环境风貌的总称，包括各级文物保护单位及非文物建筑[3]。这个概念较为广义，实际上涵盖了建筑遗产的所有内容，但在 2008 年的《历史文化名城名镇名村保护条例》中对“历史建筑”的概念及含义进行了明确界定。历史建筑已经不能代表建筑遗产的总称，本书认为采用“历史性建筑”的称谓更加符合实际，也更加便于当前文化遗产保护运动的学术讨论。

1.1.2 与历史性建筑相关的概念

除文保单位、历史建筑等概念以外，与历史性建筑相关的其他概念还包括古建筑、历史街区和历史文化遗产等，历史性建筑与这些相关概念既有联系又相互区别。

1) 历史性建筑与古建筑、传统建筑

日常生活中人们经常把历史性建筑称为古建筑或传统建筑，特别是在 20 世纪 80 年代以后[4]。然而对于古建筑的概念却是众说纷纭。如有的学者认为“古建筑即指古代建筑”，有的学者认为古建筑应该泛指具有历史、艺术和科学价值的建筑，包括近代建筑[5]。苏州市颁布的《苏州市古建筑保护条例》将古建筑定义为“尚未公布为文物保护单位，符合一定条件的建筑物、构筑物，包括近代建筑”，这与本书的历史性建筑概念有着相似含义；福州和深圳等城市的地方法规也有类似规定。对于国家级标准而言，我国也有一些与古建筑相关的行业标准，例如《古建筑木结构维护与加固技术规范》(GB 50165—92)等，但未对古建筑定义进行规范。

对于传统建筑，宋文认为“中国传统建筑是指从先秦到 19 世纪中叶以前的建筑”[6]；程建军认为“传统建筑是指以传统历史沿传而来的建筑工艺技术，使用传统建筑体系的材料所建的具有传统形式的建筑物”[7]。这些定义有的与古代建筑相似，有的还包括近代具有传统形式的建筑。本书认为，通常意义上讲，古建筑与历史性建筑定义

---

[1] 上述定义的历史价值、科学价值、艺术价值和其他价值要素是指历史性建筑保存的不同信息在各自的领域及学科方向反映出历史性建筑的客观实体特性，赋予人类对历史性建筑产生积极的价值观念与本质力量。这些价值属于特殊价值要素，而不是具体金额的表现。历史性建筑权益不仅包括特殊价值要素，也包括建筑本身的使用功能属性等。

[2] 风貌建筑是指在具有传统风貌的街区、镇村内，在文物保护单位、登录不可移动文物、历史建筑之外的，具有一定建成历史、能够反映历史风貌和地方特色的建(构)筑物。

[3] 赖明华，王晓鸣，罗爱道. 基于正交设计的历史建筑综合价值评价研究[J]. 华中科技大学学报(城市科学版)，2006(3)：35-38.

[4] 陆地. 建筑的生与死：历史性建筑再利用研究[M]. 南京：东南大学出版社，2004.

[5] 梁思成. 中国建筑史[M]. 天津：百花文艺出版社，2007.

[6] 宋文. 中国传统建筑图鉴[M]. 上海：东方出版社，2010：16.

[7] 程建军. 文物古建筑的概念与价值评定——古建筑修建理论研究之二[J]. 古建园林技术，1993(4)：26-31.

相似,相对于传统建筑要宽泛一些。

2) 历史性建筑与古代建筑、近代建筑

古代建筑是指古代的一切建筑物、构筑物,潘谷西认为"1840年以前的建筑称为古代建筑"❶。而从建筑分类上看,古代建筑是指清末民初(1911年)以前按传统形式建造的古典建筑物❷,是人类文化遗产的实物表现,是区域文化的代表,具有丰富的历史、文化、艺术等价值❸。由于保留至今的古代建筑均具有一定的历史、艺术等价值意义,属于历史性建筑的范畴。近代建筑通常是指时间范围从1840年鸦片战争开始到1949年中华人民共和国建立为止,这期间内所建成的建(构)筑物,其中包括新旧两个体系:旧建筑体系基本上仍沿袭着传统的建筑布局、技术工艺和风貌色彩,但是受新建筑体系的影响也出现若干局部的变化,人们有时习惯将这类建筑仍称之为古代建筑;新建筑体系包括从西方引进的和中国自身发展出来的新型建筑,具有近代的新风格、新技术和新功能等。通常人们所认为的近代建筑侧重是指新建筑体系❹。

根据以上分析可知,古代建筑主要强调建筑的所属年代和传统延承;近代建筑多指具有新形式风格的建筑。本书的历史性建筑概念则涵盖两者。

3) 历史性建筑与历史文化遗产、建筑遗产

历史文化遗产作为城市的文脉和文化起点,是一种不可再生的文化资源与资产。文化遗产一词首见于《海牙公约》和同年的《欧洲文化公约》,明确历史遗产的表述至少需要三个部分:价值体系、物质形态、表现特性❺。2005年12月发布的《国务院关于加强文化遗产保护的通知》首次明确了我国历史文化遗产概念:"文化遗产包括物质文化遗产和非物质文化遗产。物质文化遗产是具有历史、艺术和科学价值的文物,非物质文化遗产是指各种以非物质形态存在的与群众生活密切相关、世代相承的传统文化表现形式。"历史性建筑作为记录历史文脉的物质载体,从属于历史文化遗产。

建筑遗产同样也属于文化遗产,是物质的、不可移动的文化遗产。1972年《世界遗产公约》确定建筑遗产包括"纪念物、建筑群和遗址"。国内也有学者认为:建筑遗产就是指人类文明进程中各种营造活动所创造的一切实物,包括建筑物、构筑物,以及城市、村镇和它们的环境。建筑遗产的基本属性,是有形的、不可移动的、物质性的实体❻。基于该定义,建筑遗产基本上等同于本书界定的历史性建筑概念,只是切入点有所不同。

4) 历史性建筑与历史街区

历史街区也称历史文化街区,其概念最早是在1933年8月国际现代建筑学会通

---

❶ 潘谷西.中国建筑史[M].南京:东南大学出版社,2001:2.
❷ 吴卉.古建筑、近代建筑、历史建筑和文物建筑析义探讨[J].福建建筑,2008(9):23-24.
❸ 王昭言.中国古建筑的历史文化价值[J].包装世界,2010(1):63-64.
❹ http://hanyu.iciba.com/wiki/106615.shtml.
❺ 黄明玉.文化遗产的价值评估及记录建档[D].上海:复旦大学,2009.
❻ 林源.中国建筑遗产保护基础理论研究[D].西安:西安建筑科技大学,2007.

过的《雅典宪章》提出的“对有历史价值的建筑和街区,均应妥为保存,不可加以破坏”;1987 年国际古迹遗址理事会的《保护历史城镇与城区宪章》提出“历史城区”的概念:“不论大小,包括城市、镇、历史中心区和居住区,也包括其自然和人造的环境……它们不仅可以作为历史的见证,而且体现了城镇传统文化的价值。”在国内,1986 年国务院公布第二批国家级历史文化名城时正式提出了“历史街区”的概念,作为历史文化名城,不仅要看城市的历史及其保存的文物古迹,还要看其现状格局和风貌是否保留着历史特色,并具有一定的代表城市传统风貌的街区。杭州市将历史街区定义为:“文物保护单位(文物保护点)、历史建筑、古建筑集中成片,建筑样式、空间格局和外部景观较完整地体现该区域某一历史时期的传统风貌和地域文化特征,具有较高历史文化价值的街道、村镇或建筑群[1]。”《历史文化名城名镇名村保护条例》第 47 条将历史文化街区定义为:“经省、自治区、直辖市人民政府核定公布的保存文物特别丰富、历史建筑集中成片、能够较完整和真实地体现传统格局和历史风貌,并具有一定规模的区域[2]。”

历史性建筑与历史街区的关系犹如点与线面的关系。历史街区强调的是“区域”,包含了一定数量历史建筑或历史文化遗产的街道或区域;历史性建筑表现为建筑“单体”。所以,在历史街区中必然包含一定数量与规模的历史性建筑,而拥有历史性建筑的区域未必是历史街区。

1.2 历史性建筑类型

由于不同类型的历史性建筑具有的价值内涵和影响因素不尽相同,对其估价考虑的重点也有所差异,本节通过分析历史性建筑的主要类型,为历史性建筑价值的研究打下理论基础。

从不同角度分析,历史性建筑可划分为不同类型:

(1) 国外研究认为,历史性建筑的类型包括三方面:一是与历史发展的事件或人物相关联的历史性建筑;二是记录特定的建筑风格、用途、技术工艺等的代表性建筑;三是表现特定的历史文化的场所,如历史遗迹或景观[3]。

(2) 从特殊性的角度进行分类,在国内文件或文献中也有类似表述。《上海市历史文化风貌区和优秀历史建筑保护条例》规定,优秀历史建筑包括:“(一)建筑样式、施工工艺和工程技术具有建筑艺术特色和科学研究价值;(二)反映上海地域建筑历史文化

[1] 杭州市历史文化街区和历史建筑保护办法[DB/OL].[2004-11-8]. http://baike.baidu.com/link?url=fnOSr5ICDtdnOGizQPIhKI7gh2HV-3WXOTdtOTAFEWKaQHu9og0EJFsHWU5z3SZ-hy6tWm3JJW97zCsGYr3PG.

[2] 中华人民共和国国务院令第 524 号. 历史文化名城名镇名村保护条例[DB/OL].[2008-04-22]. http://www.gov.cn/flfg/2008-04/29/content_957342.htm.

[3] Judith Reynolds. Historic Properties: Preservation and the Valuation Process-3rd[M].[S.l.]: Appraisal Institute,2006.

特点；(三)著名建筑师的代表作品；(四)在我国产业发展史上具有代表性的作坊、商铺、厂房和仓库；(五)其他具有历史文化意义的优秀历史建筑。"其他一些城市如杭州、福州等也有类似划分。有的学者对此进行总结，将历史性建筑类型确定为：①在城市发展史、建筑史上有重要意义的历史建筑或是某种建筑技术的代表作；②具有较强个性、长期以来被认为是城市的标志性建筑；③著名建筑师设计的，在建筑史上有一定地位的优秀建筑；④艺术价值较高、造型优美，对丰富城市面貌有积极意义的某种外来艺术形式的建筑；⑤代表城市发展某一历史时期传统的民居建筑；⑥城市历史上同某一重大事件或某种社会现象有关的纪念性建筑；⑦一些同城市文化传统有关的建筑体与造型别致、地方色彩浓厚的建筑形式❶。

(3) 从法定地位与行政归属的角度进行分类，历史性建筑可分为世界文化遗产、各级文物保护单位、登录的不可移动文物、历史建筑、传统风貌建筑、其他普通建筑遗产六类❷。这种分类体系在建筑遗产保护管理领域使用得比较普遍。

(4) 从用途与使用功能的角度进行分类，东南大学潘谷西教授认为历史性建筑综合起来主要分为：居住建筑、行政建筑、礼制建筑(坛庙、陵墓)、宗教建筑、商业及手工业建筑、教育文化娱乐建筑、园林与风景建筑、市政建筑、标志建筑、防御建筑等 10 类❸；《苏州古城区控制保护建筑风貌艺术人文历史的价值研究》将历史性建筑分为：民居住宅、会馆祠堂、宗教建筑、官署行政建筑、金融业建筑、文化教育建筑、工业建筑、商业服务性建筑、军事建筑等类型❹；有些研究将历史性建筑按使用功能分为宗教建筑、军事建筑、教育建筑、商业建筑、住宅及市政建筑等类型❺。

上述的是从不同角度将历史性建筑进行分类。由于本书研究的是历史性建筑估价，而估价行为更加关注于目标对象的用途与使用功能。因此，本书从用途与功能角度，将历史性建筑划分为六种类型：居住建筑、公共建筑、宗教建筑、礼制建筑、工业建筑、军事建筑等❻，并且对六种类型的历史性建筑分别阐述。

1.2.1 居住建筑

居住建筑是指人们生活起居和进行户内工作的处所，是人们日常生活使用的建筑物。对于居住类历史性建筑，一般可分为普通民居、宅第民居、里弄住宅三类，其中宅第民居又可以进一步细分为官宦府第、名人故居等类型。

1) 普通民居

普通民居类历史性建筑即普通百姓的居住建筑，这类历史性建筑既有传统木结构

---

❶ 童乔慧.中国建筑遗产概念及其发展[J].中外建筑，2003(6)：13-16.

❷ 住建部，国家文物局.历史文化名城名镇名村保护规划编制要求(试行)，2012.

❸ 潘谷西.中国建筑史[M].南京：东南大学出版社，2001：12.

❹ 苏州市社科联课题编号 08-B-07：苏州城区控制保护建筑的风貌人文历史研究。

❺ 童乔慧.澳门历史建筑的保护与利用实践[J].华中建筑，2007，25(8)：206-210.

❻ 从本质上讲，宗教建筑与礼制建筑也归属于公共建筑，只是较为特殊，本书将其另列分析。

建筑，也有花园式别墅。传统木构建筑分布较广、数量较多，如杭州上城区、下城区及拱墅区京杭大运河两岸，苏州平江路、山塘街都保留下了众多的传统民居建筑。花园式别墅的数量相对于传统木构建筑较少，其造型风格不同，包括中式、欧式及中西合璧式，建筑新潮华丽、独具神韵，多数与园林庭院有机结合；这些建筑还可能与历史名人轶事有关联，保存着一定的文化内涵与历史内容，例如苏州的体育场路 18 号民居[1]，本身并无特色，只是邻近章太炎故居，据传当年主人与章大师稔熟，留下数幅笔墨，堪称佳话。

2）宅第民居

宅第民居是指除普通民居以外的居住建筑，这类历史性建筑的宅主包括状元、文人、官宦、商贾等，宅第民居建造的习俗与风格反映了他们不同的审美情趣，为这类历史性建筑带来了风采各异的文化价值与内涵。例如苏州古城内半数以上的控制保护建筑为宅第民居。宅第民居作为数量最多的传统建筑形态，也是构成古城的重要组成部分，临水而筑、与水相依、置园造林、引山入水、轻巧简洁、古朴典雅、粉墙黛瓦、色彩淡雅，无不体现素雅的艺术特色[2]。根据宅第民居的宅主身份不同，可以将宅第民居划分为官宦府第、名人故居两类(图 1.1)。

3）里弄住宅

里弄住宅是在传统住宅基础上引入欧洲现代居住建筑概念并予以改进从而产生的一种中西合璧式的居住建筑类型。这类建筑最早出现于上海，一般成批建造、分户出租或出售；与传统分散、自建的单栋住宅相比，里弄住宅建筑的设计兼有独院与聚居住宅的某些特点。里弄建筑的优点是经济效益较高，有限的建筑用地可以争取更多的居住空间，满足建筑功能；但也存在明显不足，例如建筑密度过大，日照、通风不良等。石库门里弄住宅建筑最为有名的当属上海租界里弄建筑群等(图 1.2)。

图 1.1 宅院建筑[3]

图 1.2 里弄建筑

---

[1] 苏州市控制保护建筑编号 236 号。

[2] 苏州市房产管理局. 苏州古民居[M]. 上海：同济大学出版社，2004：15-19.

[3] 本书的部分图片由作者拍摄、部分来自于互联网，在此一并对提供方表示感谢。

1.2.2 公共建筑

从现代意义来讲，公共建筑是指人们进行各种公共活动的建筑，包括办公建筑、科教文卫建筑、商业建筑、通信建筑、旅游建筑以及交通运输类建筑等❶。结合历史性建筑的特殊性，本书认为公共建筑包括行政建筑、科教文卫娱建筑、商业建筑、市政建筑等。

1）行政建筑

行政建筑又分为宫殿建筑和行政办公建筑。

① *宫殿建筑* 宫殿建筑是我国古代历史性建筑中最豪华、社会等级最高的建筑类型，为帝王朝会和居住的场所。宫殿建筑仅在历史上的首都才有，且现存也不多，国内目前保存较为完好的帝王宫殿只有北京明清故宫和沈阳清故宫。

② *行政办公建筑* 行政办公建筑主要是官吏、政府人员等处理公务的办公场所，按历史年代可以划分为官署建筑和行政建筑：官署建筑主要是指中国近代史（鸦片战争）以前的，而行政建筑主要是指鸦片战争以后的行政办公建筑。这些建筑虽然在用途上较为特殊，可是作为时代遗存，其意义已经超过建筑本身。

2）科教文卫娱建筑

科教文卫娱建筑是指人们进行文化、教育、科研、医疗、卫生及体育娱乐等活动的历史性建筑类型。这类建筑从一个侧面反映了社会的发展，主要包括以下几类建筑类型：

① *古代科教文建筑* 古代科教文建筑主要包括贡院和翰林院。贡院是古代会试的考场，是封建科举制度的历史见证，其中南京夫子庙的江南贡院最为著名。翰林院是国家养才储望之所，负责修书撰史、起草诏书等，晚清北京翰林院曾以巨量藏书著称于世，是当时世界上最大的图书馆。

② *近代科教文建筑* 近代科教文建筑主要包括博物馆、图书馆、学校以及各类纪念性建筑。民国时期设立的博物馆、图书馆、体育馆以及营造的纪念性建筑大多数是采用“中国固有形式”，其中北京燕京大学（今北京大学）、浙江西泠印社等历史性建筑❷是这一时期优秀科教文建筑的代表作。

③ *教会学校* 19 世纪中叶至 20 世纪初，教会学校对中国的中高等教育发展起到了举足轻重的作用。教会学校的建筑一般质量较高、规模大、数量多、组合成群，成为学校所在城市或地区的主要景观❸。教会学校建筑大多采用中西合璧式样，拉开了中国传统建筑艺术复兴的序幕❹。苏州的东吴大学就是典型实例。

---

❶ http://baike.baidu.com/view/225143.htm.

❷ 杨毅栋，王凤春. 杭州市历史建筑的保护与利用研究[J]. 北京规划建设，2004(2)：128-130.

❸ 董黎. 中国近代教会大学建筑史研究[M]. 北京：科学出版社，2010.

❹ 董黎. 教会大学建筑与中国传统建筑艺术的复兴[J]. 南京大学学报（哲学、人文科学、社会科学），2005(5)：70-81.

④ 医疗卫生建筑　古代医疗卫生建筑包括药店和医馆，部分医馆和药店合二为一。古代医疗卫生建筑具有典型的中式传统建筑特色，代表建筑有杭州胡庆余堂、北京同仁堂等。其中胡庆余堂是在百年原建筑群的基础上创建而成的，吸取了江南住宅园林之长，布局合理、用材讲究、雕刻细致、装饰华丽，是国内难得的集江南建筑之长的清代前店后坊式的商业建筑。

⑤ 旅游园林景观娱乐建筑　中国文化重视人与自然的融洽，景观园林建筑便体现这种特色。或江边、或湖畔，登阁临风、凭栏眺望；或小溪、或石间，“虽由人作、宛如天开”❶；流连于此、心怀情趣，正是中国古人刻意追求的天人合一、返璞归真的审美境界。黄鹤楼、滕王阁、岳阳楼三大楼，江南园林等皆是此类建筑的代表作。

3）商业建筑

商业建筑主要是指用于商业、金融业及其他服务业的历史性公共建筑类型。早期的商业建筑是内向的四合院建筑，后来演变为外向的沿街建筑，故又称“市楼”，底层为店铺(前店后坊)，成为前铺后居、下铺上居的混合型建筑。商业建筑起初是将店铺集中到指定的坊中成为固定的集市，到后来成为线状的街市。从商业建筑功能上看，商业建筑可以进一步划分为商业服务性建筑、金融业建筑和会馆建筑：

① 商业服务性建筑　广义的商业建筑是指供人们从事各类经营活动的建筑物，包括各类生产资料及日常用品的零售商店、商场及批发市场等，也包括各类服务业建筑，如旅馆、餐馆、文化娱乐设施、会所等。而狭义上的商业建筑是指供商品交换及商品流通的建筑❷。江南地区自东晋中原南迁以来是经济繁华之地，因此产生了大量配套商业服务性建筑为旧时百姓日常生活中商品交换及商品流通服务提供着方便。这类商业服务业建筑有着简约朴素但“市口佳”的特征，例如苏州乾泰祥布庄、六福楼菜馆等(图1.3)。

② 金融业建筑　金融业建筑的主要用途是用于发展金融业，如历史上的钱庄、当铺、典当等。而上海自开埠以来就成为西方列强在中国经营的重要据点，他们在此建设租界，因此上海外滩就成了租界最早建设和最繁华之地。这里洋行林立，贸易繁荣。从19世纪后期开始，许多外资和华资银行在外滩建立，形成了最为著名的上海外滩金融建筑群。该建筑群全长约1.5千米，东临黄浦江，西面为哥特式、罗马式、巴洛克式、中西合璧式等52幢风格各异的大楼，故有“万国建

图1.3　历史街区商业店铺

❶ 计成[明].园冶.

❷ http://baike.baidu.com/view/613247.htm.

筑博览群”之称。

③ **会馆建筑** 会馆是一种同乡会性质的社会团体，是移民为了联络乡情、互相关照而按籍贯或行业建立的一种社会组织。明清时期，从海内外各地云集到江南地区的商人或按照籍贯或按照行业而自发建立了会馆公所，作为经商会友的公共空间。江南地区历史上曾先后有过860多处会馆公所；拥有会馆建筑最多的城市是苏州，苏州的会馆到了清代乾隆时期发展达到鼎盛。会馆里定期举办祭祀、慈善、经商、娱乐等活动，也作为捐款成员贮藏货品、寄宿与规范同乡或行业活动的场地。会馆一般按商人籍贯设置，也有按行业划分的，例如岭南会馆、安徽会馆，玉器公所、裘业公所等。

4）市政建筑

在中国古代，城市是统治阶级主要活动的据点，所以对于城市建设非常重视。除了行政办公、居住、商业等建筑要素之外，城市还需要许多辅助性配套建筑，这就是市政建筑。市政建筑也可进一步划分为以下几种建筑类型：

① **公共市政建筑** 随着城市规模的不断扩大、城市人口剧增、里坊制度的完善，统一的时辰定制的需要，钟楼作为中国古代城市最为实用的报时建筑应运而生；同时随着城市建筑密度的提高，以木结构为主的中国传统建筑组成的城市的防火问题相当突出，因此，在南北朝时期以后县城以上都要设置鼓楼、谯楼，用于报火或报警。

② **交通建筑** 随着城市之间道路体系不断完善，人们出行越加频繁，路亭、桥梁、驿站等辅助性交通建筑也形成了一整套完备系统。

③ **标志性构筑物** 古代统治阶级有时为宣扬自己的功绩或其他目的，会在城市中建立一些标志性的构筑物，显得庄重华美，如华表、牌坊等。这些构筑物通常雕刻繁复细腻、用工精良，体现出古代劳动人民的卓越成就和经验。

1.2.3 宗教建筑

宗教建筑主要是供给人们从事宗教活动的建筑。世界上宗教的种类众多，不同宗教建筑有着各自独特的建筑风格。在我国古代流行的宗教主要是佛教、伊斯兰教以及道教等，也有天主教、基督教、摩尼教等其他教派，但纵观历史，对中国影响最大的是佛教。佛教于公元1世纪的东汉时期传入中国，公元3世纪起盛行，后来得到统治阶级的扶植，从而使得佛教寺庙、佛塔等遍布全国各地。但是中国的寺庙深受中国古代建筑的影响，庄严雄伟、精美华丽，与自然风景融为一体，具有浓郁的中国佛教建筑特色。中国目前较为著名的寺庙有佛教四大名山寺庙群、嵩山少林寺、拉萨大昭寺、苏州寒山寺等。

西方建筑传入中国的第一个渠道是教会建筑。第二次鸦片战争以后，各国与清政府签订的条约都规定传教士可以进入中国内地自由传教的条款，于是大批天主教与新教的传教士进入中国，教会建筑早期在上海、天津等沿海城市发展，随后逐步向内地延伸，建筑风格迥异，涵盖罗曼式、拜占庭式、哥特式、复兴式、折中主义式等各种西方建筑类型,较为著名的有北京王府井天主堂、上海徐家汇天主教堂等。

伊斯兰教及道教在中国历史悠久、影响甚广,其建筑特色与宗教传统息息相关。中国比较著名的伊斯兰教建筑有:新疆和田大清真寺、宁夏同心清真大寺;著名道教建筑有:北京白云观、四大道家名山观群等。

1.2.4 礼制建筑

礼制建筑不同于宗教建筑,但与宗教建筑又有着密切的联系。"礼"为中国古代"六艺"之一,并集中地反映了封建社会中的天人关系、阶级和等级关系、人伦关系、行为准则等,是上层建筑的重要组成部分,在维系封建统治中起着很大的作用。能够体现这一宗法礼制的建筑就称为礼制建筑。礼制建筑起源于祭祀,伴随着祭祀活动的兴起,相应产生了祭祀活动的场所、构筑物和建筑物等,这就是礼制建筑。在古人看来,礼制建筑是神灵与苍生的感应场,是进行人神对话与交流的圣地。中国比较著名的礼制建筑有天坛、地坛、先农、先蚕等,还有五岳、四渎、四海以及朝廷批准要国家祭祀的庙宇,如妈祖庙。

1.2.5 工业建筑

工业建筑主要是指供人们从事各类生产活动的建筑物、构筑物。工业建筑最早出现于18世纪中期的英国,随后美国及欧洲许多国家也开始大肆兴建,而中国直到20世纪20年代才开始专门兴建各类工业建筑。近代民族工商业的发展在中国独树一帜,其中涉及丝绸工业、纺织工业、工艺美术、轻工业、食品工业等诸多工商业领域,留下了众多记载着中国民族工业兴衰的工业厂房建筑。一如当年的无锡荣氏的纺织厂、苏州鸿生火柴厂等,虽然目前这些工业建筑尚存,但里面早已没有了机器的轰鸣声,取而代之的是时尚酒吧、美术场馆和陈列馆等。

1.2.6 军事建筑

军事建筑的主要功能是提供一个国家或地区用于军事防御及军事活动的建筑。在中国的封建社会时期,由于当时社会矛盾、民族矛盾等错综复杂,解决方式更多是依靠军事力量,因而许多古代建筑在设计时期就考虑到了防御等内容,如望楼、角楼等;还有的是纯军事防御设施,如万里长城、狼烟台等;古代城市建设也会考虑城墙、敌台、军粮库、战备库等[1]。到近代以来,由于飞机火炮等新型武器的出现,战争形势的不断变化,军事建筑的结构与特征也随之改变。经历了多场战争的洗礼,许多近代军事建筑被摧毁,同时也有部分尚存,如南京城墙、虎门炮台等。

---

[1] 张驭寰.古代军事建筑、军事工程有什么内容?(中国古建知识问答)[EB/OL].[2003-10-27].http://www.people.com.cn/GB/paper39/10481/954391.html.

1.3 历史性建筑特征

从国内外现有研究成果来看，许多有关历史性建筑或古建筑的特征分析是从历史性建筑本身的外部特征、形态结构特征以及某些价值特征等方面论述的，而将其作为一种资源和资产来考察其特征的研究比较少。这里借鉴有关不动产及资源管理等相关研究，从不动产的角度对历史性建筑所具有的内在特征进行分析。总体上看，历史性建筑具有如下特征：

1.3.1 二元性特殊不动产

从历史性建筑的概念与分类来剖析，历史性建筑首先是一种不动产，但同时属于历史文化遗产，其蕴含着特定的历史、文化艺术和社会内涵等。这种二元属性依托历史性建筑这个物理承载体共生融合，有时两者也会产生冲突矛盾，例如公众认为历史性建筑应该受到特殊保护，这导致了建筑本身的功能实用性受到限制。

1.3.2 传承性

历史性建筑作为一种人类社会的遗产，其本质就是前辈留下的财富，这种财富被后代享用或传承。历史上人们的生活方式、态度以及爱好习惯与现代有着巨大的差异，过去发生的重大事件影响着城市、地区甚至国家。那么历史究竟发生过什么？相关文献记载、民间传闻等是否真实？这些都依赖人们找寻证据去发掘和证明。历史文化承载积累于建筑、雕塑与遗址等载体之中，人们通过认定和辨别各个时期的建筑结构、建筑材料、建筑风格的差异，结合特有的艺术形态与功能表现，最终还原出那些特定地域、时期和人类的思想意境与生活状况。历史性建筑正是由于具有如此的独特性，才得以在不同代际间分享、记录和传承。

1.3.3 地域性

历史性建筑建于土地之上，作为完整意义、立体空间的房地综合体，具有地域的空间稳定性。虽然在城市化进程中，也出现过古建筑的迁移案例，如广西壮族自治区的一级保护文物“英国领事馆旧址”就由于城市道路扩建被整体移动 35 米[1]。然而，这类整体迁移历史性建筑的案例毕竟较少，而且工程量及成本非常高，容易加剧破坏。更重要的是，一旦迁移，历史记忆会产生必然的扭曲，真实性与历史意义会大幅降低。从整体上讲，历史性建筑具有不可移动的特征，会受到不同地域差异的影响。

---

[1] 中国房地产估价师与房地产经纪人学会. 房地产估价理论与方法[M]. 北京：中国建筑工业出版社，2005.

1.3.4 产权限制性

由于历史性建筑的特殊性，几乎世界上任何一个国家和地区都对历史性建筑的保护与利用有严格规定——在法理上均属于产权限制。例如，要求政府合理确定不同历史性建筑的保护等级，以评估结论为依据，依法公布；要求有保护范围、标志说明、记录档案、专门机构或专人负责管理；在保护范围以外，还应划出建设控制地带，以保护文物古迹相关的自然和人文环境❶，还会对历史性建筑的结构、布局、功能、高度、体量、色彩、立面外形以及周边环境要素等做出严格控制❷；也会在历史性建筑的产权转让时设定一些前提条件，如要求受让人继续履行保护条款，或是在产权人死亡后无人继承或认定产权人无力保护时，优先收回历史性建筑，等。产权限制性还表现在对历史性建筑的利用、修缮和改建的限制，例如当历史性建筑改良不足，即未达到最大利用状况时，产权人不得擅自迁移或拆除，所有权人具有管理保护历史性建筑的责任❸，要求政府根据该历史性建筑的特征和功能来确定。这些规定都是出于对历史性建筑的保护目的，对历史性建筑的使用、处置、收益和占有等权能分别进行了严格限定，这不仅出于历史性建筑保护的需要，也是考虑了历史性建筑的可持续利用。

1.3.5 稀缺性

人类社会生存与发展过程就是不断以物质产品满足自身发展而日益增长的需求的过程。无论社会多少资源，但其总量有限，经济学也将物品分为经济物品和免费物品，其中对于经济物品来说，数量都是有限的、稀缺的❹。稀缺性就是指在一定时空里，某种资源的总体有限性相对于人类欲望无限性及欲望的无限增长而言，特定时空里有限的资源数量远远小于人类满足欲望的总体需求。

历史性建筑的稀缺性主要表现为三个方面：一是历史性建筑数量日益减少，在经济全球化的今天，城市建设加快开发，加上地域文化因素受到外来影响而逐步同化，历史性建筑由于地理区位与使用限制之间的巨大矛盾，被以各种理由拆毁破坏的不计其数，一旦灭失，将无法复制和不可再生；二是历史记载的稀缺性，历史性建筑记载着所处历史时期的原始信息或活动，其真实性和完整性等得到社会的广泛而持久的认同，具有稀缺性❺，但由于缺乏必要的修复维护，就算勉强保留下来的历史性建筑也因年久失修而殁失了许多历史证据；三是空间的稀缺性，历史性建筑记录着不同的建筑艺术特征与风格，体现出地域差异性——许多历史性建筑可以成为一个城市或地区的地标

❶ 国际古迹遗址理事会中国国家委员会. 中国文物古迹保护准则[S]，2002.

❷ 历史文化名城保护规划规范(GB 50357—2005)。

❸ 《苏州市古建筑保护条例》的规定：古建筑为私人所有，所有人为保护管理责任人；古建筑为非私有的，使用单位为保护管理责任人；作为民居使用的，管理单位为第一保护管理责任人，使用人为第二保护管理责任人。

❹ 张五常. 经济解释(卷三)——制度的选择[M]. 香港：花千树出版有限公司，2002.

❺ 应臻. 城市历史文化遗产的经济学分析[D]. 上海：同济大学，2008.

性建筑的原因就在于此。

1.3.6 资源与资产的双重属性

历史性建筑是前人遗留下来的珍贵财富,稀缺、有用以及不可再生,属于广义的资源;同时历史性建筑作为不动产,又是一种社会资产:因此历史性建筑具有资源和资产的双重属性。前文提及,历史性建筑有着稀缺资源的相关特征和基本属性,应受到严格保护。同时历史性建筑是人类社会所拥有的一种资产,可以作为财产使用,即产权人将其占用的历史性建筑资源作为财产本身或权益;也可以将拥有的历史性建筑或历史性建筑的产权视作财产变卖来获取收益,而他人为了取得历史性建筑这种财产则需要付出一定的经济代价或成本。因此,历史性建筑实际上是一种具有资源属性的特殊资产。

1.3.7 社会性

历史性建筑的社会性指历史性建筑作为人类社会特有的文化遗产,产生、存在与传承等都离不开人类社会,是人类社会创造能力、认知能力和群体认同的集中体现[1]。历史性建筑的生成是不同历史阶段人们智慧创造的结果,其设计、施工、使用、维护等不可能只是由一个人来完成,这是集体智慧的体现。而历史性建筑的传承和保护更是后人共同面对的重大课题,需要全社会来参与思考与实践;如果仅仅只是个别的有心之人奔走疾呼,而绝大多数人漠不关心,传承与保护将无从谈及。

---

[1] 顾江.文化遗产经济学[M].南京:南京大学出版社,2009:9.

2 历史性建筑价值体系

历史性建筑是人类历史遗留下来的宝贵财富，隶属于历史文化遗产；历史性建筑的产生及变化过程反映了建筑、科技、区域文化等历史演变，蕴含着诸多复杂的价值要素。这些价值要素如何作用，与经济价值的关系如何认定，都是目前学术界争议较大的领域。要完善历史性建筑经济价值评估体系，就必须对历史性建筑价值、经济价值的概念以及相关价值体系进行剖析研究。

2.1 历史性建筑价值概念

2.1.1 价值

价值是人类社会产生以来一个极为重要的概念，具有多视角的特征，是随着人们的人生观、世界观、政治观及价值观的不同而变化的[1]。价值的终极本原只能是运动着的物质世界和劳动着的人类社会。《辞海》将价值界定为："一是商品的一种属性，凝结在商品中的一般的、无差别的人类劳动；二是价格；三是积极作用；四是在哲学上，不同的思想领域和思想方式对于价值有不同的理解。人们可以从人与对象物的关系的思想领域中理解价值现象，即价值可以指人根据自身的需要、意愿、兴趣或目的对他生活相关的对象物赋予的某种好或不好、有利或不利、可行或不可行等的特性。也可以指对象物所具有的满足人的各种需要的客观特性[2]。"从这个定义中认识到"价值"可以分为两个层面，既有哲学意义的范畴，也有经济学领域的范畴。

1）哲学范畴的价值[3]

早期的哲学范畴"价值"概念是以本体论（实体论）为代表的：本体论研究是探究世界的本原或基质，哲学家力求把世界的存在归结为某种物质的、精神的实体或某个抽象原则；本体论的世界存在不是人的对象世界，而是自在的、混沌的抽象世界，是"与我无关"的哲学观点。应当承认，这种论点具有一定的真理性，马克思所论述的凝结在商

[1] 吴美萍. 文化遗产的价值评估研究[D]. 南京：东南大学，2006.

[2] 夏征农，陈至立. 辞海（第六版缩印本）[M]. 上海：上海辞书出版社，2010：876.

[3] 国内众多学者都如此定义，但严格上讲，称为哲学范畴的价值并不适当，因为它很容易与人文价值哲学混淆。有学者认为纯粹的价值学具有独立的社会学科，并不完全属于哲学（可属于亚哲学），这里论述便捷，仍采用这个概念。

品内部的劳动时间实际上也是一种价值的实体表现，具有客观存在性。但这种哲学致思后来发展到忽视人的存在，认为自然本身就有自己的价值和尊严，或者价值是自然界的基本现象，如熵的表现。这些观点已经无视人类生存的意义与价值，把人与事物隔裂开来，形而上学，必然走入困境[1]。

于是现代哲学开始了哲学形态的转向，其中最主要的就是价值论的转向：要求哲学以现实的人类主体为中心，以“人”的观点来看待事物，以人的生存方式为中介把握存在，为人的生活提供价值和意义[2]。一个事物有没有价值，主要是看它是否能满足主体的某种需要。如果某种事物能够满足主体一定的需要，具有某种有用性，对于主体的生存发展有积极的、肯定的意义，这种事物就是有价值的；反之，就会被主体认为是无用的甚至是有害的，即无价值的[3]。杰克・普拉诺等学者将价值定义成“值得希求的或美好的事物的概念，或是值得希求的或美好的事物本身。价值反映的是每个人所需求的东西：目标、爱好、希求的最终地位，或者反映的是人们心中关于美好的和正确事物的观念，以及人们‘应该’做什么而不是‘想要’做什么的观念。价值是内在的、主观的概念，它所提出的是道德的、伦理的、美学的和个人喜好的标准[4]。”上述观点的价值偏重于“关系论”，曾经一度非常流行[5]，但事实上也存在明显的缺陷：即所有的关系、属性、意义、兴趣，是客观事物围绕人的目的而形成的，一切以满足人类的需要为基本点，正如自然资源等对于人类有用，就有价值；反之，就不存在价值。这否定了事物本身的客观存在，甚至是自然规律，也不承认其投入的劳动价值，过多注重于人类主体的需要，同样走进“一元论”的误区，逻辑上存在着悖论[6]。

20 世纪 90 年代初期，哲学家张岱年首先提出了“价值层次”的观点，认为满足人类的需要只是价值的第一层次，称为功用价值；而更深一层的含义是其本身具有优异的特性，这就是内在价值。张教授同时引用了 G. E. 穆尔的著作《哲学研究》中的内在价值概念进行说明：“说一类价值是内在的，仅仅意谓一物是否具有它，在何种程度上具有它，单独依靠该物的内在性质。”张岱年认为价值具有两重含义、或是两个层次[7]。这个观点的重要意义是将价值概念从一元论向多元论延伸，也是意图对马克思提出的劳动价值、使用价值和价值等概念之间的关系作进一步的诠释，具有一定的开创性。

何祚榕先生在张岱年的研究基础上，进而提出了价值二重性的概念。何祚榕认为事物的价值可以分为内在与外在两种价值表现：一是某事物对于满足一定时间、地点、条件下的人(个人、集团、社会、人类)的某种需要的效用；二是衡量同类事物之间孰贵

---

[1] 马克思恩格斯全集. 第 23 卷[M]. 北京：人民出版社，1972：42.

[2] 孙美堂. 从价值到文化价值——文化价值的学科意义与现实意义[J]. 学术研究，2007(7)：44-49.

[3] 胡仪元. 生态补偿理论基础新探——劳动价值论的视角[J]. 开发研究，2009(4)：42-45.

[4] 杰克・普拉诺，等. 政治学分析辞典[M]. 胡杰，译. 北京：中国社会科学出版社，1986：378.

[5] 这种观点在西方社会以改造自然为主题的科技大发展时代最为流行，“人定胜天”实际上也是这种观点的表现。

[6] 鲁品越. 价值的目的性定义与价值世界[J]. 人文杂志，1995(6)：7-13.

[7] 张岱年. 论价值与价值观[J]. 中国社会科学院研究生院学报，1992(6)：24-29.

孰贱、孰高孰低的标准。事物之外在价值与事物之内在价值在涵义上互不包容,是两个并列的基本义项。作为哲学范畴的价值,既然是“价值一般”,就应将这两项基本涵义都包括在内❶。他还将价值的功用价值直接解释为外在的效用价值,并专门论证其合理性❷。鲁品越非常赞同何先生的内外价值说,认为内在价值相当于“实体性价值”、外在价值相当于“关系性价值”,两种价值达到和谐统一。他甚至认为“何氏的发现真正揭示了价值概念的秘密,为达到一般的、统一的、系统的价值概念开辟了一条道路。在此基础上,可以建立关于价值世界的完整的理论体系。因此,它是至今为止价值概念研究上的最重要的成果”。

鲁品越教授更进一步指出了人的价值也具有内外二重性。他首先论证了哲学中“社会人”这一主体身份是人在实践活动中的最高身份,个人是社会人的基本组成单位。研究是以社会人来作为主体代表的,其内在价值体现在“社会的集体生命”,以“生命的质量”来衡量,包括“人类整体素质、劳动创造能力、生活质量,包括生理心理素质、道德素养、物质生活与精神生活质量等”;人的外在价值体现在“对事物利用的集体能动性”。鲁教授认为,人的价值世界正是通过劳动行为这一媒介来投射到物的价值世界,形成了物的内在价值、外在价值与人的内在价值、外在价值的有机融合;并指出物的内在价值和外在价值的研究如果脱离了人的生存与发展这一终极目的而进行是没有意义的❸。人类既是价值的源头和内涵,也是价值的归宿与终极尺度。

2)经济学意义的价值

从经济学领域上来讲,不同学说对价值也有不同的解释:①马克思在分析商品、价值与劳动等范畴时指出:作为价值,一切商品都只是一定量的凝固的劳动时间❹。《资本论》中的价值概念特指交换价值,即资本关系下的本质❺。②雷利·巴洛维在《土地资源经济学——不动产经济学》里认为经济价值的存在由三个重要部分决定:一是具备效用;二是稀缺性;三是人们占用和使用财产物品的欲望、支付能力和乐意支付程度,以及交换所有权或占有过程的其他因素❻。③西方经济学的均衡价值论认为:一种商品的价值,在其他条件不变的情况下,由该商品的供给状况和需求状况共同决定,在供给和需求达到均衡状态时,产量和价格也同时达到均衡❼,❽。④从评估学角度上看,价值有两方面的含义:一是房地产、商品或服务在某一特定时点相对于买卖双方的

---

❶ 何祚榕.什么是作为哲学范畴的价值?[J].哲学动态,1993(3):17-18.

❷ 何祚榕.关于价值一般双重含义的几点辩护[J].哲学动态,1995(7):21-22.

❸ 鲁品越.价值的目的性定义与价值世界[J].人文杂志,1995(6):7-13.

❹ 马克思恩格斯全集.第23卷[M].北京:人民出版社,1972:60.

❺ 价值(经济学术语)[DB/OL].[2014-08-13].http://baike.baidu.com/subview/208414/12170505.htm#viewPageContent.

❻ 雷利·巴洛维.土地资源经济学——不动产经济学[M].北京:北京农业大学出版社,1989:200.

❼ 朱善利.价格、价值理论与经济学的层次[J].北京大学学报(哲学社会科学版),1986(6):80-86.

❽ 西方经济学对于价值定义除了均衡价值论以外,还有边际效用论、效用价值论与新制度经济学等。由于篇幅有限,此处不再详述。

交换价值；二是所有权产生的未来收益的现值[1]。我们认为：前两点解释了经济价值的本质与存在基础，后两点更侧重于说明其衡量标准。评估学在20世纪20年代从经济学领域中划出，成为独立分支学科，评估学的价值内涵是指商品的交换价值，包括现有的、预期的、显现的和隐含的[2]。

3）两种价值的关联性

对于这两类截然不同的价值定义："哲学价值和经济价值之间如何相互作用、相互关联？"这是自20世纪80年代以来，哲学界苦苦探索的课题。学者们提出许多理论，产生了一定的共识，同时也发现了更多的问题。学者们普遍认同经济价值理论的"交换价值""使用价值"等概念不同于哲学的"价值一般"，他们从劳动价值论、效用价值论等多角度剖析商品经济价值概念，试图论证其与哲学价值之间的关系，并将其纳入到后者的体系中来[3]。

杨曾宪基于鲁品越的研究对价值的二重性提出更加清晰的定义：物的内在价值是人的内在价值的物化表现，是事物（包括观念形态存在的精神客体）的结构、功能和属性在人类（社会文化经济）系统中对人类生命本质有利于类或个体发展功能属性的总和；同时物的外在价值也是人的外在价值的转化和外延，体现了人类个体或群体对事物的作用和反作用，即效用价值，会受到多方面因素的影响[4]。杨曾宪详细论证了鲁品越提到"物的效用价值即为商品的使用价值"的观点，指出"它们属于同一性质的价值，虽然就一般而言，商品的使用价值涵盖了客体的效用价值全部"。

就使用价值而言，大卫·李嘉图在其著作《政治经济学及赋税原理》中肯定了亚当·斯密对使用价值和交换价值的区分，并认识到使用价值是交换价值的物质承担者[5]。马克思也进一步指出："交换价值的基本属性是使用价值，是一种使用价值同另一种使用价值相交换的量的比例或关系，这个比例随着时间和地点的不同而不断改变[6]。"从本质上讲，评估学的经济价值即交换价值，就是物的效用价值反映在经济关系上的表现形式。

综上所述，哲学范畴的事物价值通过人类主体内在和外在价值的转化和延伸，最终表现为事物的内在价值和外在效用价值的二重性；而经济学范畴的价值可以理解为事物的外在效用价值反映在经济关系上的表现形式，是可以被衡量的。汉斯·马根瑙也有类似认识，"某一事物的价值可以分为事实价值和规范价值，两者的差异大体是这样的：事实价值是具体的人在给定的时间可观察的偏爱、评价和欲求；规范价值是在某

---

[1] 美国估价学会. 房地产估价（原著第12版）[M]. 中国房地产估价师与房地产经纪人学会，译. 北京：中国建筑工业出版社，2005：18.

[2] 刘梦琴. 从经济学角度分析资产评估的价值内涵[J]. 中国资产评估，2010(4)：28-31.

[3] 赖金良. 马克思主义哲学价值论研究中应注意的几个问题[J]. 浙江学刊，1995(6).

[4] 杨曾宪. 试论文化价值二重性与商品价值二重性——系统价值学论稿之八[J]. 东方论坛. 青岛大学学报，2002(3)：10-18.

[5] 彼罗·斯法拉. 李嘉图著作和通信集-第一卷-政治经济学及赋税原理[M]. 北京：商务印书馆，2009.

[6] 马克思恩格斯选集-第二卷[M]. 北京：人民出版社，1995.

种程度上被进一步阐明的、人们应该给予价值对象的等级❶。”

2.1.2 历史性建筑价值

历史性建筑作为一种现实存在的客体对象,可以让人类了解自身的历史与生活的含义,那些蕴含的传统艺术、建筑技能、风俗习惯、意境表达等可用来作为清楚表达和诠释地域、民族以及全人类文化的重要手段,对人类主体必然存在一定的价值。然而关于历史性建筑价值的认识是人类历史文化遗产保护学科及相关工作的基础性问题,历史性建筑价值这一概念也随着人们认识的不断深入而有一个发展变化的过程。由于本书研究的价值概念存在哲学范畴和经济学领域的区分,这里也从这两方面分别进行探讨。

一方面,历史性建筑作为一种记载和表达历史文化、艺术形式等多重信息要素的综合体,对人类社会具有重要的功能和效用,人们从中获取满足欲望与积极意义;另一方面,从哲学范畴上,历史性建筑价值是指历史性建筑保存的各种信息要素相互关联、相互作用,逐步形成凝聚在载体对象中知识存在的集合体,能够引起人类主体对这一客体事物产生积极的价值观念与本质力量。前者体现价值内在实体性,具有客观性;后者体现价值外在效用性,偏重主观性。

从前文论述中对历史性建筑概念的分析可知,历史性建筑是一种具有历史、艺术或科学等特殊价值要素的房地综合体。随着社会素质发展进步,近年来人们普遍认为,历史性建筑所保存和凝结的那些涉及历史、文化、艺术、科学等不同学科、多层次、多方位的信息要素所表现的功能❷,可以给人类带来积极意义和作用,因此这些功能也称之为价值❸。正如1972年《保护世界文化和自然遗产公约》对历史性建筑的价值分类表述为历史价值、艺术价值、科学价值、考古价值、审美价值等;《中华人民共和国文物保护法》将文物遗产的信息功能归结为历史、艺术、科学价值等。其中历史性建筑承载着一些重要的历史信息,人们可以由此追寻与过去的联系、揭示渊源,给人类带来积极认同,故称为历史价值;同样,艺术信息能为人们带来古建筑的艺术美感享受,即艺术价值。

这些信息要素在各自的领域及学科方向赋予人们积极效用和群体认同,以满足人们对知识范畴与生存发展的需求。这些不同的价值功能集合依附于同一物理载体,表现出一种综合性整体价值。这些功能价值与整体价值的关系,在理论界被称为“实体价值与内含价值”❹、或是“实体说与属性说”。因此,这些功能信息诸如历史、艺术和科

---

❶ H Margenau. The scientific basis of value theory[M]//A H Maslowed. New Knowledge in Human Values. New York: Harper & Brothers Publishers,1959:38-51.

❷ 中华人民共和国国家标准 UDC 65.011 价值工程 基本术语和一般工作程序对“功能”的定义:对象能够满足某种需求的属性。

❸ 为了与评估学的价值额有所区分,本书将这里的价值解释为价值要素。

❹ 尼古拉斯·布宁,余纪元.西方哲学英汉对照辞典[M].北京:人民出版社,2001:1050-1051.

学价值等，可视作历史性建筑的"内含价值"。这些体现文化特性的内含价值彼此相互关联、相互作用，共同形成了集于历史性建筑本体的整体性实体价值，有些学者称之为"综合价值"，如朱光亚、余慧等[1,2]；有些学者取其特性称之为"文化价值"，如顾江、李浈等[3,4]。本书认为历史性建筑作为各种信息要素的综合性载体，故倾向取"综合价值"。

另一方面，根据前文提及的经济学认为，商品价值的形成以稀缺性为前提。稀缺性是指物品相对于人类的需求是有限的。由于稀缺和需求的存在，所以产生价值。毫无疑问，历史性建筑具有稀缺性、有用性和不可再生性，且人类的需求欲望的存在，因此其存在着经济学意义的价值。而从劳动价值论来分析，历史性建筑作为古代人民劳动智慧的结晶，被投入了巨大的劳动时间与力量，也符合了其作为商品形式、存在经济价值的本质特征。

综上所述，对于历史性建筑价值的概念，可以从哲学及经济学的角度加以理解；对于哲学范畴的历史性建筑综合价值和经济学范畴的历史性建筑经济价值两者之间的相互关系，将在下一节进行阐述。

2.2 构建历史性建筑价值体系

2.2.1 历史性建筑综合价值

从哲学范畴上讲，历史性建筑综合价值是指历史性建筑保存的信息要素相互关联、相互作用而逐步形成的凝聚在载体对象中知识存在的集合体，能够引起人类主体对这一客体事物产生积极的价值观念与本质力量。这些信息要素产生的功能属性构成历史性建筑内含价值，由于这些内含价值不是单一的，而是表现为多元性的，故而形成一个多领域、多角度和多层次的内含价值体系。

针对于历史性建筑、历史文化遗产等价值类型或价值体系的认识，国内外学术界已经有相当的研究与积累。1902 年，奥地利艺术史学家李格尔最初论述纪念物、古迹等文物所包含的历史价值和艺术价值等内容，1964 年的《威尼斯宪章》及 1975 年的《欧洲建筑遗产宪章》等规范性文件都对历史性建筑的价值类型或体系进行了整理与规范，直到 1982 年伯纳德·费尔顿指出"历史性建筑具有建筑、美学、历史、记录、考古学、经济、社会，甚至是政治和精神或象征性的价值"，从而首次全方位分析了历史性建筑所蕴含的价值要素，较以往的研究显得更为宽广。在此之后，莱普、弗雷等学者都从

---

[1] 朱光亚.建筑遗产评估的一次探索[J].新建筑，1998(2):22-24.

[2] 余慧.基于灰色聚类法的历史建筑综合价值评价[J].四川建筑科技研究，2009(10):240-242.

[3] 顾江.文化遗产经济学[M].南京:南京大学出版社，2009:135-136.

[4] 李浈，雷冬霞.历史建筑价值认识的发展及其保护的经济学因素[J].同济大学学报(社会科学版)，2009(10):44-51.

不同的层面与角度来分析解读历史性建筑价值体系；而国内有关该领域研究的学者主要有王世仁、阮仪三和朱光亚等，各自提出了既相似又有区别的价值体系(表 2.1)。

表 2.1 主要文献研究价值类型或体系一览表

文献/人物	价值体系
李格尔	历史价值、年岁价值、使用价值、艺术价值、纪念价值、稀有价值
《威尼斯宪章》	文化价值、历史价值、艺术价值
《世界遗产公约》	历史价值、艺术价值、科学价值、考古价值、审美价值
《欧洲建筑遗产宪章》	精神价值、社会价值、文化价值、经济价值
《世界文化遗产公约实施指南》	增加了情感价值、文化价值、使用价值
费尔顿	建筑价值、美学价值、历史价值、记录价值、 考古价值、经济价值、社会价值、政治和精神或象征性价值
莱普	科学价值、美学价值、经济价值、象征价值
普鲁金	历史价值、城市规划价值、建筑美学价值、艺术情绪价值、 科学修复价值、功能价值
弗雷	货币价值、选择价值、存在价值、遗赠价值、声望价值、教育价值
《巴拉宪章》	美学价值、历史价值、科学价值、社会价值
《西安宣言》	正式提出环境价值
王世仁	街区肌理、历史遗存、风貌基调、文化内涵
阮仪三	美学价值、精神价值、社会价值、历史价值、象征价值、真实价值
朱光亚	历史价值、科学价值、艺术价值、环境价值
朱向东	社会历史、文化艺术、技术工艺、地域环境、变化动态
《中国文物保护法》	历史价值、艺术价值、科学价值

注：该表部分是复旦大学黄明玉博士的综合整理[1]，经作者增列补充。

综合上述这些价值类型或体系可知，有些涉及的是实体性信息要素，有些价值则涉及外在关系，偏重主观性，如使用价值与变化动态等。根据本书对历史性建筑综合价值的哲学理解，其蕴含的内含价值应是能够反映出历史性建筑客观实体特性的价值要素。

基于此，可以确定的是，历史性建筑最基本的内含价值类型是历史价值、艺术价值、科学价值三大类，这点在国内外学术界已经达成基本共识。我们认为除了三个基本价值以外，环境生态价值也是历史性建筑内含价值的重要内容，这也被《西安宣言》(2005 年)正式提出并得到各国相关专家与学者的普遍认可，这与近年来方兴未艾的环境保护与可持续发展的理念也是一脉相承的，本书也将环境生态价值作为基本价值之一。此外，历史性建筑作为不同历史阶段的人类文化成果，体现了集体的智慧能力；传承和保护也要全社会来参与思考与实践，社会知名度和影响力也是至关重要的；所以将社会文化价值作为基本价值之一也是合理与必要的。由于其他价值类型或隐含

[1] 黄明玉. 文化遗产的价值评估及记录建档[D]. 上海：复旦大学，2009：57.

于这五大基本价值之中,或不属于典型价值或实体价值,本书就不再详细分析,对于经济价值将在后文进行论述。

综上所述,历史性建筑综合价值可以划分为五个方面的信息功能价值要素:历史价值、艺术价值、科学价值、社会文化价值和环境生态价值。

1) 历史价值

历史承载着一个民族、国家的兴衰荣辱,是一种不可磨灭的“真实”,历史文脉的延续和传承是一个民族和国家永恒的话题[1],历史价值是历史性建筑最重要的基本价值之一。历史性建筑作为人类历史遗留的产物,在纵向与横向都见证着人类一定历史时期的重要人物、事件等,毋庸置疑,其承载着重要的历史信息[2,3],具有重要的历史价值。历史性建筑的历史价值是指可以帮助证实历史性建筑的独特性,并能提供与过去的联系,揭示渊源的信息等[4]。作为历史上的客观存在而反映出的与其自身密切相关的历史演变中的社会经济、政治、思想文化等各方面的有关信息有助于人们全面认识相关的历史发展,从而真实地还原历史,引发人们的民族自豪感、爱国热情等。同时历史价值作为历史事件或历史背景的见证,也是人类历史文脉的延续,是代表历史过程的重要证明与载体,是人类历史活动的体现,具有“真实性”。

历史性建筑的历史价值主要体现为承载重要的历史信息,不仅从纵轴上包括不同年代的相关信息,同时也从横轴上包括不同地域的历史信息。首先,历史性建筑是特定时代的历史产物,是不同年代建筑文化、建筑技能及历史信息的承载体。人们通过对其研究,可以了解到历史性建筑建成时期的社会经济发展概况,特别是可以了解城市建设与发展过程,为填补部分缺失的历史资料或证实历史文献记载提供依据。如苏州的水陆城门、古城垣等各类历史性建筑是了解两千多年前苏州古城规模、布局及其发展变化的重要依据;玄妙观三清殿表现了宋代建筑特征,城隍庙工字殿反映出明朝的建筑艺术特色,而残粒园体现出清朝园林的建筑风格[5]。其次,历史性建筑的历史价值也同样体现于地域性特征与地方历史的表现程度上。即使是同一年代的历史性建筑,由于所处地理区位的不同,地方民俗文化及传统也各不相同,如江浙地区的历史性建筑与同时期的北方地区的历史性建筑就不一样,蕴含的历史信息也不同。

历史价值是事物的基本属性之一——时间属性所赋予的,是历史性建筑经历过一定的时间沉淀而产生或获得的价值。历史价值之所以成为历史性建筑的基本价值:一方面是由于历史性建筑是人类在过去时间内的创造活动所遗留下来的实物,能够见证其产生、形成和发展的历史时点(段)的人类活动;另一方面由于历史性建筑具有时间属性,还能在历史性建筑的其他价值之中表现,例如历史性建筑作为历史见证,是对人类活动的体现,也能表达出不同时期的地域特征或建筑风格等。

---

[1] 朱向东,申宇.历史建筑遗产保护中的历史价值评定初探[J].山西建筑,2007,33(34):5-6.

[2][5] 缪步林.古建筑的价值及其资料的收集[J].城建档案,2008(1):26-28.

[3][4] 李湞,雷冬霞.历史建筑价值认识的发展及其保护的经济学因素[J].同济大学学报(社会科学版),2009,20(5):44-51.

2）艺术价值

艺术价值是指艺术品所代表的作者的艺术个性及风格，反映出民族性、地域性、时代性，以及独特性或典型性等[1]。历史性建筑的艺术价值是指历史性建筑的设计构造、装饰色彩及建筑情调等所表现出的艺术个性、风格、地域性、民族性等特征，以及这些特征给人们在精神上或情绪上的审美感染力。历史性建筑的布局、造型、构件、装饰、雕刻、工艺及色彩等方面越独特或越典型，具有的艺术价值就越高。艺术价值表现出历史性建筑被创造产生、使用延续的历史背景、生活习俗、人类的审美情趣、艺术观念和风尚，以及时代的精神特征；是建筑遗产具有的既能够作用于人的理智，又能够诉诸人的感官和情感的审美价值。人们可以通过自身不同的方式、途径去感觉、体会、品味、领悟和欣赏历史性建筑遗产所具有的艺术成就。

中国的历史性建筑充分体现了美学精神因素，这种美学精神就是人与自然、有限与无限的意趣的回旋往复[2]。例如有些历史性建筑布局极具特色，强调建筑与自然的和谐统一，江南园林就是这一体现的代表；山西的一些宗教寺庙或民宅大院等历史性建筑在艺术上也有着极为丰富的表现形式。同时，历史性建筑中许多艺术作品成为新的文艺创作的源泉，特别是当代许多建筑、影视、工艺品等文艺作品就是从历史性建筑艺术中创造出来的，体现了历史性建筑的艺术价值[3]。如敦煌莫高窟的佛教绘画等就反映了古代艺术成就及历史背景；山西的历史性建筑从美学构思上以曲线美的建筑造型与结构改变了原有屋宇外形僵直的格局，加上一些雕刻、彩绘等装饰艺术，更给人一种协调庄重的美感[4]；此外，许多历史性建筑的布局、构造、工艺等艺术手法对现代建筑的规划设计也产生了重要影响，这也使得传统文化内涵与现代建筑相互融合，从而得以更好地继承与发展。

3）科学价值

科学价值是指事物所具有揭示其客观发展规律及探寻客观真理的用途，是根据其实践经验和科学原理发展而成的可用于指导人们改造世界的各种技能与方法所具有的积极作用[5]。历史性建筑的科学价值主要是指历史性建筑在设计及建造等方面提供的有价值的、重要的原理与知识等[6]信息，是建筑文化遗产见证所产生、使用和存在、发展的历史时间内的科学、技术发展水平和知识状况的价值，展示了人类历史文明对自然环境适应的工程观念与手法。历史性建筑的科学价值是人们在长期的社会实践中逐渐产生和积累起来的，凝结着人类的智慧，反映的是历史性建筑的技术层面和生产

---

[1] 艺术价值. http://baike.baidu.com/view/658397.htm.

[2] 王明贤. 中国古建筑美学精神[J]. 时代建筑，1992(1)：18-21.

[3] 罗丹萍. 论城市经营中文化遗产的价值取向[D]. 成都：四川大学，2007.

[4] 范艳丽，周秉根，吕永平. 山西古建筑的旅游价值与开发前景[J]. 国土资源科技管理，2008，25(5)：56-60.

[5] 朱向东，薛磊. 历史建筑遗产保护中的科学技术价值评定初探[J]. 山西建筑，2007，33(35)：1-2.

[6] 李浈，雷冬霞. 历史建筑价值认识的发展及其保护的经济学因素[J]. 同济大学学报(社会科学版)，2009，20(5)：44-51.

力价值，是古代建筑技术水平发展的体现。它包括各种结构构架方式的演进、建筑材料的更新、施工技术的改进、空间形式的演变等，同时也体现在历史性建筑防御自然灾害及排水防潮等技术处理方面。

我国的许多历史性建筑在城市规划、园林规划设计、建筑空间设计、建筑材料结构与艺术、施工技术与方法等方面对人类建筑历史及社会经济的发展都有着突出贡献[1]，其中一部分仍然成为现代人对建筑园林的规划、设计等相关研究与城市发展建设的借鉴与参考。例如在苏州的历史性建筑中，宋代文庙的建造格局是全国同类建筑的首创经典案例；元朝的盘门水城门所构成的水路交通也无不体现位于水网地带的江南地区的城市规划水平；明朝的无梁殿以其独特的结构设计体现了当时精湛的建筑技术水平；而拙政园等古典园林将生态学、环境科学、建筑学及"天人合一"的理念相结合，使历史建筑与山、水、植物等自然环境有机融合，创造出各种不同的景观及人与自然和谐统一的理想环境[2]，巧夺天工的园林建造技术体现了前人规划设计技术水平的高度发展。

4）社会文化价值

历史性建筑是人类社会发展过程中整个文化体系的有机组成部分之一，具有的社会文化价值是指历史性建筑真实反映出建筑及其所处的社会层面，凸显了地方文化习俗、传统社会制度规范及行为模式特色，从而可以向当代人类宣传精神的、政治的、民族的或其他方面的文化情绪，使人们对其全面认识而达到精神上的教育作用，有助于强化人们的群体及社会意识，达到丰富人们的历史知识、提高人们文化素养和自豪感及整个社会的人文素质的目的。同时历史性建筑向多数或少数群体教育宣传精神的、政治的、民族的或其他的文化情绪，标志一个群体的精神认同，也体现出人类社会在发展过程中历史与文化的多样性。

中国是地域辽阔的文明古国，文化发达、历史悠久。在长期的历史演变过程中，由于地理区域的差异及所处发展背景不同，形成了多样的区域性特色文化。历史性建筑作为这些文化习俗的承载体，也随之积淀了不同区域的文化特色。例如山西的历史性建筑在审美观念、文化传统、宗教思想、礼制观念、哲学思想及其他建筑形式等的影响下，以独特的建筑风格展示了地方特色文化，特别是一些古民居以神奇的建筑文化符号蕴含着深厚的文化内涵，引起了众多有关专家级学者的关注[3]。同样在江南地区，反映吴越文化的历史性建筑具有鲜明的个性及文化特色，历史街区会让人感受到小桥流水、巷宅幽雅的民俗风情，旧民居可以使人感悟到镂门花窗、粉墙黛瓦等精美艺术的文化内涵，特别是其中的许多历史性建筑是为历史名人设计、建造或生活的地方，让传统文化的发展与传承得以体现，也让历史性建筑注入了具有本地特色的社会文化内涵。

---

[1] 孙薇. 古建筑的社会保护及其框架下的旅游利用研究——以大连市为例[D]. 大连：东北财经大学，2007.

[2] 缪步林. 古建筑的价值及其资料的收集[J]. 城建档案，2008(1):26-28.

[3] 范艳丽，周秉根，吕永平. 山西古建筑的旅游价值与开发前景[J]. 国土资源科技管理，2008，25(5):56-60.

正是通过对不同历史性建筑文化内涵的解读，使人们认识到各个历史阶段人们的社会、精神及物质生活状况，体验到历史时期的传统精神财富，教育现代人培养积极向上的人生观，促进这些社会文化的保护传承和持续发展。

综上所述，历史性建筑内含价值体系的分析对人类了解不同历史性建筑及不同文化之间的异同点有着重要作用。这些历史性建筑内含价值不是相互独立的，而是相互影响、相互关联的，历史性建筑综合价值也不是历史价值、社会文化价值、科学价值、艺术价值以及环境生态价值的简单加和，对于不同的历史性建筑而言，各种价值要素对于综合价值的贡献各不相同，且各种价值要素间存在着彼此融合的关系❶：历史性建筑的历史价值是社会文化价值、科学价值、艺术价值和环境生态价值的基础；科学价值、艺术价值以及环境生态价值又是历史价值和社会文化价值的具体表现。

5）环境生态价值

正如历史价值是时间属性的体现，环境生态价值则是事物的空间属性所赋予的。环境生态价值是指历史性建筑作为生态环境的一部分，具有环境生态的特性以及提供人们观赏、愉悦的功能。历史性建筑本身作为一种建筑，是供人们居住、参观、休憩、娱乐等活动的场所。同时，历史性建筑包括园林也是人类社会活动环境中的一部分，一旦建成，就对周边生态环境会产生一定的正面或负面影响，这种影响不仅包括对动、植物等生活环境的影响，也会对所处区域的视觉与景观产生不同的效果。亦即，历史性建筑也构成了生态环境的一部分，成为景观结构要素之一，与周围生态环境各要素之间有着相互作用。所以历史性建筑的环境生态价值不仅要体现在建筑风格或外观上，也要体现为内部各要素以及与周围环境之间的合理配置。

历史性建筑所处的生态环境是紧靠历史性建筑的和延伸的、影响其重要性和独特性或是其重要性和独特性组成部分的周围生态环境。除了实体和视角方面的含义之外，周边环境还包括与自然生态环境之间的相互关系；所有过去和现在的人类社会和精神实践、习俗、传统的认知或活动创造并形成了周边环境空间中的其他形式的非物质历史性建筑，以及当前活跃发展的文化、社会、经济氛围❷。历史性建筑的环境生态价值除了历史性建筑的视角是实体方面的含义外，还包括与自然生态之间的关系。历史性建筑以其所能体现的人类社会实践、传统习俗等与其周边一定的环境空间构成了人类宝贵的历史文化遗产。特别是在江南水乡这一带，保存着数量众多的具有环境生态价值的历史性建筑，如留园等园林建筑就是典型代表；有些历史性建筑虽然已经歿失，但由于周边环境优美，如许多寺观、宫殿遗迹或陵园等，也是能为人们提供旅游、休闲和增长历史文化知识的场所。所以，2005 年《西安宣言》正式承认“周边环境对古迹遗址重要性和独特性的贡献”。

---

❶ 顾江. 文化遗产经济学[M]. 南京：南京大学出版社，2009.

❷ 国际古迹遗址理事会《西安宣言》(2005)。

2.2.2 历史性建筑经济价值

随着人类社会的发展,市场经济的影响和商业化思维不断扩大,从而使市场逻辑及经济价值独立于其他社会关系和价值体系,对属于历史文化遗产的历史性建筑也不例外[1,2],正因如此,人们开始逐步重视历史文化遗产经济价值的研究。

1967年,《基多规范》(*The Norms of Quito*)首次以正式文献从经济角度讨论了遗产的价值,该规范认为遗产作为一种经济资源,应在不减损其历史与艺术重要性的前提下,提升其利用性和价值[3]。

美国学者梅森、莱普等人认为,由于历史性建筑是一种稀缺性资源,对人类社会经济发展具有重要的作用,其价值与资源价值类似,可以分为使用价值和非使用价值。其中,使用价值是历史性建筑在再利用过程中为人们提供居住、社会文化教育、休闲娱乐以及科学研究等功能时所产生的经济效益;历史性建筑的非使用价值与资源的非使用价值相类似,是指历史性建筑客观具有的以及供人类子孙后代将来利用的价值,而非当代人直接使用的价值。其中,使用价值可以分为直接使用价值和间接使用价值,而非使用价值又可以分为存在价值、遗赠价值、选择价值等价值类型。这一点与国内一些学者的观点类似[4,5]。但有学者[6]认为选择价值、遗赠价值和存在价值之间存在一定的重叠,也有人认为使用价值与存在价值不能同时并存[7,8]。

但也有学者,如费尔顿、普鲁金等认为,既然是从经济学的角度分析,就是把历史文化遗产当作一种文化资产来看待,是文化资源的经济价值形式。要解决的经济价值问题就是如何充分考虑其使用价值和市场需求价值,市场需求价值又取决于成本价值和稀缺价值(效益价值)。因而在分析文化遗产时,应考虑稀缺程度和保护遗产所花费的成本,也要考虑到文化遗产的机会成本问题,还要关注文化遗产的潜在需求以及潜

---

[1] 联合国教科文组织. Randall Mason, Marta de la Torre. Heritage Conservation and Values in Globalizing Societies[C]. 世界文化报告,北京:北京大学出版社,2002:155.

[2][4] 吴美萍. 文化遗产的价值评估研究[D]. 南京:东南大学,2006.

[3] 黄明玉. 文化遗产的价值评估及记录建档[D]. 上海:复旦大学,2009:53.

[5] 作者注:如黄明玉、吴美萍、李浈、赵秋艳等学者。

[6] 赵秋艳. 东昌湖生态系统服务功能价值评估研究[D]. 济南:山东大学,2007.

[7] 蔡建辉. 城市森林的环境价值评估及其政策[D]. 北京:北京林业大学,2001.

[8] 注:(1)直接使用价值:历史性建筑的直接使用价值是可以通过历史性建筑交易市场表现出来的使用价值,其在通常情况下可以通过历史性建筑的市场价格来衡量,如历史性建筑作为风景旅游景点时的门票、历史性建筑作为住房出租的租金等。(2)间接使用价值:历史性建筑的间接使用价值是难以进行商品化而不直接进入历史性建筑市场进行交易的使用价值,但该间接使用价值是生产与消费正常进行的必要条件。(3)存在价值:历史性建筑的存在价值是指来源于知道历史性建筑继续存在的满足中所获得的价值,是人们为确保历史性建筑继续保存下去而自愿支付的费用。存在价值是历史性建筑本身所具有的经济价值之一。(4)遗赠价值:历史性建筑的遗赠价值是指将历史性建筑保存下来留给子孙后代的价值,亦即当代人为将历史性建筑保留给子孙后代而自愿支付的费用。如人们或社会为了使其子孙后代或别人在将来可以从历史性建筑中得到一定的利益,他们愿意支付一定费用保护历史性建筑。遗赠价值还体现在当代人为了使其后代能受益于历史性建筑存在的知识而自愿支付其保护费用。(5)选择价值:历史性建筑的选择价值也称历史性建筑的潜在利用价值,是指个人或社会对历史性建筑潜在用途的将来利用,是历史性建筑未来的直接和间接使用价值。

在“消费者”的爱好问题。而支持这些观点的国内学者有刘晓君、应臻等人；还有些学者认为历史性建筑的经济效益主要从艺术价值与使用价值中来表现[1]。

综上分析，学者们分别从资源或资产角度来阐释和剖析历史性建筑的经济价值。根据前文对历史性建筑的特征分析可知，虽然历史性建筑具有资源与资产的双重属性，但从本质上是房地综合体(不动产)，隶属于资产，其保存的特定历史、文化艺术和社会内涵都是通过历史性建筑这个物质承载体相互共生的。雷利·巴洛维认为经济价值的三个组成部分：效用、稀缺性，以及人们占有、使用财产物品的欲望、支付能力、乐意支付程度及交换所有权或占有过程的其他因素。这一点在不动产评估领域得到广泛应用，即认为产生经济价值必须具备或表现出四个要素：效用(Utility)、稀缺(Scarcity)、欲望(Desire)和有效购买力(Effective purchasing power)[2,3]。显然，历史性建筑具备以上诸多要素。但这四个要素存在一个前提，即经济价值是在商品交换系统或经济市场中存在并实现的；而经济市场的发展也有其阶段性、地域性和限制性，因此经济价值在不同的市场状况下表现为显化或潜在状态，且不断地相互转化演变。

价值是所有权产生的未来收益的现值，是经济学价值的一种衡量标准。历史性建筑作为经济物品，必然会产生收益。然而价值最大化往往会受到产权状况的影响，一般情况下，权利限制会减少收益，从而降低经济价值。基于历史性建筑的特殊性，几乎世界上所有国家和地区对历史性建筑的产权都有明确限制，例如：历史性建筑的改建都会被严格规定，部分重要的历史性建筑也被禁止转让或出租，其直接收益受到一定的影响；但又由于历史性建筑独有的品牌效应和特殊文化资源，造成收益的表现形式呈现多样化，可能会表现为售价、租金，也可能就表现为门票收入，或许还可能表现为延伸(衍生)收益，例如历史性建筑给所在区域带来整体经济效益的提升，拉动旅游、住宿、餐饮、商业和其他相关行业的综合性发展等。有的学者将这种历史文化遗产的经济价值表现形式划分为直接经济价值与间接经济价值[4]。正是由于历史性建筑的产权限制，其间接衍生的收益反而显得更为重要。因此，有学者研究认为历史文化遗产经济价值的研究重点应当放在对间接经济价值开发和产业化运作方面[5]。这种直接收益(直接经济价值)和衍生收益(间接经济价值)也可以从可持续理论下的资源性资产的研究角度上理解为：经济价值包括当前经济增长模式下价值规律能够实现的价值，同时还包括当前经济增长模式下价值规律无法实现的部分，即资源利用过程中的外部

---

[1] 刘晓君，王玲，王美霞，等. 古建筑保护项目的经济评价[J]. 西安建筑科技大学学报(社会科学版)，2005，24(4)：49-53.

[2] Appraisal Institute. The Appraisal of Real Estate [M]. [S. l.]: The Appraisal Institute，2008：15-16.

[3] 注：(1)效用：物品满足人们的某种欲望或要求的能力；(2)稀缺：指物品相对于需求而言，当前或预期的供给不足；(3)欲望：购买者对满足人类基本需要(例如住、衣、食和人际交往)或在此基本生活的基础上谋求个人需求的一种愿望；(4)有效购买力：是指个人或群体参与市场(即通过现金或等价物去获取商品或服务)的一种能力。(作者译)

[4][5] 顾江. 文化遗产经济学[M]. 南京：南京大学出版社，2010：24.

性部分[1],这二者之和即为历史性建筑的经济价值计量。

历史性建筑经济价值是客观存在的,但是经济价值不同于市场价值。雷利·巴洛维认为经济学家和价值评定者往往关心和区分经济价值和市场价值[2];国际估价标准委员会对市场价值进行定义:"市场价值是一宗不动产(资产)在经过适当的市场推广后,在价值时点由一个自愿的卖方出售给一个自愿的买方的正常交易中形成的金额。在交易过程中,买卖双方掌握充分的信息,行事谨慎且没有受到胁迫[3]。"而英美等国家对于市场价值也有类似定义。例如美国评估准则(USPAP)针对市场价值的定义是"如果买卖双方是理性的,掌握充分的信息并以自身利益最大化为目标,同时假设双方均未受到不当的胁迫,则市场价值是某一特定的不动产(资产)权利在公平交易和完全竞争市场中已经停留一段时间后,最可能实现的价格,无论该价格是以现金、现金等价物还是其他明确界定的交易方式表示[4]"。将国际估价标准和USPAP的市场价值定义对比后可以发现:美国更加关注对象的权利,而且明确指出市场价值实际上就是价格。我国目前理论界上也有这样的认识:市场价格、市场价值、公开市场价值三者的含义基本相同,在一般情况下可以混用[5,6]。

从价格的一般界定上来看,商品价格是指商品(或服务)同货币交换比例的指数,马克思在《资本论》中明确指出:"价值是价格的本质,价格是价值的货币表现;价格的变动,取决于多种因素,其中商品本身价值的变动、货币价值的变动和商品供给与需求关系的变动等是最主要的因素。"针对影响价格的要素认识,西方经济学的观点也基本相似,认为产生价值的四个要素间复杂的相互关系在基本的经济学供求原理中得以体现,在任何情况下,效用、稀缺或充足性,以及人们需要意愿的强烈程度和有效购买力都会影响商品的供给和需求,反之亦如此[7]。

一般情况下,历史性建筑估价对象表现为市场价值(市场价格),市场价值是经济

---

[1] A.迈里克·弗里曼.环境与资源价值评估——理论与方法[M].曾贤刚,译.北京:中国人民大学出版社,2002:5-6.

[2] 雷利·巴洛维.土地资源经济学——不动产经济学[M].北京:北京农业大学出版社,1989:200.

[3] International Valuation Standards Council. International valuation standards[S].(London 2000)92-93.

[4] 美国估价学会著,中国房地产估价师与房地产经纪人学会,译.房地产估价(原著第12版)[M].北京:中国建筑工业出版社,2005:19.

[5] 中国房地产估价师与房地产经纪人学会.房地产估价理论与方法[M].北京:中国建筑工业出版社,2005:75.

[6] 经济价值在公开市场中转化为市场价值(市场价格)或其他市场收益等。市场收益一般分为市场价值(市场价格、公开市场价值)、市场租金、投资价值或所有值、公允价值等。市场租金:在进行适当的市场推销(其中各方均以知晓行情、谨慎的方式参与,且无强制因素)后,自愿出租方和自愿承租方以公平交易的方式,通过适当的租赁条款,在价值时点对一项物业或物业内空间进行租赁的金额;投资价值或所有值:对于一个特定投资者或投资者群体,对于某一物业已确定投资目的价值。这一主观概念将可识别的投资目的或指标的一个特定投资者、投资者群体、或实体与特定的物业联系在一起;公允价值:在知晓行情的、自愿的各方之间以公平的方式使一项资产可以交换、或使一个责任可以解除的量值。以上概念均摘自于英国皇家特许测量师学会的《红皮书——RICS估价标准》中文版,2012:5-7.

[7] 美国估价学会.房地产估价(原著第12版)[M].中国房地产估价师与房地产经纪人学会,译.北京:中国建筑工业出版社,2005:26.

价值在真实市场中的具体反映，会因受到供求关系和其他市场因素的影响产生变化，形成相互作用的动态关系。市场价值和经济价值相比，市场价值属于短期均衡，而经济价值属于长期均衡，在正常市场或经济发展条件下，市场价值会表现出围绕着经济价值上下波动的周期变动。但总体上看，由于历史性建筑的稀缺性和有限性，这个变动会呈现一种不断上升的趋势。

2.2.3 历史性建筑价值二重性

历史性建筑综合价值作为信息要素的内含价值体系的综合体，引致人类主体对这一客体事物产生积极的价值观念，属于哲学范畴；历史性建筑的经济价值体现了效用、稀缺性和市场变化，属于经济学范畴。这两种价值凸显怎样的关系？这一问题是近年来历史文化遗产的研究学者共同面对的课题。

早在1975年，《欧洲建筑遗产宪章》就明确提出了历史性建筑经济价值的概念，但把经济价值理解成与历史价值、美学价值等相似的内含价值属性。费尔顿、莱普等人都坚持类似观点来研究经济价值对历史文化遗产整体价值的作用关系。然而从弗雷开始，历史文化遗产价值的研究从强调其文化价值逐步转向关注其经济性质；梅森已经将历史遗产价值直接分为社会文化价值和经济价值两大类，并认为历史、美学、社会价值等都内含于社会文化价值。

近年以 David Throsby 为代表的学者，提出了遗产价值的分类为美学、精神、社会、历史、象征等几个方面，并统称之为内在价值❶。张艳华认为这种内在价值与国内通常的历史的、艺术的、科学的价值内涵基本一致，可以称为文化价值。城市建筑遗产的文化价值在一定条件下可以转化成经济价值。经济价值是可以量化的，而文化价值是内在的，无法量化❷。李浈、雷冬霞等人已经认识到历史性建筑价值的内在价值、外在价值的二重性❸，但存在一些理论上的不足：一是未对形成的机理进行剖析；二是直接把外在价值确定为经济价值；三是将内在价值与外在价值的关系简单定义为能在一定条件下转化。总体上讲，这些学者还是在一定程度上揭示出了内在文化价值与外在经济价值之间相互作用的变化趋势。

正如前文所述，哲学范畴上的事物价值，首先表现为通过人类主体内在价值的物化和投射来转化为事物的内在价值，代表事物的实体性。历史性建筑隶属于历史文化遗产，作为一种"文化产品"，反映出人类能动地改造世界的创造性本质，这种本质凝聚

---

❶ David Throsby. Conceptualizing Heritage as Cultural Capital, Heritage Economics — Challenges for Heritage Conservation and Sustainable Development in the 21st Century[M]. [S. l.]: Australian Heritage Commission, 2000.

❷ 张艳华. 在文化价值和经济价值之间——上海城市建筑遗产(CBH)保护与再利用[M]. 北京：中国电力出版社，2007：17-18.

❸ 李浈，雷冬霞. 历史建筑价值认识的发展及其保护的经济学因素[J]. 同济大学学报(社会科学版)，2009(10)：44-51.

于人类主体对象，就是智慧、学识和技能等综合素质的体现，对外表现出人类生命在实践中的能动性和创造性，是人类在实践中对自身生命意义的自我肯定。这种内在的创造性本质物化在客体对象文化产品上，就是文化（结构功能）质❶。我们通过对历史性建筑综合价值和内含价值体系的分析，可以认识到这种事物的文化（结构功能）质和人类内在创造价值的存在与关系。

但是这种客体文化质不能脱离与人类主体的联系，价值现象根本上是以人为本，是人类存在意义的体现。人类主体同样有满足其受动性和享受性的需求：历史性建筑从实用角度上无论如何不如现代建筑舒适安全，但其蕴含的特殊文化价值却是吸引人类对更高精神层次的追求，人们以此来发现确证先辈的智慧与技能，反映人类不同时代的生产能动性。这种先人的内在价值凝结于历史性建筑，形成了物的内在价值（实体性/文化质），给后人以认识与享受。这种物与人的关系表现为历史性建筑的内在文化（结构功能）质能通过不断满足人类主体生存发展的需求的受动性和享受性，也是人的外在价值（认识与享受）“物化或投射”在客体对象上的表现，即效用价值❷，代表事物的关系性，体现出哲学中事物的外在价值❸；本书认为这里的效用价值更应该是反映出人类社会的群体需求而并非个体。而物的效用价值在经济市场上与人类交互形成新的关系，表现为效用、稀缺、欲望和有效购买力，形成了经济价值的产生根源。

综上所述，历史性建筑经济价值是历史性建筑外在效用价值在经济关系上的反映，体现的是历史性建筑的经济属性，可称为外在经济价值，是能够予以一定的标准体系进行衡量和阐明的；也可以说，历史性建筑经济价值就是历史性建筑内在综合价值在商品交换系统或经济市场中与人类交互所获得的特殊社会价值形态。外在经济价值与内在综合价值之间的相互关系是外在效用价值与内在综合价值（历史性建筑价值二重性）在经济领域范围内相互关系的延伸，变化规律是相似的：即内在综合价值是外在经济价值存在的基础，反映出其基本活动方式，在经济价值实现过程中制约着主体与客体之间相互关系；反之，当经济价值出现动态波动，引发人类主体的需求变化，通过社会推动各种有效的措施手段（如提高文化素质、加强保护意识、扩大宣传力度，发展科学研究等），使得历史性建筑能在新的层次上发挥更大的功能属性，最终将需求性和享受性又转化成内在综合价值的更高追求。

最后根据以上综合分析，本书在已有成果的基础上进一步研究建立历史性建筑的价值体系，如图 2.1 所示：

---

❶ 杨曾宪. 试论文化价值二重性与商品价值二重性——系统价值学论稿之八[J]. 东方论坛，2002(3)：10-18.

❷ 杨曾宪认为这里的效用价值指客体效用价值的全部，除文化效用价值之外，还包括自然效用价值、社会效用价值等。

❸ 历史性建筑的内在综合价值和外在效用价值，成为人类主体创造力与需求性的实现、体现和确证；而反之人类主体的二重价值通过文化（结构功能）质为中介，转化为客体对象的二重价值。

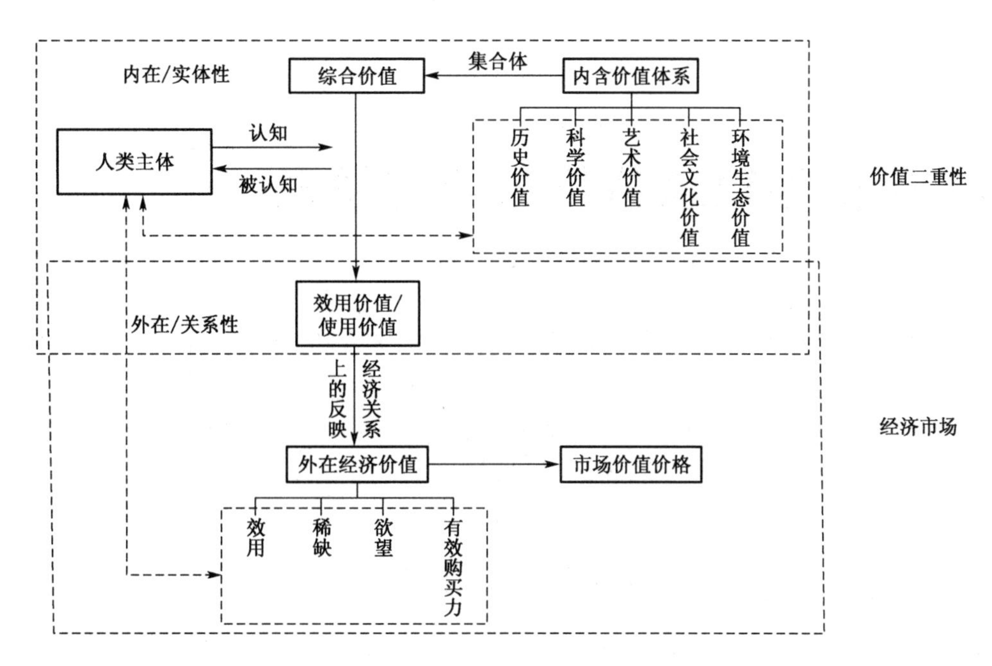

图 2.1 历史性建筑价值体系一览图

3 历史性建筑估价的经济原理

经济价值评估是一种价值指示意见的形成过程,通常以货币形式表示。效用价值如何在经济上实现向经济价值转化的过程?本章将在前文分析的基础上进一步深入剖析历史性建筑价值的经济学属性、产权界定和经济价值特征等问题,为建立和完善历史性建筑估价体系打下理论基础。

3.1 历史性建筑估价的经济学理论

经济学理论是指通过将一些不重要、不相关的经济因素抽象掉,从而建立起来的对经济变量之间简单关系的解释;这种解释既可以覆盖整个经济社会,也可以描述特定范围内的经济现象[1]。关于价值的经济学理论有许多,不同历史时期、不同学派有着不同的观点,其中最具代表性的是劳动价值论、传统西方经济价值理论以及新制度经济学的相关理论等。本书在此对历史性建筑价值进行经济学理论分析,亦即对历史性建筑具有的经济属性形成机理、变化趋势等进行探讨。

3.1.1 劳动价值论视角下的历史性建筑经济价值分析

历史性建筑作为一种特殊的不动产,由改良物和依附的土地构成:改良物包括建筑物、构筑物、装修和附属物等,都是由人们设计并建造的,是人类智慧和劳动的产物;而土地作为一种重要的自然资源,本身凝结着人类的劳动,由于存在人类物化的劳动而存在价值[2]。即历史性建筑和依附的土地都是人类劳动产品的一部分。

劳动价值理论最初由英国古典政治经济学家亚当·斯密提出。亚当·斯密在著作《国民财富的性质和原因的研究》[3]中系统地探讨了劳动价值论,并在劳动价值理论的基础上发展了自己相当完备的价格理论。在《国民财富的性质和原因的研究》中,亚当·斯密从分工引出交换,再从交换引出价值,并第一次明确使用了使用价值和交换价值这两个概念,认为"劳动是衡量一切商品交换价值的真实尺度"。此外,亚当·斯密的价值理论又是二元的:一方面,他认为商品价值决定于"获得它的辛苦与麻烦",即决定于

---

[1] 汪秋菊.微观经济学[M].北京:科学出版社,2009.

[2] 马克思恩格斯全集[M].北京:人民出版社,1972(23):698-699.

[3] 亚当·斯密.国富论[M].郭大力,王亚南,译.上海三联书店,2009.

生产商品所耗费的必要劳动量;另一方面,他又认为商品价值"等于它使他们能够购买或支配的劳动量",或等于它所能购买到的"劳动的价值"。大卫·李嘉图在亚当·斯密既有理论的基础上,在分析量度异质商品数量的共同尺度时提出了劳动价值论。

马克思在研究商品价值时则在前人的理论基础上发展了劳动价值理论❶。劳动价值论即为劳动创造价值理论,是马克思主义政治经济学的基石,其核心观点是"劳动是价值的唯一源泉"。价值是凝结在商品中的人类劳动,价值量是由凝聚在商品生产中的无差别的人类劳动即人类社会必要劳动时间决定的。价值质和量的这一特征表明价值所体现的人与人之间的关系。人们能通过交换自己的劳动产品而发生经济关系,而商品的价值集中体现了这种关系。不同商品能够交换是因为它们中都包含共同的东西:人类劳动的凝结即商品价值❷。商品生产过程是劳动过程与价值形成过程的统一。从价值增值过程来看,商品经济价值由生产资料物化劳动、劳动者的必要劳动时间与剩余劳动三部分的总和来决定。从上一章哲学价值二重性分析,我们得知,使用价值反映的是商品的外在效用性;而马克思提出与使用价值相对应的价值或商品价值的概念"价值是凝结在商品中的人类劳动,价值量是由凝聚在商品生产中的无差别的人类劳动即人类社会必要劳动时间决定的"却与物的内在实体性不相吻合。因为前一句反映了物的内在价值或实体性产生的根源,后一句实际上说明了价值的衡量标准。现在我们可以认识到,这概念实际上阐述了两个完全不同的内容,但由于没有明显区分与详细说明,因此长期使得经济学者产生迷惑与误解。

政治经济学与西方经济学作为经济学理论两大分支,对经济现象各有独到的解释力。政治经济学主要来源于劳动价值论,西方经济学的主流经济学说是在效用价值论的基础上发展起来的。抛弃意识形态的影响,劳动价值论更关注于商品价值产生的根源,马克思从生产领域入手,对价值的形成、决定和表现作了全面系统的考察,解释了价值产生的实质来源❸,西方经济学在这方面的研究和解释是不够充分的。效用价值论对于解释商品以及价值的市场运行有较高参考价值,更注重于商品价值的衡量解析、经济变化规律的研究等;但效用价值论并不关心商品是怎么来的,只是解释为什么人们这么选择以及影响选择的因素条件。所以,正确认识两大经济学体系的差异与侧重点,对我们认知经济价值的产生根源与运行规律具有重要意义。

历史性建筑的建造初期,人们首先对土地投入了大量人类的劳动,如改造环境、平整地面等。同时,依据传统社会文化、伦理制度等,人们利用当时的科技技术手段设计历史性建筑的布局、结构,建造建筑主体,进行内部装饰、构件雕刻和园林景观设计等,这些活动也都凝结着一定量的人类劳动。此外,随着时间的推移,在历史性建筑的使用和维护期间,一方面人类不断也在改善周边环境,并且改良物本身也在不断进行着

---

❶ 孙洛平.收入分配原理[M].上海:上海人民出版社,1996:24.

❷ 朱善利.价格、价值理论与经济学的层次[J].北京大学学报(哲学社会科学版),1996(6):80-86.

❸ 周国峰.马克思劳动价值论和西方经济学价值理论的比较[D].贵州:贵州大学,2008:28-30.

改善、增设、修复、修建甚至重建,雕刻彩绘等装饰从简到繁、由粗至精,建筑格局从小到大、由一路发展为多路;园林从小庭院扩大到池山藤萝,人类对此类演变过程必然都会投入相应的劳动。即人们对历史性建筑在最初设计建造和后期修复保护阶段都不断增加投入资金和劳动力。文化遗产价值通常由两部分组成:一部分是它被创造出来的那个时代赋予的价值;另一部分是在以后岁月中各种历史事件与人类需求变化而遗留的印迹所负载的价值[1]。

综上所述,从劳动价值论角度看,历史性建筑作为一个实际存在的房地综合体,无论过去和现在都凝结着人类劳动,解释了其经济价值产生的根源。本书认为,劳动价值论揭示了历史性建筑内在综合价值形成的机理以及经济价值产生的本质和根源;但其经济价值的衡量标准与变化规律还需要进一步在西方经济学领域中研究。

3.1.2 西方传统价值理论视角下的历史性建筑经济价值分析

在传统西方经济学理论发展中,与历史性建筑价值相关的经济理论包括效用价值理论和均衡价值理论,因此本书将分别从两个理论的角度对历史性建筑价值进行分析。

1) 效用价值论下的历史性建筑经济价值

效用价值理论是以物品满足人的欲望的能力或人对物品效用的主观心理评价解释价值及其形成过程的经济理论。在 19 世纪 60 年代前表现为一般效用论,而从 19 世纪 70 年代以后主要表现为边际效用论。

效用价值论将商品交换的基础归结为事物的效用,认为价值反映了物质对人的功效或效用。1833 年英国经济学家 W. F. 劳埃德认为商品价值取决于人们的欲望以及人们对物品的估价,且人们的欲望和估价会随物品的数量变化而变化,并在被满足和不被满足的欲望之间的边际上表现出来。劳埃德的这一观点区分了物品的总效用和边际效用,从而提出了主观效用论,并认为物品的价值取决于边际效用。与劳埃德的观点类似,爱尔兰经济学家 M. 朗菲尔德也提出物品的市场价值是由能够引起实际购买的最低程度需求强度来调节的[2]。1854 年,德国经济学家 H. H. 戈森在其《论人类交换规律的发展及由此而引起的人类行为规范》中提出人类满足需求的三条定理(戈森定理):①欲望或效用递减定理,即随着物品占有量的增加,人的欲望或物品的效用是递减的;②边际效用相等定理,即在物品有限条件下,为使人的欲望得到最大限度满足,务必将这些物品在各种欲望之间作适当分配,使人的各种欲望被满足的程度相等;③在原有欲望已被满足的条件下,要取得更多享乐量,只有发现新享乐或扩充旧享乐。这三条定理为边际效用价值论奠定了理论基础[3]。另外,奥地利学派重要代表人物维

[1] 刘敏. 青岛历史文化名城价值评价与文化生态保护更新[D]. 重庆:重庆大学建筑城规学院,2003:79.

[2] 理查德·豪伊. 边际效用学派的兴起[M]. 晏智杰,译. 北京:中国社会科学出版社,1999.

[3] 试析劳动价值论和效用价值论的解释力[DB/OL]. http://www.wyzxsx.com/Article/Class22/201011/196447.html.

塞尔在其著作《自然价值》❶中指出，某一物品要有价值，必须具有效用和稀缺性，两者相结合为边际效用❷。边际效用是价值的来源，边际效用定律是价值的一般规律。在需求保持不变时，供给越大，边际效用和价值越小；反之则相反。维塞尔在对物品的边际效用进行计量分析时采用了“生产效益归属”法，即当土地、资本和劳动一道起作用时，人们必须能够从它们的共同产品中将土地、资本和劳动的份额分开。维塞尔的边际效用价值论和收益分割法也是自然资源类估价的主要理论依据❸。

效用价值论认为效用是一种主观心理评价。假定物品可以无限细分时，人们清楚地知道自己所支付的每一单位报酬能获得的不同单位物品效用，并且按照最后一个单位报酬带来的边际效用相等原则来决定物品购买量，以达到消费者总效用最大化。理性人也会根据物品的差异做出选择，最终达到物品中获得的边际效用对于货币的边际效用之比等于价格❹。效用价值论认为人们选择该组物品，而不选择那一组物品，这是由于前者带来了更大的效用(主观的感觉评价或称心理感受)。效用价值论较好地解释了资源如何配置、消费者如何实现效益最大化的问题，而这些问题是人类在生产生活中最为关心的。

人类可以根据自身的需要、意愿、兴趣或目的对生活相关的对象物赋予某种好或不好、有利或不利、可行或不可行等特性，而事物满足人类这种特性赋予的功能就是物的效用价值，是依赖于主客体关系与外界影响要素而存在的。历史性建筑作为一种现实存在的客体对象，可以满足人们观赏、研究等精神物质需求，让人类更加了解自身的历史与存在的含义，那些蕴含的传统艺术、建筑技能、风俗习惯、意境表达等用来清楚表达和诠释地域、民族以及全人类文化的重要手段，对人类主体存在特殊的效用价值。历史性建筑越是稀少，对于满足人类需求的边际效用越大，所具有的经济价值越高。当然对于不同的个体或群体而言，历史性建筑的效用可能不尽相同；但就人类整体来说，这是祖辈留给当代人类社会的宝贵遗产，具有的效用不是对于某一个人或团体，而是表现出一种普遍社会认知度，否则历史性建筑综合价值评价工作是毫无意义的。

对于几乎所有物品的消费而言，效用是边际递减的，即所谓的边际效用递减规律❺。历史性建筑对于人类的效用也一样存在着边际效用递减的特征。在某一类历史性建筑所在地域居住的人们对这些历史性建筑的支付意愿较低，与此不同，远离该地

---

❶ 弗·冯·维塞尔.自然价值[M].北京：商务印书馆，1982.

❷ 边际效用或者边际收益，指的是消费者从一单位新增商品或服务中得到的效用(满意度或收益)。在一定时间内，每增加一单位消费量所能增加的效用单位，亦即多消费该商品一单位所增加的满足感幅度。

❸ 曲福田.资源经济学[M].北京：中国农业出版社，2001.

❹ 试析劳动价值论和效用价值论的解释力[DB/OL]. http://www.wyzxsx.com/Article/Class22/201011/196447.html.

❺ 边际效用递减法则(The Law of Diminishing Marginal Utility，也称边际效益递减法则、边际贡献递减)，边际效用递减是经济学的一个基本概念，是指在一个以资源作为投入的企业，单位资源投入对产品产出的效用是不断递减的。

区的人们对于这些历史性建筑的支付意愿就较高[1]，亦即这些历史性建筑对于长期居住在其所在地的人们的效用较小。因此，如果历史性建筑不能作为旅游消费的一部分，仅靠所在地域的居民对其进行保护是难以实现的，也不利于历史性建筑的保护。

根据边际效用递减的原理，历史性建筑价值也与历史性建筑数量有关[2]。如果某一类历史性建筑数量非常多，以至随处可见，那么对于人类来说，其效用较小，造成价值会比数量较少的历史性建筑要低。图 3.1 表示了历史性建筑对人类边际效用的变化情况：当某一类历史性建筑数量稀少时，对人类的效用或价值较大；反之，当该类历史性建筑数量很多、随处可见时，边际效用就会较小，进而价值也就较低，并且会越来越接近于相似功能（如居住等）的普通建筑经济价值，亦即其价值将减小到仅为其使用功能的经济表现；这时人们（特别是当地）将不易重视此类历史性建筑的保护，这不仅是由于其边际效用较小，且数量众多的历史性建筑的保护成本也将是巨大的。文化的多样性欲望使得人们出现支付意愿，但类同性增加会让效用边际递减。

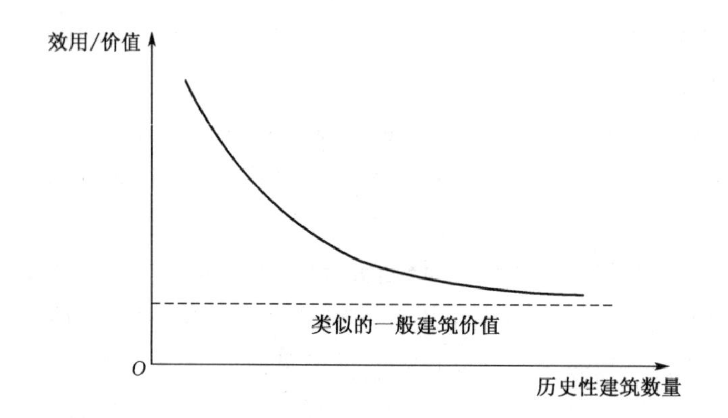

图 3.1 历史性建筑价值（效用）与历史性建筑数量变化

历史性建筑数量也会发生变化，可以通过不断的资格等级认定来增加，例如杭州市规定：建成 50 年以上具有历史、科学、艺术价值，体现城市传统风貌和地方特色，或具有重要的纪念意义、教育意义的建筑可以认定为历史性建筑。随着时间推移，我们可以认为许多旧式建筑逐步会被认定为历史性建筑；但能确定的是，1840 年前所建的历史性建筑是不可能再增加的，只会由于自然和人为的原因而减少，因此这个时期以

---

[1] 应臻. 城市历史文化遗产的经济学分析[D]. 上海：同济大学，2008.

[2] 任何购买行为都是一种交换行为，消费者以货币交换所需求的商品。交换过程中，消费者支出的货币有一定的边际效用，所购买的商品也有一定的边际效用，消费者通常用货币的边际效用来计量物品的效用。由于单位货币的边际效用是递减的，因此，消费者愿意付出的货币量就表示买进商品的效用量。而消费者对两种商品所愿付出的价格的比率，是由这两种商品的边际效用所决定的：边际效用越大，愿支付的价格（需求价格）越高；反之，边际效用越小，需求价格就越低。根据边际效用递减规律，既然边际效用越来越小，那么，消费者对商品购买越多，所愿支付的价格就会越少。这样，消费者买进和消费的某种商品越多，他愿支付的价格即需求价格就越低，反过来说，价格越低，需求量越大。可见，一个消费者的实际需求价格反映了该商品的边际效用，而边际效用是随购买数量的增加而减少的，于是价格也就随着数量的增加而降低，或者需求量随价格的降低而增加。

前的历史性建筑将会越来越稀缺。

稀缺价值论是由法国数理经济学家里昂·瓦尔拉斯在继承其父关于"价值起源于稀缺"思想的基础上提出的纯粹经济学的基本理论之一。他指出,仅仅是效用还不足以创造价值,而应该是有用性和稀缺性来决定的,即它在量上不能没有限制。稀缺价值理论认为,稀缺的有用物品都有价值,这是表象的直觉认识,是一种循环论证,因为其接着会说凡是有价值的物品都具有稀缺性。但是,稀缺性和独占性确实对资源价值有着重要的影响。瓦尔拉斯在对商品交换比例进行分析时,认为,当商品稀缺比例与商品价格比例相等时,交换将得到最大的满足,并从而创立了一般均衡理论。而意大利经济学家 Vilfredo Pareto 在瓦尔拉斯的一般均衡理论基础上进行了进一步研究:在给定的资源稀缺性和有限知识条件下研究个人如何最大限度满足其自身需要,其间采用了虚数效用概念用于效用的测定,并引进了无差异曲线进行分析。稀缺价值理论在很大程度上是与效用价值理论是相联系的。

与普通不动产相比,历史性建筑显得数量稀少,特别是那些具有重大历史意义或纪念价值的建筑物(构筑物)。而且随着时间的推移,历史性建筑会因为自然损毁或不可抵抗的其他外力因素而不断减少,真实性、完整性也会呈现不同程度的损失,从而导致稀缺度增加,价值也随之增大。稀缺性是历史性建筑的主要特征之一,很大程度上影响着历史性建筑的经济价值。

2) 均衡价值论下的历史性建筑经济价值

均衡价值论首先表现为一般均衡理论。一般均衡理论是理论微观经济学的一个分支,旨在寻求在整体经济的框架内解释生产、消费和价格。一般均衡理论是 1874 年由法国经济学家瓦尔拉斯在《纯粹经济学要义》中首先提出的。瓦尔拉斯认为,整个经济处于均衡状态时,所有消费品和生产要素的产出和供给将有一个确定的均衡量,其价格将有一个确定的均衡值。瓦尔拉斯以边际效用价值论为基础,提出价格或价值达成均衡的过程是一致的,因此价格决定和价值决定是同一回事。他认为各种商品和劳务的供求数量和价格是相互联系的,一种商品价格和数量的变化可引起其他商品的数量和价格的变化,所以不能仅研究一种商品、一个市场上的供求变化,必须同时研究全部商品、全部市场供求的变化。只有当一切市场都处于均衡状态,个别市场才能处于均衡状态❶。

马歇尔在此基础上综合了萨伊效用论、边际效用论等观点,把力学原理引入经济学,提出均衡价值论。马歇尔认为一种商品的价值,在其他条件不变的情况下,由该商品的供给状况和需求状况共同决定,在供给和需求达到均衡状态时,产量和价格也同时达到均衡。均衡价格是指需求价格和供给价格相一致时的价格。马歇尔进一步用价格代替了价值,把价值与价格通用,不加以区别;他承认有价格存在,把价值等同于

---

❶ 莱昂·瓦尔拉斯. 纯粹经济学要义[M]. 北京:商务印书馆,2009.

供求决定的价格[1]。而希克斯将均衡定义为:“当经济中的所有个体从多种可供选择的方案中挑选出他们所偏爱的生产和消费的数量时,静态经济(在其中需求不变,资源也不变)就处于一种均衡状态。……这些可供选择的(方案)……部分决定于外在约束,……更多的是决定于其他个体的选择……”。希克斯认为静态均衡概念有两个特点:一是一定存在着向均衡方向变动的趋势;二是收敛于均衡的速度是极快的。希克斯借助了马歇尔的方法,并且通过扩大马歇尔假定的范围进一步缩小经济主体的选择空间,但这削弱了模型的解释力。阿罗·德布鲁主要是研究竞争的市场均衡,他对一般均衡理论存在性的证明主要依存于两个假设:消费与生产集合都是凸集,每个经济主体都拥有一些由其他经济主体计值的资源,因此,这种均衡的整体稳定性取决于某些动态过程,这些过程保证每个经济主体都具有总需求水平知识,并且在实际情况中没有一项最终交易是按非均衡价格进行的,这当中的某些假定也许可以放松,以适应少数行业中的规模报酬递增、甚至所有行业卖方垄断竞争的度量。

历史性建筑作为一种特殊的不动产,相当一部分进入市场流通,同样也存在着供给、需求和市场均衡状态:

供给 供给是指可供人类利用的商品数量。资源类商品的供给可分为自然供给和经济供给。

历史性建筑的自然供给指一定区域内提供给人类社会利用的各类历史性建筑的实际存量,包括已利用的历史性建筑和未来可利用的历史性建筑。历史性建筑由于建造年代较为久远,大多数都经历过漫长岁月,保留下来的数量极为有限。即使能通过历史性建筑认定来补充数目,但特定历史阶段(如1840年前)的历史性建筑总量是不会增加的,可以说历史性建筑具有不可再生性,一旦破坏就很可能无法修复;而且这些存留下来的历史性建筑还会由于保护不良以及自然损毁等原因而不断减少,例如战争、自然灾害、大规模的拆迁改造等人为或自然因素[2],所以历史性建筑的自然供给量是有限的和稀缺的。

历史性建筑的经济供给指在给定时间的特定市场中,在自然供给及社会经济条件允许的情况下,可供人类社会利用的历史性建筑数量。经济供给反映的是历史性建筑的稀缺性、相对可进入性以及总的可利用性,受到多种因素的影响。首先,按照我国现行法律规定,历史性建筑可分为文物建筑、非文物建筑两大类:文物建筑不允许转让和抵押,只能以租赁方式进入市场;非文物建筑包括历史建筑和风貌建筑等,在一些城市可以进入流通领域,但其产权状况也会受到部分限制。其次,由于历史性建筑的不可移动性(地域性)导致供给不能集中于一处,而是分散于城市或村镇之间,受到资金、交通、城市规划等多种因素的限制。第三,不同地区对历史性建筑存在物理状况、功能使

---

[1] 马歇尔. 均衡价值论. http://baike.baidu.com/view/1376129.htm.

[2] 例如:1955年建造浙江新安江水电站,淳安、遂安这两座历史悠久的浙西县城和众多精美历史建筑群(狮城姚王氏节孝坊)等,一同悄然“沉入”碧波万顷的千岛湖底。2008年,汶川大地震造成了都江堰水利工程重要历史建筑二王庙和伏龙观两处古建筑的严重损毁、青城山片区道教古建筑群严重损毁。

用和维护修复等方面的法律限制,而这些限制条件的变化都会对当地的经济供给产生影响。但就整体而言,这些影响因素在短时期内不会出现明显变化,从而导致历史性建筑的市场供给也不会呈现大的波动,历史性建筑市场供给表现为相对稳定性。

正是由于历史性建筑自然供给的有限性、经济供给的相对稳定性导致历史性建筑供给弹性[1]较小,甚至逼近于完全缺乏弹性[2](图 3.2)。经济意义是指无论价格如何上涨,历史性建筑的供给数量都恒定不变。

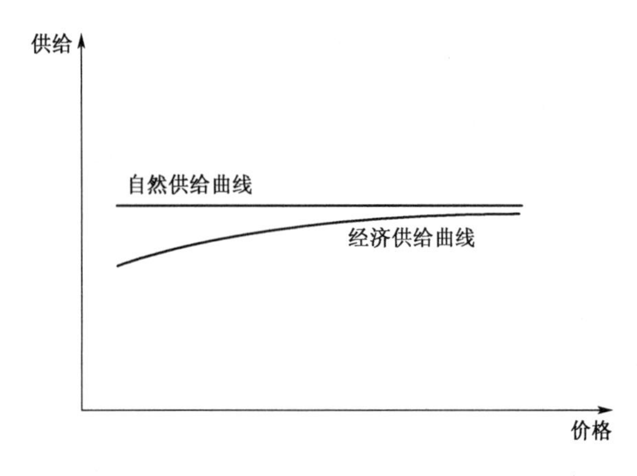

图 3.2　历史性建筑供给曲线图

需求　需求是指在给定时间的特定市场中,人类以一定价格购买或租用某种商品的愿望。历史性建筑首先是一种不动产,但同时作为历史文化遗产,具有特定的历史、文化艺术和社会内涵等。历史性建筑与普通房地产和高档艺术品相比存在着明显差异,需求效应也有较大区别。

普通房地产同时兼备必需品和奢侈品双重属性,既要满足人类防寒御热的基本需求,又能满足人们在条件允许的情况下追求更好的居住环境以及投资要求。但是应该注意到,历史性建筑具有价值量大、产权限制、实用性差、维护成本高等特征,利用过程将会受到较多限制,因此与普通房地产相比,历史性建筑丧失了必需品的功能。从社会学和群体心理学的角度上讲,历史性建筑更多是满足人们的心理需求,而非实用需求。正是由于历史性建筑具有如此明显的局限性,只有那些不计较实用功能,又能够承担如此高额收购值和修复维护成本的一些少数群体才是历史性建筑的潜在需求者。

---

❶　供给价格弹性通常被简称为供给弹性。它反映价格与供给量的关系。供给弹性是价格的相对变化与所引起的供给量的相对变化之间的比率。由于供给规律的作用,价格的变化和供给的变化总是同方向的,所以供给弹性的符号始终为正值。

❷　供给价格弹性的类型。根据大小,也可分为几个范围,即:若>1,称为供给富有弹性;若<1,称为供给缺乏弹性;若=1,称为供给单一弹性;若=0,称为供给完全缺乏弹性;若=∞,称为供给弹性无穷大或供给有完全弹性。一般来说,受自然条件影响小、生产周期短、生产技术设备简单、投资少、产量增加比成本增加快的商品,供给弹性都比较大。反之,供给弹性较小。

相对于纯粹奢侈品的高档艺术品,历史性建筑又表现出某种特殊性。艺术品作为奢侈品,在经济学上通常遵循“凡勃伦效应”,即:出于炫耀财富的需要,愿意为功能相同的商品支付更高的价格,而炫耀财富则是为了赢得理想的社会地位,因此这类商品价格越高,越能得到消费者购买倾向的现象❶。历史性建筑显然具有高档艺术品的部分特征,包含着极高的收藏价值。只是艺术品几乎没有实用性要求,仅具备收藏观赏价值,而且一般不存在较大的产权限制;同时在持有过程中,也不需要时常付出高额的维护成本。历史性建筑则不同,虽然实用性也不强,但相对而言,消费者通常仍然要求历史性建筑能满足部分甚至全部的实用功能,这就需要付出高额的修复和维护成本。此外,规模庞大、价值量高、产权限制和牵扯太多精力等也导致有闲阶级(势利群体)对历史性建筑的消费产生重重顾虑,从众群体也难以趋从这种商品的消费。所以历史性建筑的需求变化并不完全遵循“凡勃伦效应”,只在一定程度上受到这种规律的影响,进而改变需求曲线的基本模型。无论如何,历史性建筑的市场需求量的有限性显而易见,即历史性建筑需求也缺乏价格弹性(图 3.3)。但必须认识到,随着人们的知识不断积累、审美情趣的提高以及收入的增加,需求有可能也会逐步提高。

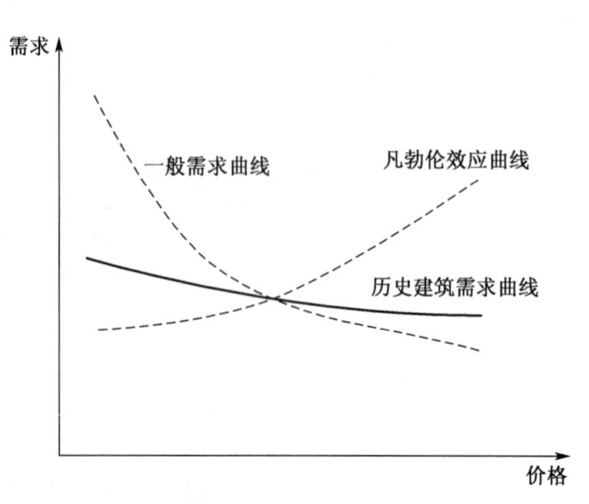

图 3.3　历史性建筑需求曲线图

市场变化/价格趋势　处于均衡状态的各生产要素之间的力量对比和相互作用产生了商品价格并使之得以保持。历史性建筑的供给曲线和需求曲线的交点为均衡价格。历史性建筑通过供给而进入市场以满足历史性建筑需求,历史性建筑这种特殊的商品既受一般商品供求规律的制约,又表现出与普通房地产不同的特殊供求形势。当历史性建筑的供求价格与需求价格相一致时,就会形成历史性建筑的需求曲线与供给曲线相交的均衡价格。由于历史性建筑与普通房地产相比具有特殊性,供给和需求曲线在一定时期内呈现出相对稳定趋势,即在特定价格的区间范围内,历史性建筑需求和供给曲线均呈现出近乎水平的状态;两条稳定曲线的交点所决定的均衡价格一般不会由于供给与需求的变动而发生大幅度变化,也不易受到外界诸如政策等因素的影响;反之亦然。因此,历史性建筑的均衡价格会在一定时期内保持稳定,历史性建筑的市场价格波动曲线更接近于直线波动,而非呈现类似于普通房地产的指数波动,从而

❶　该理论首先由美国经济学家凡勃伦在其著作《有闲阶级论——关于制度的经济研究》一书中提出:商品价格定得越高越能畅销。它是指消费者对一种商品需求的程度因其标价较高而不是较低而增加。它反映了人们进行挥霍性消费的心理愿望。

表现出市场稳定性较强的特征(图 3.4)。

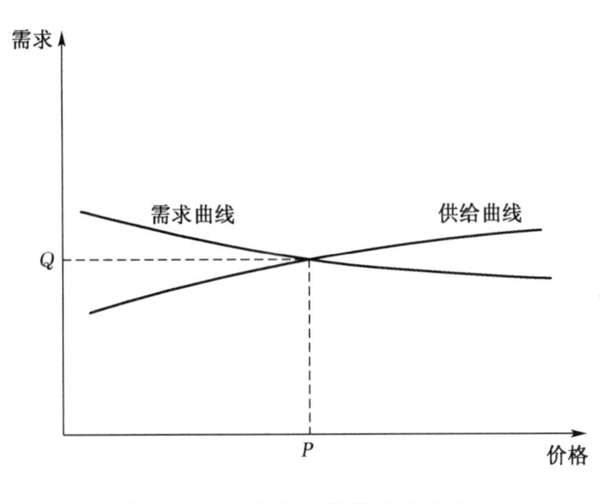

图 3.4 历史性建筑供需均衡点

3.1.3 新制度经济学视角下的历史性建筑经济价值分析

制度经济学是把制度作为研究对象的一门经济学分支,主要研究制度对于经济行为和经济发展的影响,以及经济发展如何影响制度的演变。新制度经济学的研究始于科斯的《企业之性质》,科斯的贡献是将交易费用这一概念引入了经济学的分析中,研究"制度"和分析"制度因素"在社会经济发展中的作用。随后威廉姆森、德姆塞茨等人对于这门新兴学科作出了重大贡献。近 30 年来新制度经济学是蓬勃发展的经济学的一个主要研究方向。

庇古是英国现代经济学家,《福利经济学》是他最著名的代表作。庇古认为由于环境污染这种负的外部性的存在,造成了环境资源配置上的低效率与不公平,这促使人们去设计一种制度规则来校正这种外部性,使外部性内部化。庇古在研究外部性的过程中提出了通过征收庇古税解决外部性的税收方法。它将资产阶级福利经济学系统化,标志着其完整理论体系的建立。

在庇古的研究基础上,科斯也针对外部性等问题从制度经济学角度进行了探讨。他在制度分析中引入边际分析方法,建立起边际交易成本概念,为制度经济学的研究发展开辟了新领域。科斯对制度经济学研究方法的发展,具有了革命性和方向性的改变。科斯的产权理论归结起来有三大理论:一是交易费用理论,认为企业的产生就是把若干要素所有者组织成一个单位参加市场交易,从而降低交易费用;二是产权界定与资源配置关系理论,认为在交易费用为零且对产权充分界定的情况下,不同的产权界定不会影响资源配置的效率(科斯第一定理)。在交易费用为正的情况下,即产权的不同界定状况会导致资源配置的不同结果(科斯第二定理);三是外部性理论,认为经济外部性是经济主体(包括厂商或个人)的经济活动对他人和社会造成的非市场化的影响，其分为正外部性和负外部性[1,2]。正外部性是经济行为个体的活动使他人或社会受益，而受益者无须花费代价；负外部性则是经济行为个体的活动使他人或社会受损，而造成外部不经济的个体却没有为此承担成本。

以道格拉斯·C.诺斯和T·W.舒尔茨为代表的制度变迁理论，是制度经济学的最新发展。诺斯认为，在影响人的行为决定、资源配置与经济绩效的诸因素中，市场机制的功能固然是重要的，但是，市场机制运行并非是尽善尽美的，因为市场机制本身难以克服"外部性"等问题，产生"外部性"的根源在于制度结构的不合理，因此在考察市场行为者的利润最大化行为时，必须把制度因素列入考察范围，将经济理论与政治理论结合起来，把政治要素作为经济运行研究不可缺少的要素分析。

从前文的定义论述认识到，历史性建筑作为一种文化遗产，对城市、社会和人类来说具有特殊的历史文化内涵，产生历史文化特征增值；而由于历史性建筑的存在与承受的保护限制，造成私人收益与社会收益、或私人成本与社会成本不一致，导致历史性建筑在其利用与维护中必然产生外部性，既存在正外部性，也存在负外部性。重要的著名历史性建筑给所在区域能够带来整体经济效益的提升，拉动旅游、住宿、餐饮、商业和其他相关行业的综合性发展等，使得社会收益大于私人收益，产生正外部性。当然，任何经济活动都会追求效益最大化和成本最小化：针对历史性建筑或历史文化景区的开发利用，实际经营者通常只考虑自身的经济效益，通过大兴土木来进行深度开发，这或许会增加私人收益，但是对环境生态产生负面影响，加大社会成本，而实际经营者却未对此支付更多的私人成本；或是为了吸引更多的人群，将单位收益下调以提高总收益，而这种利润的增加是建立在社会总利润减少的基础上，是以支付社会成本为代价取得的，从而产生负外部性。我们认为，对于重要的历史性建筑或文化遗产，正外部性带来的经济收益应是高于具有的负外部性，这也是形成了各地兴起的"申遗热"和保护历史性建筑的激励原因所在；反之，人们会更加忽略去重视保护那些不甚重要的历史性建筑，这也符合"马太效应"[3]规律。

以新制度经济学的视角分析：在产权制度明确的前提下，市场交易即使在出现社会成本（即外部性）的场合也同样有效。一旦假定交易成本为零，而且对产权界定是清晰的，那么无论产权归谁，法律制度并不影响合约行为的结果，都可以通过市场自由交易使最优化结果保持不变。在产权制度明晰的条件下，历史性建筑可以通过交易实现外部性内在化。

历史性建筑在市场交易过程中，经济价值的高低很大程度上与之所能发挥的效益

---

[1] 何维达，杨仕辉. 现代西方产权理论[M]. 北京：中国财政经济出版社，1998.

[2] 外部性是一个经济主体的经济活动对另一个经济主体所产生的有害或有益的影响，是指由于市场活动而给无辜的第三方造成的成本，从而造成私人收益与社会收益、私人成本与社会成本不一致的现象。外部性分为正外部性和负外部性，当私人收益小于社会收益，或私人成本大于社会成本时，其外部效应为正外部性，反之则为负外部性。

[3] 马太效应(Matthew Effect)，指强者愈强、弱者愈弱的现象，属于经济学的基本原理。

相关,如果历史性建筑具有的外部效益很大,却并没有外部性内在化的制度安排,那么购买方是不会为外部效益那一部分增加的价值而支付额外费用的。外部效益大小以及内部化制度设置状况,将会影响到经济价值。为了更好地实现外部效应内在化,必须要设置、安排和完善合适的社会制度。例如设立相关的环境税费,以减少过度开发而造成的负外部性,或者是向正外部效益获得者收取管理费用,用来弥补社会成本等。因而,对历史性建筑估价时有必要对所有者能获得的直接效益和间接外部效益同时显化,从总体上估算历史性建筑的整体效益。当然,根据市场配置最优时边际成本与边际效益相等的原理,对历史性建筑经济价值的评估也可以转换为对历史性建筑保护边际成本的评估,其社会边际成本应包括私人边际成本与外部边际成本,可以直接认为是历史性建筑的经济价值❶。

事实上,历史性建筑外部性的产生根源是具有“公共性”。无论出于何种原因,关注历史性建筑的个人和群体很多,很难做到私人物品的排他性。所谓非排他性是指对物品的自由消费或限制其他消费者对物品的消费是困难的,或是不可能的❷。例如,所有权人想对历史性建筑进行改造,通常会受到保护团体或政府部门的干涉;而位于公共道路旁的精美砖雕门楼,虽然属于私人所有,但不可避免地会吸引爱好者来观赏评判。同时,历史性建筑也具有“非竞争性”这一公共物品的另一特征,即向额外增加的消费者提供物品消费不会同时增加成本,即消费者增加引起的边际成本为零❸。新制度经济学认为这种公共性导致私人收益高于社会收益现象普遍存在,甚至出现“公地悲剧”❹。科斯认为出现这种情况的根源是由于产权不够明晰,这就需要国家通过资源配置制度安排调整;其核心就是产权界定,明确相关责任,以实现政府、私人和相关第三方之间利益和成本的相互协调补充。

3.2 历史性建筑估价的前提——产权界定与限制

上一节简要分析了历史性建筑经济价值的形成机理与运行规律,但是历史性建筑不仅是物理上的土地和改良物,还包括所有权固有的全部利益、好处和权利,这种权利与利益称为产权。产权的整体可以视为一种权力束,涵盖了全部利益关系,包括使用、租赁、处置和放弃等权利。我们对历史性建筑经济价值的认识,不仅要识别所有权和其他不同权益的界定,还要分析其特殊的限制条件,以及这些限制条件对历史性建筑经济价值的影响。本书认为,清晰的产权界定与限制是市场交易行为的基础,也是对

❶ 应臻.城市历史文化遗产的经济学分析[D].上海:同济大学,2008.

❷ 梁薇.物质文化遗产的性质及其管理模式研究[J].生产力研究,2007(7).

❸ 顾江.文化遗产经济学[M].南京:南京大学出版社,2009:28-29.

❹ 公地悲剧:公地作为一项公共资源或财产,排他性弱,每个人都能使用,但都没有权力阻止其他人使用,从而造成资源过度使用和枯竭。这是一个悲剧。每个人都被锁定进这样一个信奉公地自由使用的社会里,每个人只会追求自己的最佳利益,事态的加剧恶化将不可避免。

历史性建筑进行合理准确估价的重要前提条件。

3.2.1 历史性建筑产权体系的理论分析

历史性建筑在市场交易过程中,交易价格事实上不仅是物质状态下的反映,更是产权权能(Property rights)的经济表现。Property 指具有竞争性的经济物品,被称为“资产”。人们在利用资产时,必定要遵循一定的约束性规则,这种规则就是产权制度。产权是由多项权利构成的权利束,产权界定即将物品产权的各项权能界定给不同的法人、自然人或团体等主体,主要包括两方面:一是清楚确定产权的归属关系;二是在明晰产权主体的前提下,对物品产权实现过程中的不同权利主体之间的责、权、利关系进行清楚界定[1]。根据产权经济学理论,产权界定的方法主要包括法律界定及私下商定两种,其中前者是真正能得到法律保护且能有效强制实施的产权界定方式,特别是对于历史性建筑产权而言,只能通过法律界定才能得到社会的承认及法律的保护,这也是大陆法系的物权法中普遍承认的确定物权权力的基本原则[2],本书所指的产权界定明确为法律界定。

依据产权理论,历史性建筑的产权界定主要包括两个方面的内容:一是对目标对象现行法定产权性质、内涵等进行进一步明确;二是对现行法定产权造成的外部性进行制度设置,规范交易费用,以实现外部效应的内在化。

历史性建筑产权是以不动产作为承载体实现的物权,是财产权在历史性建筑不动产的具体化,具有一系列排他性的绝对权;权利人对其所有的不动产具有完全支配权[3]。(1)按产权主体划分,历史性建筑产权可以分为私有产权与公有产权。实际上是将所有权上升到产权的高度来研究,这也是近 20 年来产权经济学的发展方向之一,甚至有学者提出应将产权经济学改为所有权经济学。(2)按物理状况划分,历史性建筑产权可以分为房产权和地产权,二者既可统一又可分离;类似于不动产产权,又有其特殊性。(3)按权能性质划分,历史性建筑产权还可以分为所有权、用益权、租赁权、抵押权、发展权以及相关联的一系列权能。由于历史性建筑的经济价值是产权权能的经济体现,不同的权能组合的经济价值差异较大。

建立产权制度是为了在使用与配置稀缺资源的过程中,规范人与人之间责、权、利关系。实质上就是通过设置一些局限条件,来提供合理的经济秩序、产生稳定预期、减少不确定因素、减少交易费用。但其设置是否能够合理,这就与政治制度结合在一起了。科斯认为“在交易成本大于零的情况下,由政府选择某个最优的初始产权安排,就可能使福利在原有的基础上得以改善;并且这种改善可能优于其他初始权利安排下通过交易所实现的福利改善”。这说明产权制度本身的选择、设计、实施和变革需要由政

---

[1] 魏杰.现代产权制度辨析[M].北京:首都经济贸易大学出版社,1999:9.

[2] 周建春.耕地估价理论与方法研究[D].南京:南京农业大学,2005.

[3] 张杰,庞骏,董卫.悖论中的产权、制度与历史建筑保护[J].现代城市研究,2006(10):10-15.

府来引导，也决定了成本的高低[1]。1952年以后，许多城市的历史性建筑被收归国有，然后在不同团体之间根据政治资源进行分配，例如具有特殊艺术价值的古建筑被作为营房仓库，一些历史名人故居却充斥着七十二家房客，无序进行乱搭乱建；除一些特意保留的以外，对历史性建筑有特定需求的人群无法利用，而普通人却将其作为一般性建筑物使用，且不能进行自我调整，因为制度规定限制其自由交易。因此，公共与私有界定的不清晰导致严重的资源配置损失，甚至产生“租值消散”[2]。在交易费用大于零的条件下，不同的产权界定，会带来不同效率的资源配置结果[3]。

人类社会改善资源的配置效率的进步历程就是一个交易费用不断下降、资产租值不断上升的过程。因此，历史性建筑产权界定、限制设置和变革都会有一个不断调整的过程，以适应社会经济发展中历史性建筑保护与再利用的需要。应当看到近30年来，国家在历史性建筑的产权界定、限制条件、交易规定和政策优惠等方面有了明显变化。在此过程阶段，历史性建筑的经济价值也会随着交易费用、资产租值产生变化，这也是历史性建筑价值具有动态性的原因之一。

3.2.2 历史性建筑所有权的界定

按照产权经济学，每个人都会追求利益最大化，但必须在一定的局限条件下。现代经济学与古典经济学的最大差异就在于对局限条件的认知与研究。产权制度是经济市场中最重要的局限条件，所有权(Ownership)是整个产权制度的核心。德姆塞茨认为“所有权的重要性在于事实上它能帮助一个人形成他与其他人进行交易的合理预期[4]”。这种相对确定的合理预期保护了未来的权利义务，激励人们的经济行为。

所有权一般具有绝对性、排他性、永续性三个特征。历史性建筑所有权包括历史性建筑的使用、收益、占有和处置权，历史性建筑的使用权、处置权等又由于法律限制而包含不同的权利内涵。基于对历史性建筑的保护，通常对上述权能设定不同程度的限制规定。在市场经济条件下，市场会决定历史性建筑的最高最佳使用，但也需要进行一定程度的调整，以便使历史性建筑价值得以充分体现；但是市场有时也会出现失灵情况，因此需要政府采用制度或政策手段进行调控。调控的主要方式是对历史性建筑的使用权、处置权等进行限制规定，例如不得新建、改建等。

历史性建筑根据所有权主体性质，可以分为私有历史性建筑和公有历史性建筑：

1) 私有产权

私有资源的所有权明确，具有较高的排他性，所有者可以根据自身需要进行有效

---

[1] 科斯第三定理，百度百科。

[2] 租值消散：产权界定不清，公共部分没有排他性，就会成为大家争抢的对象，并带来社会利益的损失。经济学称之为“租值消散”。例如，公共部分自行搭建占用导致物业的整体贬值，就是这“消散”的结果。而要避免“消散”，唯一的办法是将私有房屋的产权界定清楚。

[3] 科斯第二定理，百度百科。

[4] 哈罗德·德姆塞茨. 产权理论：私人所有权与集体所有权之争[J]. 徐丽丽，译. 经济社会体制比较，2005(5):79-90.

利用和配置。私有产权不仅指个人所有,例如夫妻共有产权也属于私有产权,关键是财产权利的行使是否由私人做出。行使私有产权不需要太多复杂的公共利益论证,使得合理预期更能控制,能够提高资源配置效率。但周其仁认为不存在绝对产权,任何权利都有限制,因为“自己在行使权利时,不能侵害和影响他人的合法权利”。他认为限制分为普遍限制与特殊限制,“不同的限制,通过对预期的不同影响,作用于产权当事人的行为”❶。

历史性建筑蕴含着特殊的科学、文化、历史等信息要素,对社会福利的提高有积极作用。任何私人所有者都不可能阻碍他人来欣赏建筑外立面,也必须接受政府对历史性建筑保护的一些特殊规定,如不得随意刻划等,因此具有部分的公共属性,亦仍然是社会的财富。这些公共属性的存在是由于私有产权界定成本过高,无法完全做到排他性,而不得不留在公共产权的部分。这些公共部分可能会出现在利用过程中,与私人利益如使用性质等产生冲突,产生外部效应;这就需要对其进行补贴,将私人利益与国家利益和社会利益相协调。事实上,在国内许多地区,政府并不重视私有产权的补贴:例如古镇收费,政府或投资公司代为行使了形成古镇风貌的建筑物所有者的部分收益权,却很少给予所有者经济补贴;相反的情况也存在:开放性的古镇,政府对古镇进行风貌整治、对外做了大量宣传,而私人因其所有的历史性建筑向旅游者收费,也不会向政府提供补贴。这些都是目前历史性建筑遗产群的保护所面临的亟待改革的难题。

2)公有产权

私有产权对应的是私人物品,公有产权则对应的是公共物品。公共物品的特征是无排他性和无竞争性。当然按照上述二维发展方向演推,还有有排他性而竞争性不足的“俱乐部产品”以及有竞争性而排他性不足的“共同资源产品”。这两种准公共物品不在本书的研讨范围里。

对于公有历史性建筑,由于产权性质是公共物品和公共资源,产权界定不清晰,其与外部性有着密切关系。公有资源的特征所决定的共享资源利用中私人成本与社会成本的矛盾,导致了共享资源利用的私人最优水平与社会最优水平的不一致,私人最优决策往往偏离社会最优决策,共享资源有被过度利用的激励,容易出现“公地悲剧”与“租值消散”。其中最典型的就是:历史性建筑的乱搭乱建(图3.5)。

避免这类现象的方法就是明晰公共产权,通过政府公共财政进行“委托代理”,即政府作为历史性建筑的委托代理者,代为行使处置权、收益权和使用权等,通过纳税人交纳税款、公共开支来支付历史性建筑保护成本,以达到全民共同承担权利与义务。当然,我们也注意到,政府财政毕竟有限,面对众多的历史性建筑修复保护仍是无力全部承担;而且由于缺乏有效监督与管理,政府代理行为也会出现寻租、分配不均等问题。更为严重的是,甚至有些地区为了小团体自身利益,以公共利益的名义进行过度商业开发,导致历史性建筑遭到二次破坏。解决上述问题的方法,就是对公有的历史

❶ 周其仁.要紧的是界定权利[N].经济观察报,2006(31).

性建筑产权进行分割，让所有权与经营权分离，排他性与竞争性进行重新定义，改变公有历史性建筑使用的无主或滥用状态。

图 3.5 历史性建筑乱搭乱建

3）混合产权

历史性建筑由于其特殊性，易被公众关注，受到的产权限制也更多。私有产权需要承担高额的维护成本，并要按照相关限制，放弃可能更有收益增值的用途，付出更多的机会成本；但其优点在于产权清晰，使用处置效率高。而公有产权存在着委托人（全民）与代理人（政府）之间的信息不对称问题，代理人的偷懒和机会主义难以避免[1]。

拆分所有权、使用权和监督权主体，阐释各自的权利与责任，建立起对使用者的有效约束机制。公有产权代理人（政府）再次委托专业机构承担历史性建筑的日常经营，将公共使用状态明确排他性；同时要基于公共利益，明确经营目标，避免代理机构盲目追求自身利益；由于置身于外，政府更有效地起到监督约束的作用。当然这里必然出现了所有者、使用者和监督者的三方博弈，而且这些博弈的存在不可避免。但这些博弈行为最终会导致公有产权进一步细化明晰，交易费用得到合理控制。例如苏州西山明月湾古村，村民与政府共同集资成立古村落运营机构，政府将开发经营权从所有权分离出来，通过法定程序确定景区的所有者、经营者的各项权利：既不改变所有权性质，又通过入股分红方式给村民作为旅游活动外部效应的补贴，还能解决当前历史性建筑景区使用管理存在的问题。这种混合产权形式给历史性建筑遗产项目带来了相对稳定的预期收益，显然对经济价值产生了增值效应。

当然，我们也要认识到，历史性建筑的所有权界定具有一定的复杂性，主要源于以下原因：首先，一些历史性建筑年代久远，曾经的所有者、使用者众多，甚至创建人的具体姓氏等基本信息都难以考证；其次，许多历史性建筑经过不同时代人的不断演变与改建，是群体创造的结果[2]；第三，历史性建筑经常与历史事件与人物相关联，形成了

[1] 顾江. 文化遗产经济学[M]. 南京：南京大学出版社，2009：42-47.

[2] 顾江. 文化遗产经济学[M]. 南京：南京大学出版社，2009：47-48.

无形资产。历史性建筑当年未必与这些人物有任何产权关系,但年代久远,后人由于利益引起的产权纠纷也时有发生。这些都会给历史性建筑的产权界定带来困难,容易留下产权瑕疵,从而影响市场交易。

最后,由于其特殊性,无论哪种所有权形式,历史性建筑所有权人必须承担相应的保护责任。例如《文物法》规定:“国有不可移动文物不得转让;非国有不可移动文物不得转让、抵押给外国人。”《历史文化名城名镇名村保护条例》第 33 条:“历史建筑的所有权人应当按照保护规划的要求,负责历史建筑的维护和修缮。历史建筑有损毁危险,所有权人不具备维护和修缮能力的,当地人民政府应当采取措施进行保护。”《天津市历史风貌建筑保护条例》《上海市历史文化风貌区和优秀历史建筑保护条例》等地方性法规也有类似规定:“历史风貌建筑的所有权人、经营管理人和使用人应当对历史风貌建筑承担保护责任。历史风貌建筑的所有权人、经营管理人应当按照历史风貌建筑的保护要求,对历史风貌建筑进行修缮、保养。”当然,这些规定也让历史性建筑的日常使用成本增加,从而导致对市场交易产生一定的负面影响。

3.2.3 历史性建筑的其他权利

在历史性建筑所有权(物权)之上,又派生出历史性建筑用益物权和担保物权。用益物权包括用益权(经营权)、地役权、地上权等;担保物权包括抵押权等。历史性建筑租赁权是具有物权性质的债权,是正常生产条件下历史性建筑用于出租所产生的直接收益,也属于历史性建筑的生产资料使用权收益和正常生产收益补偿。

1) 用益权

用益权是指非所有人对他人之物所享有的占有、使用、收益的排他性的权利。从经济学角度看,隶属于他物权的用益权的产生是社会进步的表现,人们可以通过“用益权”对稀缺资源进行充分利用,使资源利用的交易费用得到降低。历史性建筑所有权与用益权分离现象在中国极为普遍,其中既有严重破坏的情况,也有良好的实践范例。

中国特有的公房制度实际就是用益权的一种表现。基于历史原因,国家(全民)拥有一些历史性建筑的所有权,单位或居民成为用益权人。由于独特的产权分配方式,使用者获得权利的代价微不足道,虽然相关法规也要求“历史风貌建筑的经营管理人和使用人应当对历史风貌建筑承担保护责任,按照历史风貌建筑的保护要求,对历史风貌建筑进行修缮、保养”,但现实情况通常是使用者对此规定置若罔闻,依旧我行我素。历史性建筑的好坏、文化元素、独特价值与使用者没有直接关系;使用者甚至为了个人生活的舒适度,通过搭建、增建或改建,逐步将公共部分占为己有。这些搭建部分既不美观,又与历史建筑本身格格不入,也不符合科学要求,甚至连起码的消防安全设施都没有,严重破坏建筑造型、布局和装饰等。许多历史性建筑原本的设计是供少量人口居住,其建筑结构、材料都适用于此;高密度的居住人口使建筑物不堪重负;而所有者由于没有享受到收入利益,缺乏修缮建筑物的主动意愿,也加剧了历史性建筑本身的破坏。究其根源,产权划分原本是清晰的,但是由于所有权人对用益权人的使用限制过于宽松，对背离行为几乎没有任何惩罚措施，因而造成所有权的实际缺位、产权界定不明确。历史性建筑保护、修缮也就无从谈及了。

当然，如果用益权使用得当，也会给所有权人带来丰厚的回报。近年来各地古城(村镇)的开发可谓轰轰烈烈，但真正能实现社会效益、环境效益和经济效益综合协调的项目却是屈指可数。但各地为何仍然趋之若鹜？因为一些成功案例确实让当地古城名利双收，其中最为著名的是云南丽江。丽江古城政府拥有大量公房产权，经过数年置换，基本上从原零散租户手中收回这些公房建筑。2002 年当地成立了丽江古城管理有限公司，由管理公司全面负责这些公房的维修、招商与经营。这一运作模式获得了明显成功(图 3.6)。这个模式同样运作于丽江玉龙雪山景区，景区所有权固然属于国家，但经营权转让给丽江玉龙旅游公司进行统一管理。丽江旅游经营模式主要是：政府出资源，企业出资本，在保护生态的前提下，授权企业在相当长一段时期内对资源进行整体控制和开发❶。这个案例中，所有权人与经营权人权责分明，经营权人主体单一、长期协议，这可以让经营者制定和实施较为长远、可持续性的经营规划，将历史性建筑的保存维护与企业的长期经营目标合理结合，并以协议形式明确。这样一方面，有利于避免短期利益造成历史性建筑的破坏；另一方面，也有利于投资主体的多样化，经营公司可以国有独资，也可以引入多元投资，如浙江乌镇西栅，其旅游管理公司是由中青旅、桐乡市政府、IDG 资本❷三方共同持股。这些用益权与所有权分离运营的成功案例给当地经济带来了巨大的声誉和财富。究其根源，就是通过限定用益权人的责任、义务，同时给予产权人公平的保护，按照契约的方式规范产权人和用益权人的权利和责任。

丽江古城管理有限责任公司关于公开竞租直管公房铺面的通告

新浪七彩云南丽江频道　2012-04-10　丽江古城保护管理局

为使丽江古城直管公房出租行为走向市场化、规范化、制度化，确保国有资产保值、增值，经研究，决定对因租赁期限到期的公房铺面进行公开竞租，现将有关事项通告如下：

一、　竞租铺面及竞租底价

1、新义街15号：使用面积　17.40㎡，底价1000元/㎡/月。

2、新义街34号：使用面积　11.00㎡，底价1000元/㎡/月。

二、竞租方式

本次公开竞租采用公开举牌方式，竞租人对有意向的公房铺面在报名并通过资格审查的前提下，进行公开举牌竞价，按“价高者得”的原则明确中标者。**每一次举牌最低加价额度为20元/㎡/月，最高加价额度为100元/㎡/月。**公证人员和纪检人员对整个竞租过程分别进行全程公证和监督。

图 3.6　丽江古城管理有限公司的管理公告

通过上述情况的对比分析，我们认识到，用益权人的权责设置与执行是管理的关键。最核心的是如何确定收益分配：用益权人负责使用、经营，产生的原始收益和增值

❶　余宏. 对我国公共资源型景区产权制度设计的探讨——以丽江玉龙旅游公司为例[J]. 中国商界，2008(5)：114.

❷　IDG 资本：美国国际数据集团(International Data Group)是全世界最大的信息技术出版、研究、会展与风险投资公司。IDG 资本是专注于中国市场的专业投资基金，目前管理的基金总规模为 25 亿美元。

收益应在所有权人、用益权人和相关影响人之间进行二次分配；分配的原则要与使用类型和规模相互协调，避免出现上海某历史街区居民纠纷事件❶。

2）地役权

如果上文的用益权解释主要针对于公有产权的话；地役权则覆盖面更广，更偏重于私有产权历史性建筑。历史性建筑地役权是指当所有权人没有足够的能力对历史性建筑实施保护时，可以将一部分产权通过契约授予某个组织或机构。虽然产权人丧失了一部分处置和使用的权利，但仍然保留历史性建筑的所有权，并以此来换取政府相应的优惠支持政策。设立地役权在美国的历史性建筑保护中较为普遍。

美国是发达的市场经济国家，保护组织或基金会是历史性建筑保护、维修和经营的主体。相对于政府部门或国家级土地保护机构，私人信托基金更多地利用地役权来保护历史性建筑。设立历史保护性地役权的目的是保护建筑物的完整性，以免某些单幢建筑、整个街区甚至地区遭到毁坏。地役权必须是永久性地捐赠给政府机构或符合美国联邦税法501(c)(3)规定的慈善组织，并且用于保护下列情况：

- 公共户外休闲或教育用地；
- 鱼类、野生动物、植物或类似生态系统的自然栖息地；
- 能为公众提供景观享受的空地，或者根据联邦、州或地方政府明确的保护政策，具有重大公共利益的空地；
- 具有历史意义的土地区域或经认证的历史性建筑，(a)被列入《国家史迹名录》；或(b)经美国室内管理局长核准，其对列入《国家史迹名录》的历史街区具有历史价值❷。

设立地役权意味着所有权人对历史性建筑的行为有较大限制，例如：不允许拆除、改变用途、新增建筑、超过使用人数限制、改变外观与结构、竖立广告牌、挖土填土等。

美国的保护性地役权有许多分类，其中主要包括：①建筑外立面地役权，保护建筑物的正面外墙；②建筑的内部装饰地役权，内部装饰范围包括了房间格局、顶棚高度、木制工艺、灰泥工程、地板、灯具和其他建筑特征等。

保护性地役权对捐赠者或所有权人，以及后继的所有权人都具有限制力。地役权由于慈善性捐赠，可以获得美国国税局的所得税减免，还能获得联邦不动产遗产税和州遗产税减免，在有些辖区还可获得物业税减免。但是由于保护性地役权导致的开发权丧失，从而使得物业的市场价值会降低，这是地役权税收抵扣在经济效益上的基本假设，在历史性建筑估价时必须引起关注。

---

❶ 上海某历史街区建筑为住宅用途的公房产权，租户私下改变用途，将其出租给商家进行商业经营，产生的游客与噪音影响到相邻住户，引起纠纷。这个案例实际是用益权滥用，真正受益者是公房原租户与承租人商家，而受损者是相邻关系人与所有权人；因为公房原租户改变用途实际背离了与所有权人的契约，却未受到限制或惩罚，同时影响了相邻关系人利益，也未给予补偿。这就是增值收益未能在各方关系人合理分配的结果。

❷ Judith Reynolds. Historic Properties Preservation and the Valuation Process-3rd[M]. [S. l.]: The Appraisal Institute, 2006.

3）发展权

本书这里的发展(开发)权是指对土地在利用上进行再发展的权利。针对历史性建筑或历史街区,政府通常会采取发展权限制的手段来进行保护和管理。历史性建筑的发展权限制是为了保护古迹或自然原生态等,限制对土地及不动产的开发或再开发。在保护的实践过程中,按照对发展权限制的程度,分为消极保护与积极保护:

消极保护 又称为绝对保护,是政府采用法律或行政手段,对历史性建筑或历史街区的开发利用进行严格控制。其直接效果是确保建筑遗产得以保存;但从长远上看,绝对保护带来的是经济效益的边际递减,人们不得不承担这些权利的损失。所以绝对保护的机会成本过高,仅适宜那些具有重大特殊价值的历史性建筑或历史街区。

积极保护 是指通过对历史性建筑的合理利用来实施保护,或是通过对历史街区发展权的合理管理以避免高成本。实施保护规划、对历史性建筑进行分级管理都是积极保护的措施。但从经济学上讲,发展权的限制导致历史性建筑无法达到最高最佳使用,无论是用途还是建筑容积率,即边际成本不等于边际收益,这就使得在城市建设发展过程中历史街区所产生的经济利益与文化价值之间的矛盾不断加剧。

国外普遍的解决措施是转让发展权,该措施通常用来鼓励保护那些未达到最大建筑密度的历史性建筑,同时鼓励对其他区域进行开发。历史性建筑产权人可以把规划未使用的容积率转让给其他开发商,开发商可以建造超过原高度或建筑面积的建筑物,这样在保护历史性建筑的同时,并不会影响整个城市的总开发强度,同时历史性建筑产权人也可以将获得的转让资金用于历史性建筑的维修保护等❶。

3.2.4 现实中的历史性建筑产权限制规定

对历史性建筑保护最直接的局限设置就是通过法律规定进行产权限制,如果要靠每个对历史性建筑有支付意愿的人各自去监督、谈判,要求历史性建筑不被所有者、使用者等破坏,产生的交易费用是庞大且凌乱的。但是,国家通过强制力,利用法律手段来有效保护历史性建筑,交易费用就会最少,并可以达到最优效果❷。20 世纪 60 年代后,随着文化遗产保护观念的持续发展,越来越多的历史性建筑被纳入建筑遗产保护范畴。《威尼斯宪章》《世界遗产公约》等国际保护公约以及国内许多法律法规都对历史性建筑的所有权、处置权、使用权等进行不同程度的限制和规定,确保对历史性建筑的保护避免产生负面影响。

1）设定保护范围

《中华人民共和国文物保护法》规定:“各级文物保护单位,分别由省、自治区、直辖市人民政府和市、县级人民政府划定必要的保护范围,作出标志说明,建立记录档案。

---

❶ 张艳华.在文化价值和经济价值之间——上海城市建筑遗产(CBH)保护与再利用[M].北京:中国电力出版社,2007:56-57.

❷ 这里还存在执行力的问题:政府为了公共利益设置交通单行线,并通过警察对违背者进行处罚作为执行保证,这是交易费用最少的最优方案。但如果警察视而不见,反而增加公共成本。

根据保护文物的实际需要，经省、自治区、直辖市人民政府批准，可以在文物保护单位的周围划出一定的建设控制地带，并予以公布。”《文物保护法实施条例》规定：“文物保护单位的保护范围，是指对文物保护单位本体及周围一定范围实施重点保护的区域。文物保护单位的保护范围，应当根据文物保护单位的类别、规模、内容以及周围环境的历史和现实情况合理划定，并在文物保护单位本体之外保持一定的安全距离，确保文物保护单位的真实性和完整性。文物保护单位的建设控制地带，是指在文物保护单位的保护范围外，为保护文物保护单位的安全、环境、历史风貌对建设项目加以限制的区域。文物保护单位的建设控制地带，应当根据文物保护单位的类别、规模、内容以及周围环境的历史和现实情况合理划定。”

2）保护范围内的限制规定

《中华人民共和国文物保护法》《历史文化名城名镇名村保护条例》《历史文化名城保护规划规范》(GB 50357—2005)等对保护范围内历史性建筑进行相关限制规定。其中，《城市紫线管理办法》的规定较为详细：“本办法所称城市紫线，是指国家历史文化名城内的历史文化街区和省、自治区、直辖市人民政府公布的历史文化街区的保护范围界线，以及历史文化街区外经县级以上人民政府公布保护的历史建筑的保护范围界线。在城市紫线范围内禁止进行下列活动：(一)违反保护规划的大面积拆除、开发；(二)对历史文化街区传统格局和风貌构成影响的大面积改建；(三)损坏或者拆毁保护规划确定保护的建筑物、构筑物和其他设施；(四)修建破坏历史文化街区传统风貌的建筑物、构筑物和其他设施；(五)占用或者破坏保护规划确定保留的园林绿地、河湖水系、道路和古树名木等；(六)其他对历史文化街区和历史建筑的保护构成破坏性影响的活动。”同样，《上海市历史文化风貌区和优秀历史建筑保护条例》规定：“第十六条　在历史文化风貌区核心保护范围内进行建设活动，应当符合历史文化风貌区保护规划和下列规定：(一)不得擅自改变街区空间格局和建筑原有的立面、色彩；(二)除确需建造的建筑附属设施外，不得进行新建、扩建活动，对现有建筑进行改建时，应当保持或者恢复其历史文化风貌；(三)不得擅自新建、扩建道路，对现有道路进行改建时，应当保持或者恢复其原有的道路格局和景观特征；(四)不得新建工业企业，现有妨碍历史文化风貌区保护的工业企业应当有计划迁移”“第十七条　在历史文化风貌区建设控制范围内进行建设活动，应当符合历史文化风貌区保护规划和下列规定：(一)新建、扩建、改建建筑时，应当在高度、体量、色彩等方面与历史文化风貌相协调；(二)新建、扩建、改建道路时，不得破坏历史文化风貌；(三)不得新建对环境有污染的工业企业，现有对环境有污染的工业企业应当有计划迁移。在历史文化风貌区建设控制范围内新建、扩建建筑，其建筑容积率受到限制的，可以按照城市规划实行异地补偿。”

3）环境保护的限制规定

《威尼斯宪章》指出：“古迹不能与其所见证的历史和其产生的环境分离。除非出于保护古迹之需要，或因国家或国际之极为重要利益而证明有其必要，否则不得全部或局部搬迁古迹。”《西安宣言》明确声明：“涉及古建筑、古遗址和历史地区的周边环境保护的法律、法规和原则，应规定在其周围设立保护区或缓冲区，以反映和保护周边环境的重要性、独特性。”“规划手段应包括相关的规定以有效控制外界急剧或累积的变化对周边环境产生的影响。重要的天际线和景观视线是否得到保护，新的公共或私人施工建设与古建筑、古遗址和历史区域之间是否留有充足的距离，是对周边环境是否在视觉和空间上被侵犯以及对周边环境的土地是否被不当使用进行评估的重要考量。”

《历史文化名城保护规划规范》(GB 50357—2005)也有详细限制要求：“防灾和环境保护设施应满足历史城区保护历史风貌的要求。历史文化街区增建设施的外观、绿化布局与植物配置应符合历史风貌的要求。历史文化街区保护规划应包括改善居民生活环境、保持街区活力的内容。保护建筑的保护范围、建设控制地带参照文物保护单位的方式划定，如有必要，在建设控制地带外围也可划定环境协调区。”

4）分级保护的规定

中国对历史性建筑进行分级管理、修复与保护，例如文物保护单位、不可移动文物、历史建筑等，文物保护单位还划分为全国级、省级、地市级与县区级四个层次。不同级别的历史建筑的限制条件也有较大差异，相关规定主要包括：

国际古迹遗址理事会中国国家委员会(ICOMOS CHINA)制定的《中国文物古迹保护准则》第12条：“确定文物保护单位及其级别，必须以评估结论为依据，依法由各级政府公布。已确定的文物保护单位应进行‘四有’工作，即有保护范围，有标志说明，有记录档案，有专门机构或专人负责管理。除保护范围以外，还应划出建设控制地带，以保护文物古迹相关的自然和人文环境。”

《上海市历史文化风貌区和优秀历史建筑保护条例》第25条：“优秀历史建筑的保护要求，根据建筑的历史、科学和艺术价值以及完好程度，分为以下四类：

(一) 建筑的立面、结构体系、平面布局和内部装饰不得改变；

(二) 建筑的立面、结构体系、基本平面布局和有特色的内部装饰不得改变，其他部分允许改变；

(三) 建筑的立面和结构体系不得改变，建筑内部允许改变；

(四) 建筑的主要立面不得改变，其他部分允许改变。”

5）历史性建筑的限制规定

通常分为建筑本体、建筑附属设施及装饰、建筑修复以及利用的限制规定，具体如下：

建筑本体的限制 《中华人民共和国文物保护法》规定：“对不可移动文物进行修缮、保养、迁移，必须遵守不改变文物原状的原则。”《历史文化名城名镇名村保护条例》规定：“历史文化街区、名镇、名村核心保护范围内的历史建筑，应当保持原有的高度、体量、外观形象及色彩等；历史文化街区、名镇、名村核心保护范围内，不得进行新建、扩建活动，但是新建、扩建必要的基础设施和公共服务设施除外；任何单位或者个人不得损坏或者擅自迁移、拆除历史建筑。”《全国重点文物保护单位保护规划编制要求》进一步提出:“不仅要考虑建筑物的体量、高度、色彩、造型等,必要时应提出建筑密度、适建项目等要求。”

《天津市历史风貌建筑保护条例》对建筑本体的限制规定较为详细:“历史风貌建筑的所有权人、经营管理人和使用人应当保证历史风貌建筑的结构安全,合理使用,保持整洁美观和原有风貌。特殊保护的历史风貌建筑,不得改变建筑的外部造型、饰面材料和色彩,不得改变内部的主体结构、平面布局和重要装饰。重点保护的历史风貌建筑,不得改变建筑的外部造型、饰面材料和色彩,不得改变内部的重要结构和重要装饰。一般保护的历史风貌建筑,不得改变建筑的外部造型、色彩和重要饰面材料。历史风貌建筑和历史风貌建筑区内禁止下列行为:

(一) 在屋顶、露台、挑檐或者利用房屋外墙悬空搭建建筑物、构筑物;

(二) 擅自拆改院墙、开设门脸、改变建筑内部和外部的结构、造型和风格;

(三) 损坏承重结构、危害建筑安全;

(四) 占地违章搭建建筑物、构筑物;

(五) 违章圈占道路、胡同;

(六) 在建筑内堆放易燃、易爆和腐蚀性的物品;

(七) 在庭院、走廊、阳台、屋顶乱挂或者堆放杂物;

(八) 沿街或者占用绿地、广场、公园等公共场所堆放杂物,从事摆卖、生产、加工、修配、机动车清洗和餐饮等经营活动;

(九) 其他影响历史风貌建筑和历史风貌建筑区保护的行为。”

建筑附属设施及装饰的限制 《威尼斯宪章》指出:“为社会公用之目的使用古迹永远有利于古迹的保护。因此,这种使用合乎需要,但决不能改变该建筑的布局或装饰。只有在此限度内才可考虑或允许因功能改变而需做的改动。”《上海市历史文化风貌区和优秀历史建筑保护条例》第 28 条指出:“严格控制在优秀历史建筑上设置户外广告、招牌等设施。经批准在优秀历史建筑上设置户外广告、招牌、空调、霓虹灯、泛光照明等外部设施,或者改建卫生、排水、电梯等内部设施的,应当符合该建筑的具体保护要求;设置的外部设施还应当与建筑立面相协调。”

建筑修复的限制 《威尼斯宪章》规定:“修复过程是一个高度专业性的工作,其目的旨在保存和展示古迹的美学与历史价值,并以尊重原始材料和确凿文献为依据。一旦出现臆测,必须立即予以停止。此外,即使如此,任何不可避免的添加都必须与该建筑的构成有所区别,并且必须要有现代标记。无论在任何情况下,修复之前及之后必须对古迹进行考古及历史研究。缺失部分的修补必须与整体保持和谐,但同时须区别于原作,以使修复不歪曲其艺术或历史见证。任何添加均不允许,除非它们不至于贬低该建筑物的有趣部分、传统环境、布局平衡及其与周围环境的关系。”

国际古迹遗址理事会与国际历史园林委员会的《佛罗伦萨宪章》规定:“在未经彻底研究,以确保此项工作能科学地实施,并对该园林以及类似园林进行相关的发掘和资料收集等所有一切事宜之前,不得对某一历史园林进行修复,特别是不得进行重建。

在任何实际工作开展之前,任何项目必须根据上述研究进行准备,并须将其提交一专家组予以联合审查和批准。"

国际古迹遗址理事会中国国家委员会的《中国文物古迹保护准则》规定:"必须原址保护、尽可能减少干预、定期实施日常保养、保护现存实物原状与历史信息、按保护要求使用保护技术、正确把握审美标准、必须保护文物环境、不应重建已不存在的建筑、考古工作注意保护实物遗存、预防灾害侵袭等。"

利用的限制 《中华人民共和国文物保护法》第 26 条:"使用不可移动文物,必须遵守不改变文物原状的原则,负责保护建筑物及其附属文物的安全。"国际古迹遗址理事会与国际历史园林委员会的《佛罗伦萨宪章》第 18 条:"虽然任何历史园林都是为观光或散步而设计的,但是其接待量必须限制在其容量所能承受的范围"。《天津市历史风貌建筑保护条例》规定:"历史风貌建筑的使用用途不得擅自改变。"

6) 非物质文化信息的保护规定

历史性建筑通常蕴含丰富的历史文化信息要素,如何保存、传承非物质文化遗产信息并且能激发人们的欣赏和尊重,是历史性建筑保护不可或缺的组成部分。

《历史文化名城名镇名村保护规划编制要求(试行)》第十四条和第十七条分别规定:"应当确定历史文化街区的保护范围和保护要求,提出保护范围内建筑物、构筑物、环境要素的分类保护整治要求和基础设施改善方案。""应当发掘传统文化内涵,对非物质文化遗产的保护和传承提出规划要求。"

《文物保护工程管理办法》第 3 条:"文物保护工程必须遵守不改变文物原状的原则,全面地保存、延续文物的真实历史信息和价值;按照国际、国内公认的准则,保护文物本体及与之相关的历史、人文和自然环境。"

国际古迹遗址理事会与国际历史园林委员会《佛罗伦萨宪章》第 25 条:"应通过各种活动激发对历史园林的兴趣。这种活动能够强调历史园林作为遗产一部分的真正价值,并且能够有助于提高对它们的了解和欣赏,即促进科学研究、信息资料的国际交流和传播、出版(包括为一般民众设计的作品),鼓励民众在适当控制下接近园林以及利用宣传媒介树立对自然和历史遗产需要给予应有的尊重之意识。"

国内外不同层级的政府管理部门都对历史性建筑产权进行了一定程度的界定和限制,以确保在使用、处置等过程中能尽可能减少对历史性建筑的损毁破坏,尽可能保护历史性建筑原有的独特风貌。但必须注意到,这些产权界定和限制会对经济收益和成本费用产生较大影响,且考虑到历史性建筑各具特色,因此在经济价值评估时,需要仔细核对产权限制情况,特别要注意区分"共同限制"与"个性限制"。

综上所述,在历史性建筑估价中,必须以目标对象清晰的产权界定与限制条件为前提,不清晰的产权无法确定其功能与利用;历史性建筑资源配置、外部性调整和保护修复等问题也要通过产权界定与限制加以规范与实现。所以现行的保护限制,包括产权转移、建筑修建、利用限制和使用功能等,从法理上都属于产权制度范畴的问题,故本书将对历史性建筑的各类产权限制条件及保护措施等统称为"产权限制"。

3.3 历史性建筑经济价值特征

历史性建筑由于存在诸多内含价值要素被人类主体所关注，产生内在综合价值和外在效用价值，在经济市场中表现为外在经济价值，彼此之间相互联系和作用体现了复杂的关联性和互动性。作为一种特殊的资源性资产，历史性建筑经济价值呈现如下的共同特征：

3.3.1 感知性与主观性

历史性建筑蕴含着历史记录、文化内涵、艺术造型或环境景观等信息要素，人们通过自身的接触去感知这些信息，参与辨别感性或理性，在实践中去提高认知度。而这些个体的认知度不断积累扩大上升为社会认知度，人们又可以在市场上通过外在经济价值的变化来感知社会的认可度。

但实际上，有些价值并不能轻易被直接感知，如历史价值、社会文化价值等，需要人们具备那些与历史性建筑相关的概念与知识体系。由于个人所掌握的知识文化结构与修养参差不齐，对事物认识的角度和高度也有所差异，所以对历史性建筑价值的判断甚为不同：这不仅体现在同一个人对不同历史性建筑价值的认知，也体现在不同的个人对同一历史性建筑价值的认知，即便是在专家群体中也普遍存在这一现象。所以说，历史性建筑价值又存在主观性的特征。正是因为如此，对历史性建筑综合价值进行评价时才有必要采用专家咨询法广泛收集各类专家的意见，并力求征得相似性的意见；同样对于经济价值进行评估有时也需要采用不同的估价方法来综合考虑确定。

3.3.2 动态性与增值性

随着时间的推移，历史性建筑的建筑年代也更加久远，随着人们对历史文化遗产的保护愈加重视，对于历史性建筑认知的加深，其保护限制也会不断变化。同时，随着对历史古城、历史街区等区域环境的合理性改善，对历史性建筑本身信息的发掘持续深入，以及历史性建筑为更多人所知晓，历史性建筑的内在价值也呈现动态性变化。而且从另一个角度来看，随着社会经济的发展，人们的社会文化视角、审美观、生态观等不断改变，对历史性建筑本身的理解也会有新的认知。

不同阶段、不同地区的人们有时会对不同的历史性建筑风格出现偏爱移转，例如美国平房式建筑风格在1910—1925年之间甚为流行，随后一段时间却是一落千丈，而到了20世纪末又再次成为旧式别墅的流行款式[1]。但从长远角度上讲，历史性建筑随着时间的推移，其社会地位与重要性将会进一步加大，特别是体现在历史价值方面。

---

[1] Judith Reynolds. Historic Properties Preservation and the Valuation Process-3rd[M]. [S. l.]: The Appraisal Institute, 2006.

历史性建筑内在价值的增值是必然趋势。这当然会体现于外部的市场经济化，从而带来经济价值的整体增值。

3.3.3 多元性与整体性

历史性建筑综合价值包含着历史、艺术、科学、环境和社会价值等内含价值体系；历史性建筑经济价值也包括使用价值、非使用价值、市场价值等：历史性建筑价值表现出多元性的特征。

历史性建筑是一种特殊性公共资源，除了具有一般公共物品和公共资源的性质外，还具有独特的文化价值。根据文化价值的认定标准，历史性建筑可以划分为文物保护单位、非文保建筑等不同等级。当这些文化价值通过旅游、观赏等被人们享受时，就形成了消费意义的经济价值，这也是历史性建筑有别于普通建筑的价值核心。在同等的物质条件下，不同等级的文化价值如何体现出其经济价值的差异，也是历史性建筑估价研究的重点方向。文化价值还具有资源唯一性、不可再生性，这些特性与经济属性共同形成多元价值属性。

历史性建筑作为一种特殊的不动产，由改良物和依附的土地构成。土地与改良物传递给人类主体那些蕴含的特殊信息属性功能时会表现出各自侧重点，即存在不同的贡献度：科学、艺术方面的信息更偏重于建筑物本身；而历史、环境生态和社会文化信息属性的功能表现越丰富或重要，则土地贡献度越大，即土地的价值比例越高。

历史性建筑的各种价值之间相互联系、相互制约，其中单个价值因素发生变化，能够引起其他价值因素的相应变动[1]。所以，历史性建筑作为一个多元因素的集合体，各种价值要素之间在不同条件下以不同比例、不同关系以复杂组合结构来相互关联在一起，最终形成一个完全的整体。所以，在分析历史性建筑的经济价值时，也应明确各种价值要素的影响程度，必要时进行量化处理。

3.3.4 公共性与外部性

历史性建筑的公共性是指作为人类的历史文化遗产，经常会表现为公众物品或公共资源；即便该历史性建筑属于私人所有，也会由于保护传承的目的，部分产权会受到公共限制[2]。但是历史性建筑还具有排他性和非竞争性[3]，这是历史性建筑作为非完

---

[1] 例如某城市一古宅以砖雕门楼的繁复细腻而享有盛名，却在某次突发事件中部分砖雕工艺遭到破坏，艺术价值受到重大损失；同时作为该城市唯一保存完好的清朝中期砖雕的代表作品，历史价值的损失无可估量。

[2] 历史性建筑是一种特殊的经济物品，能给城市或地区带来宣传、关注、游客和经济效益，也会带来维修、管理、保护和成本增加，对于当地人们的生活、工作和休闲等都有着不同程度的影响。即产权中存在公共利益，必须产生外部效应，界定这部分外部效应的成本很高，所以，不可避免地需要将部分产权留在公共领域，通过各种公共决策和合约来管理和运用这部分产权。历史性建筑的产权将不可避免地被“公共化”。

[3] 当历史性建筑在供人们进行观赏、游览等活动时，一般呈现非竞争性；而有些历史性建筑作为收费的旅游景点以后，又具备一定的排他性。

全性公共物品的两大特点[1]。因此,历史性建筑应当属于一种准公共物品,历史性建筑价值在一定程度上表现出部分的公共性特征。

历史性建筑价值的外部性是指历史性建筑在保护、利用和经营过程中所产生的外部效应,例如:历史性建筑群周边建筑的外立面、建筑高度以及环境要素可能会受到一定的限制,造成负外部性;但同时由于历史性建筑群的存在,也给周边环境带来改善,吸引人们前来观赏、游览,带给人们愉悦的心情,也为周边建筑的经营带来良好商机,具有正外部性。特别是对于私人产权的历史性建筑,由于保护所获得的收益甚至可能大于直接收益。这种特殊历史文化元素产生的增值与产权限制带来的负面影响的矛盾始终存在,相互影响、相互制衡;在不同时期、不同地区,两者各自的表现强度不断变化,最终影响甚至决定经济价值的高低趋势。

3.3.5 可衡量性与市场稳定性

历史性建筑是一种具有资源特性的特殊资产,其经济价值或效用价值都可以通过一定的定性定量技术手段予以衡量显化。历史性建筑的外在效用价值可以通过人们偏好的揭示进行评价;而历史性建筑的经济价值可以用货币形式在经济上予以体现,可以通过评估量化。因此,历史性建筑价值在某种程度上具有可衡量性。

历史性建筑是前辈遗留下来的文化遗产,总体上数量相对有限,因而历史性建筑的供给数量在一定时期内基本不变或较少变动;而由于历史性建筑具有价值量大、产权限制、实用性差、维护成本较高等特征,使用过程将会受到较多限制,从而导致历史性建筑需求呈现有限性和稳定性。因此,历史性建筑供给和需求均呈现出稳定性的特征,导致历史性建筑的均衡价格在一定时期内会保持相对稳定。

---

[1] 顾江. 文化遗产经济学[M]. 南京:南京大学出版社,2009.

4 历史性建筑经济价值的影响因素

目前学术界研究历史性建筑经济价值的文献较少,深层次地剖析其影响因素的参考资料更是少见。本书考虑到历史性建筑从本质上属于资产,故借鉴资产类经济价值的影响因素体系,并结合对历史性建筑经济功能和表现形式的理解,对历史性建筑经济价值的影响因素进行分析总结。

4.1 社会经济因素

4.1.1 经济发展趋势

1) 经济发展状况

研究经济价值,首先应该确认和分析经济趋势。经济趋势不仅指的是已发生的经济变动状况,而且还包括未来变动的可能方向、范围,以及预测发展趋势。经济发展包括了国际、国家、地区的经济发展现状和趋势,需要分析这些地区经济结构、各自的相对优势,以及民众对经济发展和变化的态度。不同级别的地区经济状况相互影响,特别是与不动产相关的经济因素,例如 GDP、通货膨胀率(物价指数)、就业水平、资金投资情况等。这些经济发展趋势都会影响到房地产市场,进而影响历史性建筑市场经济价值。

GDP 主要来源 国内生产总值被公认为衡量国家或地区经济状况的最佳指标,不仅可反映一个国家或地区的经济表现,更可以反映综合国力与财富。GDP 主要来源通常包括投资、消费与出口。

产业结构 是指各产业的构成及各产业之间的联系和比例关系。各产业部门的构成及相互之间的联系、比例关系不尽相同,对经济增长的贡献大小也不同。其影响因素主要包括:知识与技术创新、人口规模与结构、经济体制、资本结构等。

物价水平 是用来衡量所在的目标市场所潜在的消费能力和分析其经济状况的一项重要指标。物价稳定是经济稳定、财政稳定、货币稳定的集中体现;物价稳定同时标志着社会总体需求量的基本平衡,财政收支的基本平衡和时常流通的货币供应量与市场的货币量的基本适应。

2) 居民收入、储蓄、消费及投资状况

居民收入是指反映居民生活水平的实际收入。对不动产价格的影响主要由居民实际收入及边际消费倾向所决定。资本积累依赖于储蓄,储蓄的多少是由储蓄能力和储蓄意愿所决定;储蓄能力来自于居民的收入和消费水平,储蓄意愿取决于消费取向和利率水平。居民收入和储蓄的保障是居民超前消费的前提,影响不动产投资市场。特别是对于高收入阶层而言,他们的基本生活条件已经得到满足,需要追求更高的文化生活情趣。收入增加会影响历史性建筑市场的投资欲望,从而影响历史性建筑的经济价值。

3) 城市化与城市定位

城市化　是指在社会经济变化过程中,农业人口非农业化、城市人口规模不断扩张,城市用地不断向郊区扩展,城市数量增加以及城市社会、经济、技术变革的过程。加快城市化进程的本质并不是快速建造城市,而是要使全体国民享受现代城市的一切城市化成果并促进生活方式、生活观念、文化教育素质等转变。其中最为重要的是城市定位。

城市定位　是根据自身条件、竞争环境、需求趋势及动态变化,在全面深刻分析有关城市发展的重大影响因素及其作用机理、复合效应的基础上,科学地筛选城市定位的基本组成要素,合理地确定城市发展的基调、特色和策略的过程❶。城市定位应遵从独特性原则,通过分析城市的主要职能,揭示某个城市区别于其他城市本质的差别。当然,要使城市脱颖而出,定位的关键点在于找出最能代表城市个性特点的“名片”。城市的个性应当是不可接近、难以模仿和超越的,城市特色是城市内在素质的外部表现,是地域的分野、文化的积淀。城市定位的个性可以从历史文脉、名胜古迹、革命传统、自然资源、地理区位、交通状况、产业结构以及自然景观、生态环境、建筑风格等诸多方面去发掘培育,讲究创意和标新立异。城市的历史性建筑正是这个城市历史文化灵魂的凝聚,是最能体现城市特点的独一无二的代表物。历史性建筑记载了城市发展的历史痕迹和信息,是城市特色文化的基因库,保存并延续这种基因对于我们在全球化和城市化进程中保持城市自身的文化特质、保持自身发展的历史轨迹和文化脉络以及保持城市作为竞争基础的文化独特性和差异性具有重要作用❷。总而言之,城市化越发达,城市定位越清晰,历史性建筑的地位越高。

4) 城市基础设施和公共设施

城市交通体系　分为城市对外联络的交通情况、城市内部交通的整体状况。城市对外联络的交通方式主要包括航空、航运、铁路、公路等,对外通达的城市交通必然带来城市经济的快速发展;城市内部交通就像一个自循环体系,能够决定区域内运输效率的高低,城市内部交通的便利主要反映在城市道路建设与公共交通体系上。历史性建筑对于打造良好的城市环境形象较为重要,但如缺乏必要的交通便捷条件,位于小巷深处,“藏于深闺无人知”,甚至无法停车或通行;这些历史性建筑将很难被人们所充分利

❶ 刘文俭.对青岛城市定位问题的思考[N].青岛日报,2010:24.

❷ 朱光亚,杨丽霞.浅析城市化进程中的建筑遗产保护[J].建筑与文化,2006(6):15-22.

用，特别是在现代城市中，除非进行大规模的旧城改造，否则，其经济价值将受到极大影响。

城市基础设施 是城市生存和发展所必须具备的工程性基础设施的总称，用于保证城市社会经济活动正常进行的公共服务系统。完善的城市基础设施对加速社会经济活动，促进其空间分布形态演变起着巨大的推动作用。城市基础设施一般包括供排水、供电、通讯、供气和暖气等，随着经济和技术的发展而不断提高，种类更加增多，服务更加完善。虽然有些历史性建筑可以游览观赏，但是绝大多数的历史性建筑最终仍然被人们直接用于生产生活，如果缺乏必要的配套基础设施，必然无法适应人们的现代城市生活。

城市公共设施 是指由政府或其他社会组织提供的、给社会公众使用或享用的公共建筑或设备，按照具体的项目特点可分为教育、医疗卫生、文化娱乐、交通、体育、社会福利与保障、行政管理与社区服务、邮政电信和商业金融服务等[1]。与基础设施不一样，公共设施对于城市土地并不是不可或缺的，对城市居民的影响是间接的；如果周边没有学校或学校级别不能满足需求，居民可以支付另外的交通费用，通过不同的选择方式来替代。城市公共设施是通过辐射的方式对城市用地的使用产生影响的。每个公共设施都以自己为圆心对外发生作用，所以衡量公共设施对城市不动产的影响，可以根据相互之间的距离进行判断。如果一处不动产属于多个公共设施的辐射范围内，其潜在的市场价值可能更大。

4.1.2 社会文化因素

1）当地知名度

当地（城市）知名度指对象城市被公众知晓、了解的程度，是评价对象名气大小的客观尺度，即是对象城市对于社会公众影响的广度和深度。在同质竞争的市场中，知名度的高低起到极为关键的作用。树立良好城市形象，以文化旅游产业发展带动城市环境优化，提升产业品牌及城市品牌价值；通过挖掘历史文化、创新现代文化、弘扬先进文化、展现时代特色，强调城市的个性特征，可以促进城市定位与传统民居、生活习俗等原真城市特色的融合，甚至可以重新定位城市形象，全面提升城市或地域知名度，当然对象城市也包括村镇等。

2）社会文化价值观

狭义的文化是指意识形态所创造的精神财富，包括宗教、信仰、风俗习惯、道德情操、学术思想、文学艺术、科学技术、各种制度等。品位，是指对事物有分辨与鉴赏的能力。那么，文化品位就是指一个人对意识形态所创造的精神财富的分辨和鉴赏的能力[2]。每个人的教育程度、知识能力和视角不同，对各种物质的审视欣赏的结果也不尽

---

[1] 公共设施，百度百科。

[2] 文化品位，百度百科。

相同，但多数人对文化意识的共同认知会逐步凝聚成人们对周围事物的一种普遍认知，而这种普遍认知也会影响其他人的欣赏水平和解读能力，进而形成社会认知。

社会文化价值观指人们在文化方面所具有的普遍、较为稳定、内在的基本品质，表明人们在这些知识以及与之相适应的能力行为及情感等方面综合发展的质量、水平和个性特点。作为历史文化的物理载体，历史性建筑反映了各个朝代或各个时期人文、社会、环境及历史记忆，是人类延续的最重要的记忆档案，担负着重要的历史文化传承作用。人们要对历史性建筑能够高度认知并且产生自觉保护意识，需要不断地渗透、协调和宣传教育，甚至依赖于整体社会文化价值观的提高。

3）居民生活方式

生活方式是与生产方式相对应的范畴。如果说社会生产是创造产品与服务的过程，社会生活则是消费社会生产成果的过程。居民生活方式包括人们的家庭生活方式、消费方式、闲暇方式和社会交往方式等四个方面❶。消费方式在生活方式研究中的意义在于：消费的基本目的是满足人们生活的基本需要，人们的基本需要是否得到满足，以及以何种形式来满足，这些直接说明了生活质量；另外，消费在满足人们基本需要的前提下，将会具有一种符号性和象征性的意义。凡勃伦在《有闲阶级论》中首先提出了“炫耀性消费”的概念，指出社会上的有闲阶级，在基本需要得到了满足的前提下，进一步追求消费的质量以及寻找新的消费内容，以此作为财富和社会地位的象征。

研究表明：人均 GDP 达到 3 000 美元，人们从温饱生活向小康生活过渡，在旅游、教育及医疗保险上会产生一定投入，但不会占较大比例。而人均 GDP 达到 6 000～8 000 美元，消费水平会提升至一个新阶段，一部分人将资金投入到汽车、房产以及出国旅游等方面的消费；当人均 GDP 突破 10 000 美元，人们会普遍关注生活的舒适与享受，会更加注重学习、体育和休闲娱乐，考虑优质的教育和医疗资源，人们发展自身的欲望也会更加强烈❷。人们更加重视生命健康、注重享受生命过程和实现生命价值。历史性建筑作为记录历史文脉的物质载体，其文化社会价值只有在一定的物质基础上才能被人们逐步重视，才能回到大多数民众的生活视界内。很难想象在一个温饱尚未解决的社会能对历史性建筑的文化内涵普遍关注与重视；这也是为何在 20 世纪中叶，许多历史性建筑被盲目分摊占用，而近年来又逐步迁移恢复的基本原因。

4.1.3 人口因素

任何市场的主体始终是人，人口是决定住宅商业等需求量和市场大小的基本因素。人的数量、构成和人口素质的变化都会对房地产市场产生较大影响，进而影响历史性建筑市场需求。

---

❶ 郑杭生，李路路. 城市居民的生活方式与社会交往[R]. 2005 中国社会发展研究报告 3，2005。

❷ 胡国华. 居民生活方式和消费兴趣点会发生哪些变化？[N]. 常州日报，2011. 8. 26.

1）人口数量与结构

人口数量 人口数量是人口因素中最重要的指标。当一个城市或地区的人口数量增加时，对房地产市场的需求就会增加。引起人口数量变化的重要因素是人口增长，是指在一定时期内由出生、死亡、迁入和迁出等因素的消长所导致的人口数量增加或减少的变动现象。人口增长可以分为人口净增长、人口负增长和人口零增长；还可以分为人口自然增长和人口机械增长。人口机械增长主要是指迁入和迁出导致的人口变化。一个地区的人口密度增加，会刺激商业、旅游业和服务业等的发展；但如果密度过大，也会导致生活环境恶化，有可能降低房地产价格。

人口结构 是指一定时期内人口按照性别、年龄、职业、文化、民族等因素的构成状况。其中人口年龄构成是指一定时间内的人口按照年龄的自然顺序排列反映的年龄状况，以年龄的基本特征划分的各年龄组人数占总人数的比例表示。家庭构成反映的是家庭人口数量的情况：中国当前是从传统的复合大家庭向个人小家庭发展的趋势，其中家庭人口规模的变化会引起居住单位的变动，进而引起房地产市场需求的变化，进而影响历史性建筑交易市场。

2）人口素质

心理因素对房地产市场的影响不容忽视，这些心理因素主要有以下方面：购买或出售物业时的心态、个人的欣赏趣味、时尚风气、跟风或从众心理、接近名人住宅的心理。

人们的文化教育水平、生活质量和文明程度越高，自我判断能力就越强，越能掌握良好的投资与消费心理。多数人的教育品质、文化修养形成了社会的普遍人口素质，即社会文化素质或社会文化价值观，前文已有阐述。

4.2 市场供求关系因素

4.2.1 供给状况

供给是指在给定时间的特定市场中，可供出售或租赁的物业数量。历史性建筑由于建造年代较为久远，大多数都经历漫长的时间阶段，保留下来的存量极为有限。历史性建筑具有不可再生性，一旦破坏就很可能无法修复，而且这些存留下来的历史性建筑还会由于保护不力以及自然损毁等原因而不断减少，所以历史性建筑的自然供给量是有限的和稀缺的。

历史性建筑的经济供给是指在给定时间的特定市场中，在自然供给及社会经济条件允许的情况下，可供人类社会利用的历史性建筑数量。经济供给反映的是历史性建筑的稀缺性、相对可进入性以及总的可利用性，受到保护等级、产权制约和地域差异等多种因素的影响。这些影响因素在短时期内不会出现明显变化，从而导致历史性建筑的市场供给也不会呈现大的波动，因而历史性建筑市场供给表现出相对稳定性。

由于历史性建筑自然供给的有限性、经济供给的相对稳定性，导致历史性建筑供给弹性较小。

4.2.2 需求状况

需求是指在特定时期的特定市场中，以一定价格购买或租用某种类型物业的愿望。历史性建筑具有价值量大、产权限制、实用性差、维护成本较高等特征，使用过程将会受到较多限制。从社会学和群体心理学的角度分析，历史性建筑更多是满足人们的心理需求，而非实用需求。所以，正是由于历史性建筑具有如此明显的局限性，只有那些并不计较实用功能，又能够承担如此高额收购值和修复维护成本的少数群体才是历史性建筑的潜在需求者。因此，历史性建筑的市场需求量的有限性显而易见，即历史性建筑需求也缺乏价格弹性。

4.2.3 市场交易状况

历史性建筑通过供给而进入市场以实现历史性建筑需求。由于历史性建筑相较于普通房地产的特殊性，供给和需求曲线在一定时期内呈现出稳定波动趋势，即在同一价格水平下的历史性建筑需求和供给曲线均呈现出近乎水平的状态。两条稳定曲线的交点所决定的均衡价格一般不会由于供给与需求的变动而发生大规模波动，不易受到外界诸如政策等因素的影响，不会由于市场供求的变化而发生大涨或大跌的情况。

4.3 法律政策因素

4.3.1 法律政策

由于历史性建筑的稀缺性、不可再生和不可替代性，为了更好地保护祖辈留下的珍贵的文化遗产，政府通过颁布法律法规或制定政策来限制、规范历史性建筑的处置与利用等。

1) 不动产的法律制度政策

不动产法律制度通常包括土地制度、住房制度、房地产价格政策等。

土地制度 首先是所有制，有公有制与私有制之分。我国土地实行的是公有制，土地使用权可以出让和转让，以适应市场化条件，但由于出让行为主要由政府控制，土地流转效率较低，实际影响土地的预期收益。我国在土地的用途与流转方面都有较为严格的限制。土地征用制度对土地的价值影响也很大。农村集体土地只有通过国家征用转为国有土地后，才能进入土地市场。这样容易形成供给的垄断，不利于土地市场价值的体现。中共十八届三中全会审议通过的《中共中央关于全面深化改革重大问题的决定》中对此进行了突破性的改变："在符合规划和用途管制前提下，允许农村集体经营性建设用地出让、租赁、入股，实行与国有土地同等入市、同权同价。缩小征地

范围，规范征地程序，完善对被征地农民合理、规范、多元保障机制。"历史性建筑所在的土地同样也会涉及国有或集体所有权，使用权的出让、转让和抵押问题，如果涉及划拨用地还需要补缴出让金才可以允许进入交易市场。所以，土地制度的变化对历史性建筑的价值也会有所影响。

住房政策 住房政策包括福利型和市场配置型两种。大多数的国家采用两种制度相结合的模式。当然福利程度越高，市场竞争程度就越低，不动产的市场价值就不能完全体现出来。相反，如果市场化程度过高，住房的市场价格可能会随着整个经济环境的波动而变得不稳定。住房政策也会随着当地的人口不断变化，对价格的影响也是不断变化的。城市中大多数的历史性建筑还是作为住宅使用，因此住房政策对于历史性建筑的市场具有一定的影响力，比如住房限购制度。

房地产价格政策 是指政府对房地产价格高低和涨落的态度，以及采取的相应管制或干预方式和措施等，主要实行市场调节价或是政府指导价。根据不同的经济发展阶段，政府会采用各种措施扶持或抑制房地产的价格，主要目的是为了规范房地产市场的健康合理发展，遏制房地产投机炒作。历史性建筑的经济价值最终要在房地产市场中得以实现。房地产价格政策对于历史性建筑的交易行为和价格确定也会产生影响。

2）涉及历史性建筑保护的法律政策

涉及历史性建筑的法律政策通常表现为专门的保护制度。一个国家对历史性建筑的保护力度也取决于其保护制度的完善程度。保护制度主要包括了法律制度、行政管理制度、资金保障制度这三项基本内容，以及相应的监督制度、公众参与制度等。各国的保护制度虽有所不同，却都有一些共同特点：一是基本建立了相对完善的全国性法律、法规，与各自的历史性建筑遗产保护体系相配合，形成完整的历史性建筑保护的框架；二是对保护资金的落实与保障进行明确的法律规定；三是保护制度本身兼具可操作性与适应性的双重特点，原则化与灵活性相互协调[1]。

相对于发达国家，我国的历史性建筑保护的法律制度还不够健全，具体表现为：国家级、特别是地方性的保护法规的覆盖面不够完善；目前对于文物保护单位的法律体系较为完整，但对于其他保护性的历史建筑、历史文化保护区，更多的是依靠部门规章或地方性法规，甚至是一些低级别的规范性文件，涉及的广度与深度都不够，操作性不强；对保护资金落实和文件执行目前仍然更多地依赖于当地政府部门的重视程度。

当然，近年来中国在文化遗产保护的法律制定方面也取得了明显进步：目前已经初步建立从上至下、比较完备的文化遗产保护法律制度，积极推动《非物质文化遗产保护法》等法律、行政法规的立法进程；到 2015 年，要求基本形成较为完善的文化遗产保护法律法规体系，具有历史、文化和科学价值的文化遗产得到全面有效保护。但实际使用过程中还有许多问题值得我们去思考：例如可以转让的历史性建筑有哪些限制性规定？为什么当年《苏州市古建筑保护条例》鼓励民间资本购买和租用古建筑，却在全

---

[1] 王林. 中外历史文化遗产保护制度比较[J]. 城市规划，2000，24(8)：49-51.

国掀起轩然大波？市场经济行为与历史性建筑限制政策的矛盾如何协调？这些法律政策都是影响历史性建筑经济价值的重要影响因素。

4.3.2 金融税收

虽然政府已经投入了大量的保护资金，但对于数量众多的历史性建筑只是杯水车薪。如果适当地引入民间资本，对历史性建筑及遗址的保护和修复都会起到重大作用。为了鼓励这种行为，政府会在融资或税收政策方面予以优惠。

1）金融制度

不动产由于价值量大，建造、投资和消费都与金融制度密不可分。影响不动产价格的金融制度主要是房地产的信贷政策，包括严格控制或者适度放松投资开发贷款、上调和下调金融机构贷款基本利率、提高或降低购房首付款比例、提高或降低不动产抵押贷款金额、延长或缩短购房贷款期限等❶。金融制度是否健全，金融状况是否活跃和稳定，也能反映一个国家或地区的综合经济实力。金融的核心是货币，市场的货币总量、流动的频率、秩序和效率反映了经济市场的状况❷。事实上，金融与房地产市场的关系最为密切，金融制度的微小变化都会严重影响房地产市场，因此，金融制度也是经济价值的重要影响因素。

对于历史性建筑遗产保护的资金来源渠道，国内外已经有较多的成功实例，详见表 4.1。

表 4.1 历史性建筑遗产保护的资金来源渠道

类 别	资金来源渠道
财政融资方式	1. 预算拨款
	2. 政策性银行贷款
	3. 预算外专项建设基金
	4. 财政补贴
银行融资方式	1. 信用贷款、流动贷款、专项贷款
	2. 抵押贷款
	3. 担保贷款
	4. 贴现贷款
商业融资方式	1. 土地运作
	2. 城建资产运作
证券融资方式	1. 股票
	2. 企业债券
	3. 投资基金(城建投资基金、产业投资基金)
	4. 文化艺术品投资包

❶ 中国房地产估价师与房地产经纪人学会．房地产估价理论与方法[M]．北京：中国建筑工业出版社，2008.

❷ 邹晓云．土地估价基础[M]．北京：地质出版社，2010.

续表 4.1

类　别	资金来源渠道
信托融资方式	资金以信托方式进入历史文化遗产建设领域
项目融资方式	BOT 方式、TOT 方式/ABS 方式
国际融资方式	1. 国外政府贷款
	2. 国际金融组织贷款：亚洲开发银行、世界银行贷款
	3. 国外直接投资

2）税收政策

税收政策，无论是企业还是个人，在取得、持有以及交易不动产时，如果税收负担过高或过低，都会有不同的选择。因此，政府在对房地产市场进行宏观调控时，税收成为一个重要的手段。同时，一定区域内的税收政策会因时而异来进行不断地调整，包括税种和税率的调整，都会对市场价格产生较大影响。一般情况下，不动产税收包括房地产开发商开发环节、转让环节和持有环节的税收。

世界各国对于历史性建筑的保护极为重视，在资金投入方面经常给予税收方面的优惠扶持，例如，美国政府针对历史性建筑的税收优惠政策包括物业税减免、所得税减免和诸多拨款等[1]。国内也有类似规定，如《苏州市区古建筑抢修保护实施细则》规定"为了支持古建筑抢修保护的市场化运作，依法出售的古建筑给予一定的税收优惠，契税参照普通住宅执行"与"采取责任单位维修贷款政府贴息"等。这些税收政策的奖励优惠都是影响历史性建筑经济价值的组成因素。

4.3.3　规划因素

涉及历史性建筑的规划主要有城市规划、保护规划与旅游规划：

城市规划　是研究城市的未来发展、城市的合理布局和综合安排城市各项工程建设的综合部署，是一定时期内城市发展的蓝图，是城市管理的重要组成部分，是城市建设和管理的依据，也是城市规划、城市建设、城市运行三个阶段管理的龙头[2]。城市规划确定的建筑用途、容积率等经济技术指标，实际上是对空间利用的规定，以保证城市有秩序地、协调地发展，使城市的发展建设获得良好的经济效益、社会教育和环境效益。如容积率越大，单位面积土地所获得的建筑空间越多，预期收益也越高。当然，并不是规划确定的市场价值都能实现，还应对于具体情况进行分析。城市规划是城市的发展计划，是管理城市建设的依据，其中对于历史性建筑、历史街区和历史文化区域等也有一些较明确的规定，特别是确定其发展方向、规模和布局等。城市规划也是制订历史遗产保护规划与旅游规划的重要依据。

---

[1] Judith Reynolds. Historic properties: preservation and the valuation process-3rd[M]. [S. l.]: The Appraisal Institute, 2006.

[2] 邵华. 城市规划所遇到的问题及其解决措施[J]. 民营科技, 2013(9).

保护规划 是指针对于历史文化遗产保护的专项规划。2004年7月,国家文物局颁布了《全国文物保护单位保护规划编制审批办法》和《全国重点文物保护单位保护规划编制要求》两个文件。前者就保护规划的性质、范围、要求、原则进行了概括性说明;后者则提出了保护规划的具体编制要求。2008年国务院颁布《历史文化名城名镇名村保护条例》,2009—2010年是名城名镇名村保护规划制度化建设的关键年。依照相继出台的《城乡规划法》《历史文化名城名镇名村保护条例》,历史文化遗产的保护规划进入了一个有法可依的轨道。在《城乡规划法》和《历史文化名城名镇名村保护条例》的统领下,政府管理部门着手对已有的法规和部门规章进行了系统梳理,构建起了比较完整的历史文化名城保护基本法律体系,使历史文化名城、历史街区的保护与管理、规划编制得到更好的系统化和规范化❶。

因此,当历史性建筑坐落在历史街区范围内,必然会受到相应的历史街区保护规划限制,例如应保护历史地段的环境要素,严格控制建筑的性质、高度、体量、色彩及形式,必须控制历史城区内的建筑高度等。正如前文所述,历史性建筑与历史街区的关系犹如点与线面的关系,历史街区强调的是"区域",包含了一定数量历史性建筑或历史文化遗产的街道或区域。良好的区域保护规划不仅不会弱化历史性建筑本身的特性,而且还能带动整个地区的经济价值提高。同样,如果历史性建筑的周边高楼林立,彼此之间毫无协调性,产生明显的矛盾冲突,那就势必降低其经济价值。

如果是文物保护单位,政府通常会制订相关的保护规划或保护区划,规划文本内容一般应包括:各类专项评估、规划原则与目标、保护区划与措施、若干专项规划、分期与估算等五个部分基本内容;规模特大、情况复杂的文物保护单位规划文本还应包括土地利用协调、居民社会调控、生态环境保护等相关内容❷。对不属于文物保护单位、但归于政府公布名单的历史性建筑也会制订一些法定规划,如设定"紫线"范围等。

旅游规划 包括旅游发展规划和旅游区规划。其中,旅游发展规划是根据旅游业的历史、现状和市场要素的变化所制订的目标体系,以及为实现目标体系在特定的发展条件下对旅游发展的要素所做的安排。旅游区规划是指为了保护、开发、利用和经营管理旅游区,使其发挥多种功能和作用而进行的各项旅游要素的统筹部署和具体安排❸。旅游规划的重点在于发展旅游,而保护规划侧重于保护文物。因此同一区域内的旅游规划经常与保护规划各自存在一定的侧重点,也不可避免地出现一些矛盾。一般来说,如果当两个规划范围重叠时,旅游规划必须建立在保护规划的基础上。比如为了解决旅游接待问题,需要建设各种服务设施、宾馆和停车场,相关建设发生在保护规划范围内的,建筑物的体量、高度、造型和密度等都不能违背保护规划的要求。但在实际工作中,两个规划经常同时进行制订,各自的实施程度取决于不同部门之间的利

---

❶ 张兵,康新宇.中国历史文化名城保护规划动态综述[J].中国名城,2011(1):27-33.

❷ 《全国重点文物保护单位保护规划编制要求》。

❸ 吴美萍.全国重点文物保护单位的保护规划与旅游规划关系问题研究[C].旅游学研究(第二辑),2006(8):194-196.

益均衡。有时候为了发展地方经济,即使保护规划已经公布,也只能束之高阁,不利于文物、历史性建筑和历史地段的整体保护。因此。要做好保护规划与旅游规划协调与衔接,必须依法来指导和约束。这方面我国目前还不够完善,需要进一步研究与实践。

4.4 不动产自身因素

4.4.1 位置

对于不动产而言,区位是核心。区位决定了物业适宜做什么,也决定了购买者愿意为其投入多少,所以从区位甚至可以判断一处不动产的预期和前景。区位的优劣受到交通便捷度、基础设施完善度、公共设施完备度和环境因素等影响,最终是由其经济合适性来决定的。

历史性建筑通常坐落于古城中心地段或历史街区,所临的街巷也会相对闭塞而易受到交通管制,如单行线或步行街;由于缺乏停车场或交通不通达,可能将限制人流车流的吸引和集聚。因此,许多历史性建筑由于位于小巷深处或山野乡村而无人问津。但有时正是因为交通不便、人迹罕见,才能保留优美的自然环境,从而又成为吸引购买者的要素。所以针对于历史性建筑,就算是同一因素,也不能以普通不动产的影响程度来简单适用,需要因地制宜、具体分析。关于历史性建筑位置的重要性在国际古迹遗址理事会澳大利亚委员会(ICOMOS Australia)的《巴拉宪章》中有专项说明:

(1) 地点的地理位置是其文化意义的一部分。一座建筑、一件作品,或一个地点的其他构成部分,应当保留在其过去的位置上。迁建通常都不能被接受,除非除此之外再没有一种切实可行的保存方法。

(2) 地点的某些建筑、作品,或其他构成部分被设计成可移动的,或在历史上曾经迁建过。倘若这样的建筑、作品,或其他构成部分,与其现在的位置并无有意义的联系,那么移动也许是合适的。

(3) 一个地点的任何建筑、作品或其他构成部分如果要移动,应当移到一个恰当的位置,给以恰当的用途。这类行动不应当对任何有文化意义的地点构成损害。

除了交通通达性以外,针对于历史性建筑各自的用途相应考虑基础设施、公共设施、商业或生活环境氛围等。衡量这些设施配套完善的最常见指标是距离。距离进一步分为空间直线距离、交通路线距离、交通时间距离和经济距离来认识,平时人们使用最多的通常是交通路线距离。

位置对于经济价值的影响是一个相对概念。城市生活方式的多元化、居住人群的多层次化,以及商业服务业的分工专业、交通等基础设施不断更新换代,对位置的重要性也有新的认识,价值也会发生一些相应变化[1]。但总的来说,不动产位置与市场经济

---

[1] 邹晓云.土地估价基础[M].北京:地质出版社,2010.

价值之间的变化仍然遵循着可以衡量的经济规律，对于历史性建筑而言，其基本规律是一致的。

4.4.2 用途

用途是指不动产、土地的利用方式与利用程度，是决定市场经济价值最重要的关键因素。权利人通过劳动与资本投入来获取收益或某种享受，没有利用就不会产生经济价值。不动产的基本用途通常包括：居住、商业办公、公共服务、工业和农业生产等。用途的差异决定了不同的消费或收益方式，如居住倾向于消费享受，而商业、工业关注于未来的经营收益。所以，不同用途受到位置、交通、配套、经营方式以及城市规划等因素影响。

不同用途对人们的生活生产、国民经济部门等产生各自的作用，但由于土地资源的有限性，必须在用途之间实施优化配置和合理布局。我国对不动产的用途限制是比较严格的，规划一旦确定便不能随意改变用途，如沿街住宅改为商铺等，就算允许调整变更，也要求向政府缴纳一定数目的土地出让金❶。投资者会考虑到变更成本的过高而放弃这种行为，但事实上还是有许多变更行为的产生，这是由于不动产的不同用途以及利用方式之间存在着竞争和择优的问题。在市场经济中，投资者总是趋向于获取最大利益的用途和利用方式，称之为“最高最佳使用”。

由于历史性建筑受到严格保护限制，通常不可能改变利用方式，如扩建、增建等；那么即使没有达到最高最佳使用，也不能被拆除或较大改建。因此，为了尽量满足实用性的要求，除非是重要的历史文物建筑强制规定了使用功能，其用途不能轻易改变以外，其他的历史性建筑特别是历史街区中的一些风貌建筑的用途变更限制就显得较为宽松，人们可以提出一些创造独特和具有市场敏感的适宜性用途的改造方案，例如将原近代工业厂房改建为商业区，如北京 798 艺术区、又如荷兰阿姆斯特丹东部旧港区 Borneo-Sporenburg 居住区开发等。这种适宜性改变会使收益更易表现，而原有的建筑结构、外形以及历史文化特征要竭力保存。正如《巴拉宪章》所说：“一个地点应有一个相容性用途。策略方案应当确认一种或一组用途，或者是为保留该地点之文化意义而对其使用作出限制。一个地点的新用途应当对原来有意义的构件和用途只作最小限度的改变；应当尊重原来的情感联系和意义；那些有助于保持其文化意义的实践才是恰当的。”而针对于适宜性用途的变更，政府一般都会给予相应的优惠减免政策，诸如土地出让金优惠、税收减免等。正如前文所述，改变用途过程中应注意收益分配问题，增值收益应在所有权人、用益权人和相关影响人之间合理分配，分配原则要与使用类型和规模相互协调。

---

❶ 如苏州市明确规定：因规划条件调整产生的土地增值属于级差地租，归地方政府所有，防止土地使用者通过改变土地用途和容积率等非正当途径获取额外利益，导致国有土地资产流失。(苏府[2006]12 号)《关于进一步加强国有存量土地资产管理的意见》。

4.4.3 产权限制条件

产权制度的建立就是为了在使用与配置稀缺资源的过程中，规范人与物之间责、权、利关系。历史性建筑由于蕴含的历史文化价值要素为人类社会了解并欣赏。《保护世界文化和自然遗产公约》认为："人类社会应为了保护、保存、展出和恢复这些文化遗产而制定和采取各种适当的措施。"联合国教科文组织《关于在国家一级保护文化和自然遗产的建议》指出："各国应根据其司法和立法需要，尽可能制定、发展并应用一项其主要目的应在于协调和利用一切可能得到的科学、技术、文化和其他资源的政策，以确保有效地保护、保存和展示文化和自然遗产。"

对历史性建筑设定诸多保护性产权限制，其目的就是保护这些独特的人类历史文化遗产并能确保将之传承后代，虽然，这些产权限制条件在不同程度上制约或影响目标对象的利用与功能。经济上的具体表现为：维护成本提高、交易费用增加和实用性降低等，与历史文化特征要素产生的增值效应互为矛盾，最终影响目标对象的经济价值。目前，历史性建筑的产权限制主要包括：历史性建筑的保护等级、建筑产权转让的限制、建筑本体的限制、建筑修复的限制、利用的限制和环境保护限制等。这些限制条件大多数以法律形式加以规范，通过国家强制力来保证实施。正是由于这些限制条件，所以现实中也经常会出现历史文化底蕴良好的历史性建筑的交易价格却比不上周边普通别墅的价格。

4.4.4 土地因素

随着历史性建筑的市场需求不断增加，其吸引了更多人群来关注。历史性建筑涉及土地的影响因素通常包括：土地面积、形状、交通、配套设施、环境、地形地势等。

土地面积 首先感知的是土地面积的大小。一般情况下，面积较小的土地不利于经济利用开发；但这与所处的区域相关，在城市繁华地段对面积大小的敏感度较高，在郊区则相对较低。土地面积大小的合适度还与不同地区、不同用途、不同消费习惯相关。只有在面积适宜的情况下，才能得到最佳的收益回报，这对于商业用途更为敏感。目前，城市里规模较大的园林或历史性建筑群通常被开发为旅游项目，保留下来可供居住或私人经营的历史性建筑涉及的土地面积不会很大，而市郊地没有如此限制。这也让一些消费者考虑购买远郊的历史性建筑，以求大小适宜的园林用地。

形状 除了土地面积，能直接感知的是土地形状。形状决定用地布局，利用率不同，利用效益必然也不同。许多历史性建筑经过了历史演变，保留下来的土地形状可谓是奇形怪状，一些边缘用地被相邻使用人持续侵占使用，所以在实际状况中，消费者考虑购买历史性建筑时，希望能将相邻房屋一并购置，以保留历史性建筑土地形状的完整性，以便可以重新进行用地布局设计。对于商业用地，临街宽度与深度较为重要，商家总希望尽量能临街宽、进深浅，便于吸引人流量，提高商业经营效益。居住用地却正好相反，中国传统民居通常是门户窄小、却高墙瓴瓦、院落幽深，一方面是希求宁静安逸,同时也是考虑到隐私安全。

交通、配套设施 不同用途对交通与配套设施的要求不同,如表 4.2:

表 4.2 不同用途下交通、配套设施的关键影响因素

居住用途	商业用途
对外交通通达	对外交通通达
公共服务配套设施:学校、医院、超市等	公共交通便利度
内部基础设施:水电气等	配套停车设施
配套绿化环境	商业集聚规模
	所在商业区域
不重视:商业集聚、公共交通人流量	不重视:公共服务配套设施、绿化环境污染

环境状况 影响不动产价值的环境景观因素主要有大气环境、水文环境、声觉环境、视觉环境、卫生环境等。空气质量的好坏对人体健康非常重要,不动产所在的区域是否有难闻气味、有害物质和粉尘污染,对其经济价值产生很大影响。地下水、地表水污染后很难治理,可能会大面积漫延,产生无形的化学危害和可以感知的视觉或嗅觉危害,所造成的区域潜在生态危害,会对人们心理产生较大阴影。车站、铁路沿线、工厂和公共服务场所(农贸市场)等,可能会形成严重噪声,这必然会产生不利影响;而优美的周边绿化环境使人赏心悦目,特别是江南建筑粉墙黛瓦、古色古香,周边碧水荡漾、绿树掩映,让人仿佛置身于一幅动人的画景。

地势地形 地势坡度过大,通常会影响土地利用率;但中国传统建筑的设计者往往因地制宜,巧妙利用地势地形起伏舒展变化,营造出坡地意境,水景、植物、小品等协调搭配,让景观面富有层次感。

4.4.5 建筑因素

历史性建筑是由土地与建筑体组成的,影响建筑部分的相关因素包括:建筑(规模)面积、建筑保存现状与使用情况、建筑修缮设计方案、建筑重建与维护成本、通风、采光和日照等。

建筑(规模)面积 建筑规模、面积和开间大小都会影响建筑物的形象、功能和使用强度。当然,不同用途对于面积规模的大小要求不一样,如商业用途的建筑尽量面积适中,使得成本、收益达到适度均衡。历史性建筑通常要进行专门测绘,估价的参考资料通常要求有测绘资料。

建筑使用情况与保存现状 这是一个综合性因素,包括现有建筑物年龄、维修养护、工程质量情况等,通常以《建筑质量鉴定报告》来反映。历史性建筑的使用情况与保护现状是影响历史性建筑经济价值大小的关键性因素。

中国历史性建筑保存现状堪忧,许多历史性建筑因不堪岁月的风吹雨打和未被重视保护,渐次坍塌荒弃,甚至被迁移至其他城市,完全丧失了原有的地域文化底蕴与内涵。北京、上海等城市曾为了缓解城市建设用地紧张而将历史性建筑作为居住用房，但由于缺乏对建筑原体改扩建的严格控制，使之成为对历史性建筑造成破坏最严重、利用程度比较低的一种利用方式❶。北京现存的44处私家园林中，保护基本完好的不足一半。其中利用不当对历史性建筑带来的伤害最为明显的：清代的莲园早已沦为大杂院，皇家私园蔚秀园也成为民居，晚清才子那桐的故居已变成餐厅……过度利用导致的破坏和低效利用严重降低了历史性建筑的价值。

而在各国的保护规划实践中，对历史性建筑及地段的利用经常采用历史性建筑改建赋予新功能的方式：即保持原有建筑外貌特征和主要结构，内部改造后按新功能使用。这样做不仅增加了这些建筑本身生存的活力，而且还可获得一定的效益，从而提高了历史性建筑的价值❷。因此，对历史性建筑加以合理的利用，不仅可以更大地激活其潜在的经济价值，还能够借助于历史性建筑新的使用价值提高其价值本身。历史性建筑改造使用的另一种方式是综合进行用地调整、环境整治、增加基础设施和服务设施、功能置换、重要地标建筑物和环境形态要素的保护：该种方式是通过改善历史性建筑保存现状来提高历史性建筑的价值，使之既有清晰可见的地段历史发展踪迹和见证物，又具有全新的、符合当代使用功能和景观生态要求的一流环境，从而提高历史性建筑的价值。

建筑修缮(工程设计)方案 历史性建筑、特别是文物保护单位进行修缮时，应提出建筑修缮方案或工程设计方案，报相关主管部门审批。历史建筑的修缮通常应遵守不改变原状和谁使用谁负责维修的原则。建筑修缮方案主要内容包括：充分理解保护的目标，认识保护对象的核心价值，突出建筑物的历史艺术精华元素；加强施工前的详细勘察工作，采用合适的工程措施方案，来恢复建筑物的原有风貌或保存现有建筑状态及历史文化信息；同时要根除或缓解建筑结构安全隐患，为有效利用提供必要设施条件(图4.1)。

图4.1 江宁织造府建筑修缮方案

---

❶ 张杨.社区居民对历史建筑保护与利用的态度研究——以比利时鲁汶市女修道院为例[J].社会科学研究,2009(06).

❷ 王建国,戎俊强.关于产业类历史建筑地段的保护性再利用[J].时代建筑,2001(04).

建筑重建与维护成本

重建成本　随着历史性建筑的市场需求不断增加，引来了更多人群的关注。历史性建筑具有建造年代原有的风格特征，人们要求设计师、建筑师等在保证不破坏完整性、真实性的前提下，尽可能地使用各种工艺技术，来为历史性建筑进行修复和配置必要相关设施。《威尼斯宪章》提到："修复过程是一个高度专业性的工作，其目的旨在保存和展示古迹的美学与历史价值，并以尊重原始材料和确凿文献为依据。"建筑成本一般根据建筑物重新建造的方式不同，分为重置成本和重建成本。重置成本是采用价值时点的建筑材料和建筑技术，按价值时点的价格水平，重新建造与估价对象具有同等功能效用的全新状态的建筑物的正常价格。而重建成本是指采用估价对象原有的建筑材料和建筑技术，按价值时点的价格水平，重新建造与估价对象相同的全新状态的建筑物的正常价格[1]。进一步解释，重建成本就是采用与历史性建筑相同的建筑材料、还原所有的建筑细节（甚至包括地板、门窗、屋瓦以及其他建筑特征），建造与历史性建筑完全相同的全新建筑物所需要的成本值，但并不意味着必须也要去恢复那些非实用和陈旧落后的元素，只要不影响历史性建筑的完整性与真实性。建筑成本也会受到市场因素而波动，特别是那些特殊材料与配件。所以，建筑成本是影响历史性建筑经济价值的重要因素。

维护成本　"历史风貌建筑的所有权人、经营管理人和使用人应当对历史风貌建筑承担保护责任。历史风貌建筑的所有权人、经营管理人应当按照历史风貌建筑的保护要求，对历史风貌建筑进行修缮、保养"。保养维护工作指在"不改变历史文物建筑的现存结构、材料质地、外貌、装饰、色彩等的情况下所进行的经常性保养维护，如屋顶除草勾抹，局部揭瓦补漏，梁柱、墙壁等的简易支顶加固，庭院整顿清理、室内外排水疏导等小型工程。此类工程应由管理或使用单位列入年度工作计划和经费预算"[2]。因此，历史性建筑维护保养成本的高低对经济价值的体现较为重要。但必须注意到，在实际生活中，许多历史性建筑的产权人或使用人缺乏保护意识，拒绝履行保护责任。法律上规定如果产权人或使用人无力维护时，政府应有一定的支持措施；而由于政府部门而非所有者，故对定期维护的积极性不高。当许多地区的预算紧张时，削减的支出就可能是历史性建筑的维护资金，故历史性建筑维护成本的安排与实施仍是当前保护工作的难点与重点。

隔音、通风、采光、日照　建筑物应当满足相关要求：为了防止噪音和保护私密性，能阻隔声音在室内与室外、上下楼层之间的传递；能够使室内与室外空气之间流通，保持室内空气新鲜；白天室内明亮，室内有一定的空间能够获得一定时间段的阳光照射。采光和日照对住宅比较重要：自然状态下的日照长短，主要是与所处地区纬度的高低与气候有关。这里主要考虑受到人为因素影响下的日照长短，主要与建筑物朝向、周

---

[1] 中华人民共和国国家标准《房地产估价规范》(GB/T 50291—1999)。

[2] 中华人民共和国文化部《纪念建筑、古建筑、石窟寺等修缮工程管理办法》。

边其他物体(如树木)的高度、距离有关。

4.5 历史性建筑的相关影响因素

不同的历史性建筑所蕴含的各类信息要素对人类主体的功能影响并不一样,这是由于众多的相关外界因素对历史性建筑的内含价值体系有不同程度的影响,这些相关影响因素不直接作用于经济价值,而是引起内在综合价值的整体变动,进而间接导致外在经济价值的联动。有些因素相对稳定,如历史性建筑的建造年代;有些则表现比较活跃,如社会知名度等,但是这些因素是历史性建筑所特有的。因此,对历史性建筑进行估价,必须深入研究影响历史性建筑特有价值的各种因素,并剖析这些因素对历史性建筑特有价值要素影响的作用机理与影响程度。

4.5.1 历史价值要素影响因素

历史性建筑的历史价值要素在于对历史事实的揭示,这种揭示是通过留存于历史性建筑的时代印迹来实现的。历史价值要素一般表现为:见证某一历史时间(段)的人类生活、社会发展状况;见证某一重要历史事件或历史活动,或某一重要的历史人物的活动;证实、更正、补充和完善历史文献的记载内容。历史价值要素具有如下影响因素:

1) 建造年代

建造年代[1]是指历史性建筑最初的建成时期,反映了建筑形成、存续和发展的历史久远程度。建造年代越久远,所保留的历史事实就越具有追述性和积极意义。随着人们愈加强调的主观体验,建造年代已是形成现代人类判定审美原则的重要基础,例如,苏州目前保留的最为古老的历史性建筑是五代的云岩寺塔(图 4.2),就仅凭此项便入选全国文物保护单位。

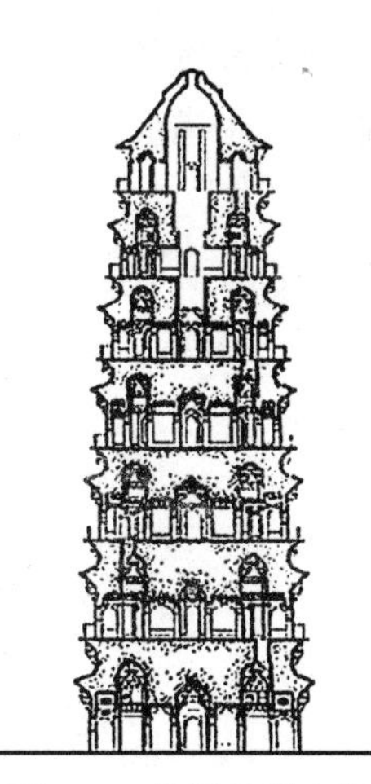

图 4.2 苏州云岩寺塔

2) 反映建筑风格与元素的历史演变

历史性建筑是特定时代的历史产物,是不同年代建筑文化、建筑技能及历史信息的承载体,人们通过对其研究,可以了解到历史性建筑建成时期的社会经济发展概况,特别是城市建设与发展过程,从而为填补部分确实的历史资料或为证实历史文献记载提供依据。历史性建筑能够反映建筑风格与元素的历史特征与演变过程,具体包括:反映当时典型与特殊的建筑风格与建筑元素、反映建筑风格及建筑元素的演变、反映建筑在地域历史发展中的地位等。

反映当时典型的建筑风格与建筑元素 建筑风格主要是指历史性建筑的平面布

---

[1] 或称为:建成年代、最初建造年代、历史久远性、年代的久远程度等。

局、外貌特征、形态构成、艺术处理和手法运用等方面所显示的独创性和完美意境；建筑元素是指建筑风格的构成单元。不同地区、不同年代的历史性建筑都具有各自代表性的建筑风格与建筑元素，如江南水乡典型的建筑风格与建筑元素与山西地区的显然有较大差异；宋代与清朝的建筑风格与建筑元素有所不同；中西方的历史性建筑风格与元素差异更大，即使是建筑设计师仿照国外的典型建筑风格来设计建造，在许多建筑元素的细节方面也还是会充分考虑与本土文化特征相结合。因此，历史性建筑是否能反映其建造时期典型建筑风格与建筑元素，是影响历史价值的重要因素之一。

反映当时特殊的建筑风格与建筑元素 与典型的建筑风格、元素相对应，某些地区在某一时期出现过一些非典型(特殊)的建筑风格与建筑元素，那么其中蕴含的历史意义也较为重要:这在一定程度上说明甚至证实该地区在该时期可能曾经出现的某些社会变故，这些变故的痕迹在历史性建筑的风格与元素方面得以保留，如一些地区遗存的西式教堂等。所以，是否能反映当时特殊的建筑风格与建筑元素也是影响历史价值的重要因素之一。

反映建筑风格与建筑元素的演变 历史性建筑经历过岁月流逝，各个时期的典型或非典型的建筑风格与建筑元素都可能在历史性建筑本身留下或多或少的痕迹:有些只是各种元素、风格胡乱地堆砌；而有些则能清晰表达出各个时期历史性建筑风格、元素特征的改进演变过程，具有不可多得的科研价值，而且对于历史可证伪性也有着重要意义。

反映建筑在地域历史发展中的地位 建筑在地域历史发展中的地位或作用是表征历史性建筑在其所处的历史时期和地区所起到的历史功能或历史贡献。有些历史性建筑或是重要工程项目，对地域的发展有着不可替代的重要作用；或是地域历史发展过程的重要里程碑或纪念性建筑，代表着一个时代或事件的辉煌历史。这些建筑(工程)既有高超的艺术美感，也记录了当时人类的社会状况，如四川都江堰工程、安徽歙县牌楼群(图 4.3)等。

图 4.3 安徽歙县牌楼群

3）与历史人物和事件的关联性

历史性建筑作为人类历史遗留的产物，在纵向及横向都见证着人类一定历史时期的重要人物、事件等；毋庸置疑，其承载着重要的历史信息，其中包括与重大历史事件、重要历史人物的关联程度、是否保留历史遗存物等。

与重大历史事件的关联性 是指历史性建筑是否与某些重大历史事件相关联、或关联的重要程度，以及历史性建筑是否印证历史事件的真实性等。许多历史性建筑都受到过一定的历史事件影响，特别是处于历史特殊时期，如改朝换代、战争变革等。历史性建筑能与重大历史事件有关联，既使建筑本身没有特征，也会具有较高的历史价值，如南昌的江西大旅行社（八一南昌起义纪念馆）（图 4.4）。历史事件的重要程度通常可以分为在世界范围、全国范围、地区范围内有重大影响等。历史性建筑与历史事件的关联性越强、或者历史事件的重要程度越高，历史价值就越高。

图 4.4 江西大旅行社

与重要历史人物或群体的关联性 是指历史性建筑是否与重要历史人物或群体相关联、或关联程度，以及历史性建筑是否能印证历史名人活动的真实性等。许多历史性建筑都或多或少与重要历史人物或群体有关，这些重要历史人物或群体不仅包括革命人物，还包括历史记载的各个时代的重要人物，如：帝王将相、官宦商贾、文人墨客、能工巧匠等。历史性建筑可能是居住场所、办公官衙、聚会游宴讲学之处，如周恩来故居、天津静园等，不胜枚举。这就是此类建筑具有重要历史意义的原因，也是得以出名的重要原因，有助于提升这些历史性建筑的历史价值[1]。

当然与历史人物的关联除了居住、活动以外，还包括：是否参与投资，如清朝探花陈伯陶投资捐赠的北京东莞会馆；是否参与规划设计，如苏州的拙政园由江南“四大才

[1] 卢永毅．遗产价值的多样性及其当代保护实践的批判性思考[J]．同济大学学报（社会科学版），2009(5)：35-44.

子”之一的文征明亲自规划设计；是否参与建造，如目前国内的世界文化遗产建筑有四分之一出自清代雷氏家族之手。

是否保留历史遗存物　实际上历史遗存物涉及的范围很广，这里主要指的是历史性建筑中是否保留下一些名人遗留的笔墨、书画、匾联、曾用品或记载重要事件的碑刻等；这也代表了历史名人的活动或重大事件的印迹，可以对历史人物活动或相关历史事件进行辅证，因此这也是影响历史价值的重要因素之一，如北京东莞会馆保留着康有为所题的匾额。因此，根据这些遗存物的稀缺程度和重要程度便可以判定其历史价值。

4）反映当时社会发展水平

所谓反映当时社会发展水平是指历史性建筑记载了或反映出建造时期的社会发展状况的能力，表现所处时代的社会结构、礼制制度、宗教信仰、社会风尚、社会经济等情况，例如古代的建筑布局、形式等根据主人的不同社会等级而受到严格规制，可以反映出当时使用者的社会地位❶。此外，中国的历史性建筑普遍采用中轴线布局，重要建筑居中、次要建筑置于两侧，来显示权力和地位❷，以及反映出尊卑贵贱、等级次序等社会关系❸。这些都体现于建筑制度上。建筑制度是古代人们在当时社会发展时期所规定的设计、建造建筑时所要遵循的相关规范或规则，对建筑的布局、风格和用材等均有重要影响。同时，每当人类社会经历重大变革时，总会在众多事物中保留下明显的阶段性成果特征，建筑便是重要的证据。将同一地区不同时期的建筑进行比较，可以通过建筑质量、规模与风格等不断改变，来揭示社会经济生产力的发展和人们生活水平的进步程度。总之，历史性建筑越能反映当时的社会发展水平，所具有记载历史信息的功能就越强，历史价值就越高。

4.5.2　艺术价值要素影响因素

历史性建筑是一种跨越时空的艺术形式，建筑设计、建造过程都凝结着古代设计师、建造师们的辛勤劳动，是他们所创作的艺术作品；许多现代的艺术作品或艺术成就都是在借鉴以往艺术文化遗产的基础上获得的。它们不约而同地赋予大众艺术美感。所谓艺术美感，一般是指审美主体由具体的审美对象所内含的艺术美而引发的积极的主观反映，包括精神上的愉悦，还包括理智上的启示。历史性建筑的艺术审美价值要素内容丰富，一般包括几个方面：一是历史性建筑作为艺术史的实物资料，提供直观及形象的艺术史方面的信息；二是历史性建筑本身的体现，表达出的艺术风格和艺术处理手法以及艺术水平；三是历史性建筑自身构件具有重要的艺术特质；四是历史性建

---

❶ 根据《大清会典》，亲王可以使用五开间屋大门；而贵族大臣只能使用一间屋式的广亮大门；普通人家不得建房开门，只能开设随墙门。

❷ 陈智云．浅谈中国民族古建筑[J]．中国科技信息，2005(13)：231-232.

❸ 程孝良，冯文广，曹俊兴．中国古建筑的社会学含义[J]．成都理工大学学报(社会科学版)，2007，15(4)：7-12.

筑的附属物件所具有的艺术特质，如壁画、陈设品、周围构筑物等，这些都是历史性建筑不可分割的组成部分。历史性建筑艺术价值的要素也会受到多方面因素的影响。

1）体现地域、民族特征或文化交融的艺术美感

一件艺术作品最重要的艺术审美价值表现在具有独特的艺术美感和意境，特别是体现了地域性或民族性特征。中国地域广阔，各地区自然生态和社会环境大相径庭；中国又是一个多民族的国家，各民族生活背景、文化风情差异明显，具有各自独特的文化传承和审美情趣。如果能立足于本地域、本民族的文化艺术传统，以建筑风格的形式表现出不同地区或不同民族人们的生活、思想感情、艺术审美和文化意境，就是独一无二的，就是地方和民族文化的结晶，是永恒的艺术，如“北国的淳厚、江南的秀丽、蜀中的朴雅、塞外的雄浑、雪域的静谧、云贵的绚丽多姿”❶。

当然，艺术在发展过程中也受到不同国家的建筑艺术相互交流影响，不断推进建筑本身、装饰艺术的发展。一些历史性建筑吸收了中外文化的艺术成就，造就了不同特色的建筑艺术美感，极大提高了历史性建筑的艺术价值，例如上海外滩中山东一路12号大楼（浦东发展银行）的壁画作品就是中外建筑艺术结合的代表。

因此，建筑艺术的地域性和民族性是影响历史性建筑艺术价值的因素之一，亦即历史性建筑通过建筑艺术的创意构思与表现手法是否能体现出地域性或民族性的艺术美感和意境。历史性建筑越能体现出地方和民族的艺术美感和意境，其艺术价值越高，从而越值得保护。

2）不同历史时期的艺术美感

中国的历史性建筑凝聚着古老辉煌的文明传承，如果说历史性建筑能够反映地方和民族的艺术意境是从空间范畴来表述的话；那么从时间范畴上，历史性建筑是否体现不同历史时期的建筑艺术美感和意境，也是影响历史价值的重要因素。正如汉魏质朴、隋唐豪放、两宋秀逸、明清典丽，正是这些建筑艺术特征的总结。同样，艺术表现也会受到不同时期建筑艺术相互交流的影响，推进建筑艺术的融合，如建筑大师贝聿铭所设计建造的苏州博物馆❷就是古今建筑艺术结合的佳作。因此，历史性建筑不仅能反映出不同时期历史艺术特征，同时也能揭示出建筑艺术发展的历史进程。

3）建筑实体的艺术美感

中国的历史性建筑充分体现了美学精神因素，人们可以通过自身不同的方式、途径去感觉、体会、品味、领悟和欣赏历史性建筑遗产所具有的艺术成就。历史性建筑的艺术美感包括了建筑空间布局、建筑造型的艺术美感、构件细部工艺及装饰艺术美感等。

---

❶ 潘谷西.中国建筑史[M].南京:东南大学出版社,2001:246.

❷ 苏州博物馆是中国地方历史艺术性博物馆，馆址为太平天国忠王府遗址，尚存部分古建筑，为殿堂型式，梁坊满饰苏式彩绘。2006年由著名的建筑设计大师贝聿铭设计新馆，创造出新古建筑完美融合的典范。

建筑空间布局的艺术美感 空间布局是指确定建筑内部各个构成部分在空间组合的相互关系和相互位置。由于标准原则的差异,空间布局会产生不同序列组合、比例尺度安排、空间布局和相应的构图与布局工艺等,造就不同的艺术美感。中国历史性建筑的空间布局自古有着"简明有序"的艺术特征。简明有序是指遵循宗法礼制的传统理念,按照等级有序的价值尺度,采用均衡对称的方式,纵轴线为主、横轴线为辅的布局原则。建筑空间的艺术美感是历史性建筑艺术价值的影响因素之一。

建筑造型式样的艺术美感 历史性建筑的造型式样有狭义和广义之分。狭义的建筑造型式样是指建筑物内部和外部空间的表现形式,是被人直观感觉的建筑空间的物化形态,包括立面、体型、质感、色彩、细部等;广义的建筑造型式样是指建筑物创作的整个过程和各个方面,包括经济、技术、功能和审美等内容。本书所指的建筑造型是指狭义的建筑造型❶。建筑造型从整体上给人产生的直观感觉,设计是否得当,不仅影响着建筑的使用价值,也影响着建筑的外表艺术。如中国历史性建筑的屋顶造型多以坡面大屋顶为主,呈现出放射形式,显得厚重且含有层次感,能够给人以体量大、力度强的艺术美感;但同时使用飞檐翘角,轻巧地将人们的视线引向上空以扩展空间,也使得建筑物静中呈动,带来生气勃发的美感。不同地区、不同时期的历史性建筑造型式样也会以不同的建筑形制、结构法式以及曲线造型等表现出艺术美感的奇特性。

建筑细部构件的艺术美感 建筑细部构件是建筑的各个主要构成部分,包括厅堂、梁架、柱、鼓磴、轩、斗栱(牌科)、门窗、栏杆、拉面、外墙、建筑小品等。许多历史性建筑的细部构件艺术水平极为精致,部分技能甚至还超过现代工艺。一些建筑细部构件的设计或建造工艺也会较大地影响建筑整体的艺术美感,例如斗栱❷,由方形木块、弓形短木、斜置长木组成纵横交错、层层叠叠、逐层向外挑出的上大下小的托座,体现出力学美和层次结构美❸。因此,建筑细部构件的艺术美感也成为影响历史性建筑艺术价值的因素之一(图 4.5)。

凤凰川细部

轩梁西厢记雕饰

图 4.5 木雕装饰艺术

❶ http://blog.sina.com.cn/s/blog_63abd0ca0100gmk6.html.

❷ 斗栱:方形木块叫斗,弓形短木叫栱,斜置长木叫昂,它们的结合体称斗栱。斗栱一般置于柱头和额枋(位于两檐柱之间的看枋)、屋面之间,是建筑物的柱子与屋顶之间的过渡部分。它是中国古代建筑独特的构件。

❸ 黄艺农.中国古建筑审美特征[J].湖南师范大学社会科学学报,1998,27(5):68-73.

建筑装饰的艺术美感 中国历史性建筑的装饰是指对大木(构架:屋顶、梁、枋、柱等)、小木(门窗等)及砖石瓦油等进行的装饰手法,一般以木饰为主,绘画、雕刻、工艺美术的不同内容和工艺制作应用到建筑装饰中,极大地丰富和加强了古代建筑艺术的表现力❶,诸如繁复精巧的雕梁画栋、勾角镂花的木雕壁挂等,其中最典型的为彩画作的装饰手法,亦即木构表面施油漆彩画,既保护木材又装饰美化。一般而言,历史性建筑的装饰艺术美感越强烈,艺术价值也相应越高。

4) 园林及附属物的艺术美感

历史性建筑除了建筑体本身具有无与伦比的艺术美感以外,其附带的中国园林艺术代表着东方情调,可谓是别具一格、源远流长。

园林的艺术美感 中国园林艺术始于秦汉皇家苑囿,经历了长期的不断发展,在魏晋南北朝时期掀起了建造园林的高潮,并逐步形成、完善了一套自成体系的传统园林文化。由于造园艺术的蓬勃发展,后世的历史性建筑基本都会附带建有园林。中国传统园林讲究自然意境,总体特征是含蓄多姿、典雅精致。明朝计成《园冶》是我国第一部造园专著,书中有云:"虽由人作,宛如天开",突出了山水的自然性;建筑需要与山水自然有机融合,才能升华成一件艺术作品❷。作为历史性建筑的一个重要组成部分,园林艺术也影响着整个历史性建筑的整体艺术美感(图 4.6)。

图 4.6 文徵明《东园图》

附属物的艺术美感 附属物也是历史性建筑的重要组成部分,与建筑主体一起构成建筑的整体。《苏州市古建筑保护条例》中明确规定:附属物作为古建筑不可分割的重要组成部分,也要受到严格的保护。历史性建筑附属物一般包括建筑主体附近的与建筑直接相关的古井、古树名木、围墙漏窗等,例如:苏州礼耕堂保留的一口清代古井,井栏圈采用洞庭西山青石。青石石质较软、易磨损,时至今日井栏圈光滑铿亮,却留下数道被井绳磨出的清晰印痕,历尽岁月的留尘,留下文化的叹息❸。这些附属物的艺术价值也成为历史性建筑价值的构成要素。

---

❶ 李方方. 论中国古建筑的装饰特点[J]. 西北建筑工程学院学报(自然科学版),2002(4):37-40.

❷ http://www.china.com.cn/chinese/zhuanti/gdyl/568002.htm.

❸ 徐进亮. 礼耕堂[M]. 苏州:古吴轩出版社,2011.

4.5.3 科学价值要素影响因素

历史性建筑的科学价值要素是指人们在长期的历史社会实践中产生和积累起来的,侧重于建筑设计与建造过程中所涉及的科学技术水平,基本内容包括:一、历史性建筑本身所记录和说明的各方面的建造技术,包括各种建筑结构构架方式的演进、建筑材料的改进与更新、施工技术与方法的改进、建筑空间形式的演变等;二、反映建筑技术史和其他方面的专门技术史的实物资料。形态各异、结构多变的历史性建筑,通过科学合理的建筑结构形式、独特的传统建筑工艺和巧妙新颖的设计手法等方面,集中反映和充分体现了当时的建筑科学技术发展水平。

1) 完整性

完整性即某一物品的完好程度,包括该物品整体是否完好,各个组成部分是否协调与完整。历史性建筑的完整性是指该历史性建筑的整体布局、主体结构和附属物的完好程度、保存和维护情况等。历史性建筑经过几十年甚至千百年的洗礼,大部分可能已经受到一定程度的损坏,不仅是自然毁损,而且受到战争等人为因素的毁损。

如果建筑完整性不能得到保存,现存建筑就很难反映当时的历史性建筑设计、修建与建筑材料所包含的科技水平,也就失去价值意义。一般来说,建筑技术含量较低的历史性建筑更容易受到损坏;而设计科学、建材质量好的历史性建筑,建筑寿命会相对较长,例如:山西南禅寺大殿是我国现存最古老的唐代木结构建筑,柱梁粗壮,柱上斗拱极为雄健,承托屋檐,殿内无柱,四椽状通达前后檐柱之外,梁架结构简练,屋顶举折平缓。这座大殿能较完整地保留到现在,很大程度是由于当时使用了较高超的技术工艺和建筑材料。历史性建筑的完整性是反映出历史性建筑设计、修建以及建筑材料所包含的科技水平的基础,是影响科学价值的主要因素之一。

2) 建筑实体的科学合理性

历史性建筑凝结着人类的智慧,反映的是建筑本身的技术层面和生产力价值,是古代建筑技术水平发展的体现。建筑实体的科学合理性包括建筑空间布局(设计理念)的科学合理性、建筑结构、造园设计的科学合理性、建筑构件与装饰的科学合理性、建筑材料的科学合理性等。

建筑整体布局(设计理念)的科学合理性 历史性建筑整体布局的科学合理性包括建筑整体空间布局、建筑选址布局、生态保护、灾害防御、造型与结构设计以及建筑与园林等的关系处理等,反映其设计理念。例如,中国传统建筑许多都是以建筑群落形式出现,布局时必须要遵循"以纵轴线为中心、横轴线为辅"的设计理念,但各单体建筑之间如何有机协调,如何防火防灾,都要求在设计、建造过程中具有充分的科学依据。建筑科学设计水平的高低会影响到各种要素配置的科学合理性。

建筑主体结构的科学合理性 中国传统建筑一般多为木构架。木构架建筑是由立柱、横梁及顺檩等主要构件组成,用榫卯结合各构件之间结点的弹性框架结构体系。由于木结构主要以柱梁承重,墙壁只作间隔之用,不承受上部屋顶的重量,故内墙隔断

可以按照所需室内空间大小来设置,这实际上就是现代框架结构与剪力墙结构的雏形。此外,抗震性能强是木梁柱结构的重要的优点之一:通过斗拱和卯榫可以把巨大的地震能量消失在弹性很强的结点上,起到调整变形的作用,例如 1996 年云南丽江大地震,大部分木梁柱结构的老建筑都保留了下来。所以,建筑主体结构的科学性是历史性建筑科学性的重要方面,不仅会影响历史性建筑的艺术价值,也是建筑科学技术的反映(图 4.7)。

图 4.7 木构架建筑

造园的科学合理性 各地历史性建筑,特别是在江南地区,多数与园林等进行结合而设计修建。在建筑设计与建造过程中,相关的园林设计(如山石花木等景观要素配置得当)及修建技术应用得当,以及造园材料应用合理,可以使建筑与园林相得益彰,从而带来整个建筑(包括园林)的生态、居住功能一体化。

建筑构件的科学合理性 历史性建筑是由各建筑构件组成的有机整体,如前文所述,建筑构件包括台基、梁架、柱、鼓磴、斗栱、门窗、外墙、屋顶等,各个构件在设计与建造过程中必须要经过科学设计与处理,建筑构件的科学性也决定历史性建筑整体的科学合理性,例如柱是传统历史性建筑最重要的构件,与梁、檩条一起组成梁柱构架,承受屋顶的全部重量。而宋代就大量采用“柱升起”“柱侧脚”和“减柱法”等建筑手法来减少立柱,以扩展室内空间,例如晋祠的圣母殿采用“减柱法”建造,殿内外共减了 16 根柱子,以廊柱和檐柱承托殿顶屋架,显得殿前廊和殿内空间宽敞。“减柱法”的熟练使用,说明宋代时期在建筑上已进一步掌握了力学原理[1]。这些高超的营造技术、设计手法以及合理的结构形式,无不体现出当时建筑科学技术水平的发展成就;此外,建筑构件的质地水平,例如柱架的材料及连接部分的质量优劣直接决定了建筑寿命。

[1] 朱向东,薛磊.历史建筑遗产保护中的科学技术价值评定初探[J].山西建筑,2007,33(35):1-2.

建筑装饰的科学合理性 建筑装饰包括雕刻(如木雕、砖雕等)、彩画、裱贴、鎏金、镶嵌、油漆粉刷等,是历史性建筑的重要组成部分。建筑装饰的科学性不仅起到了解决技术问题的作用,在满足实用功能的同时还能达到良好的艺术效果,例如古建筑的窗在没有使用玻璃之前,多用粉联纸糊裱或安装鱼鳞片等半透明的物质以遮挡风雨,需要较密集的窗格,相应出现以菱纹、步步锦、各种动植物、人物组成的千姿百态的窗格花纹[1]。此外,各类装饰搭配的科学合理性、装饰材料的质量水平等不仅影响着装饰效果的持久性,也反映了当时装饰技术水平和相关材料的发展程度。

建筑材料的科学合理性 建筑材料的科学性包括建筑材料的质量等第、建筑材料使用与配合的协调度等。首先,历史性建筑是由相关材料组建而成的,如木石材等。不同时期、等级的历史性建筑会由不同质量等第的材料建造,例如亲王府才可用琉璃瓦铺盖屋顶;同样在不同地区的建筑也会采用不同材料,例如中原地区多用木料,云南地区因地制宜采用竹材。其次,各种建筑材料在用于建造建筑的过程中,科学使用的合理性以及材料之间搭配的合理协调度等不仅影响着建筑质量的高低,且有利于建筑材料的组成比例达到和谐统一的高度,最终形成具有艺术美感的独特性或典型性的建筑作品。

3) 施工工艺水平

首先,施工技术水平的创新与进步,也会造就新的建筑风格或新的建筑结构等的出现,有时甚至具有划时代的意义,如无梁殿的建造,就运用了当时的能工巧匠所创造的新工艺制作技术。其次,建筑的质量好坏不仅与建筑的设计、建筑材料有关,同时也与建筑施工的技术水平有关,如基础、沟渠、城垣、高台等构筑技术等。第三,施工技术水平越高明,建筑的木作、石作及水作等做工工艺也会越精细,可以提升建筑建造及装饰质量水平。所以对于历史性建筑而言,施工技术水平反映了建筑所处历史时期建筑科学技术发展水平的高低,也影响着历史性建筑科学价值的高低。

4) 科学研究价值

历史性建筑的科学价值在很大程度上就是为当代人对研究建筑发展史、社会发展史以及建筑科学技术提供相应的研究对象或素材,可以为历史性建筑的修复、改建甚至现代建筑的设计建造技术发展提供帮助,如:赵州桥的设计与建造反映了当时力学和数学的科学成就,应县木塔反映了我国古代高层木结构建筑的技术特点,而都江堰建筑更是反映了我国水利建设技术发展的辉煌成就。首先,历史性建筑本身就是一种重要的科学技术资料,如历史性建筑的结构、构件、用材等第、施工技术等,都记录着建筑的科学技术发展轨迹。此外,有的历史性建筑甚至还直接记录或保存着重要的科学技术资料,如北京灵岳寺,建于大唐贞观年间,曾历经辽、元、清朝数次重修,现仍保存着元代《重修灵岳寺记》碑和清康熙年间《重修灵岳禅林碑记》等,碑文中记录着重修寺庙的许多事项,其中有多项涉及建筑的选址布局原理和修复技术,这本身就是不可多

[1] 李方方.论中国古建筑的装饰特点[J].西北建筑工程学院学报(自然科学版),2002(4):37-40.

得的文物,可以直接为人们研究建筑发展史、建筑技术水平等提供科学依据。

4.5.4 社会文化价值要素影响因素

历史性建筑经过相当的岁月浸染,沉淀了众多的社会文化信息,它们有些显化外表、有些内在隐含。这些信息要素构成了历史性建筑无形的社会文化价值要素。根据社会文化价值要素的内涵,其影响因素包括:

1) 社会知名度

历史性建筑的社会知名度即指历史性建筑为社会公众所知晓、了解的程度,以及其对社会影响的广度及深度。历史性建筑是前人留下的宝贵遗产,通过加大向社会宣传普及与之相关的知识,提高社会知名度,吸引民众的关注程度,可以充分发挥历史性建筑资源与社会资源的结合,最终达到合理保护的目的,比如当前的"申遗热",不管成功与否,至少让世人知晓了解到中国的这些珍贵文化遗产。同时,历史性建筑的社会知名度也要建立在社会普遍认同的基础之上,历史性建筑的社会认同感即指社会或人们对该历史性建筑的文化特征的普遍判断,包括人们对该历史性建筑的兴趣程度,以及人们对其价值的心理认同。

历史性建筑除了所具有的文化底蕴等对社会有影响以外,建筑本身也会对社会产生一定的影响,如历史性建筑的建筑风格、建筑元素、建筑布局等促进社会发展与进步,不仅可以为现代建筑技术、建筑艺术的研究提供依据和创新思路,同时也可以为建筑未来发展的方向提供出发点和参考[1]。

2) 反映社会文化背景特征

历史性建筑对于人类的社会文化贡献在很大程度上取决于是否继承并延续了当地的历史文脉。中国地域广阔,各地区历经数千年,逐步形成并完善了符合当地自然环境、人文特征的生产生活方式,彼此间存在明显的地域社会文化特征差异,这必然也会表现在建筑上。江南地区的吴文化代表着吴地人民在悠久的历史长河中创造的物质财富和精神财富的总和,这里土地丰沃、河网密布、山温水软,自古农业生产兴旺、商业交易繁荣,人们生活较为富庶,造就吴地人民感情细腻、淡雅舒缓、重文重教、外柔内刚的特性;所以,该地区的历史性建筑具有鲜明的地域特征:宅第精致含蓄,庭园轻巧秀美,色调青白灰黑、淡雅朴素,街巷窄长幽静。同样在东北平原、黄土高原以及亚热带地区等不同地域的历史性建筑都会有着不同的文化特征。

与地域文化特征类似,民族文化特征也是历史性建筑社会文化价值的重要影响因素,所不同的是民族性文化特征是从民族的角度来反映的。不同民族具有不同的社会风情、信仰、观念及其他社会文化习俗,不可避免地影响着建筑的风格与样式,这也是民族性文化的传承方式之一,例如云南地区傣族竹楼和佛寺。因此,具有民族文化特征的历史性建筑有着丰富的文化底蕴,同时也能体现出不同历史时期社会文化的民族

[1] 朱向东,申宇.历史建筑遗产保护中的历史价值评定初探[J].山西建筑,2007,33(34):5-6.

特征；它们不仅可以丰富人们的民族社会文化知识，增强人们的民族自豪感，还有利于各民族的和谐融洽，增强凝聚力，具有重要的社会文化价值。

除了反映典型的地域、民族文化特征以外，历史性建筑有时还会体现某种特殊社会文化方面，例如代表了当时的某种宗教信仰、宗族礼制、伦理观念以及社会习俗等。例如宗教历史性建筑，象征着当时人们对宗教的崇拜；而还有些历史性建筑反映了当时社会上某种精神或信仰，如许多革命历史性建筑。在许多地区都会有一些历史性建筑反映了特殊的社会文化背景，体现了特定的历史时期社会文化特征及民族精神，可以为人们展示或再现当时非典型的社会文化习俗风貌。这类建筑同样具有重要的社会文化价值。

3）真实性

1964 年《威尼斯宪章》将真实性确立为历史文化遗产保护的基本原则及理念之一，本义是表示“真的而非假的，原本的而非复制的，忠实的而非虚伪的，神圣的而非亵渎的”[1]，因此，真实性是衡量某一事物的外表和内在统一程度的重要标准。历史性建筑的真实性通常指该历史性建筑的原始原貌的程度，而并非改建或仿建；或者能有文献或后人来保证相关资料的真实性，包括：建筑实物原貌保存的完好程度、文献资料记载的完善程度，以及是否有历史性建筑所有者的后人来传承等方面的信息。例如，苏州山塘街雕花楼由于火灾几乎被夷为平地，但由于建筑文献资料保存完整，经过修复重建，与原有建筑风貌、元素等完全相同，这也是一种真实性的继承。历史性建筑的真实性可以较好反映出历史性建筑所处历史时期的真实的社会经济文化，有助于人们全面认识各个历史时期人类社会发展过程中社会文化多样性特征。1994 年《奈良文告》将真实性同地区与民族的历史文化传统相联系，“避免在试图界定或判断特定纪念物或历史场所的真实性时套用机械化的公式或标准化的程序”。因此，真实性是影响历史性建筑社会文化价值的重要因素。

4）教育旅游功能

教育功能　优秀的历史性建筑可以通过所蕴含的丰富历史、艺术、文化、典故等信息展示所处时期的精神、政治、民族及其他方面的社会文化背景，来增进人们对历史传统文化知识的了解，强化人们的政治、民族或群体意识，激起人们的爱国主义精神，增强自信心、自豪感，达到教育宣传的目的。可以说，历史性建筑所具有的教育功能就是其最重要的无形价值之一，这是历史性建筑自建造以来经过长期的历史演变积累而成的，本身就是一堂生动的历史课程。

旅游功能　在国家旅游业所产生的经济效益中，历史文化遗产旅游业收益占据了较大比重，成了旅游经济的重要支柱。许多地区依靠得天独厚的建筑文化遗产资源，带动了当地经济、文化和旅游业的发展。近些年国内掀起的“申遗热”，虽然是存在着急功近利的心态误区，受到普遍质疑；但从另一角度也证实了文化遗产的旅游功能，也

---

[1] 阮仪三. 城市遗产保护论[M]. 上海：上海科学技术出版社，2005.

让“只有民族的才是世界的”的观念被更多的人所接受。这种争论至少让国人去关注探讨这些先辈留下的珍贵遗产，而非弃之如敝屣、任其殁灭在历史痕迹中。所以，历史性建筑能否吸引人们前来旅游观赏，是否能调节人们的情绪，是否能强化人们的社会意识以及提高人们的文化素养等，也成为其能否扩大社会知名度的重要前提。

心理归属感 是指其能促进人们群体之间的友情、尊重及相互信任的功能，从而发挥其增进社会和谐、民族团结的作用和功能：例如宗祠祖庙对于宗族人民产生心理归属感；又如外地的同乡会馆(温州会馆等)让旅居他乡的人们得以聚会，或者有些具有民族特色的历史性建筑对于本民族来说，归属感比较强烈，如清真寺历史性建筑。不同历史性建筑对同一人群也有不同程度的归属感；同一建筑给不同人群的归属感也有所不同；历史性建筑的心理归属感又与历史性建筑的建造风格等相关联。这些心理归属感都会对历史性建筑的社会价值产生影响。

4.5.5 环境生态价值要素影响因素

建筑的环境生态价值要素是历史性建筑的一个重要功能特征。除了历史价值、艺术价值、科学价值及社会文化价值要素以外，环境生态功能也属于历史性建筑的基本价值要素，特别是其作为历史文化遗址或旅游景点供人们参观游览。ICOMOS《西安宣言》将周边环境的重要性提到了一个前所未有的高度。从环境生态价值要素的形成及特征来看，它同样受到诸多因素的影响和作用。

1) 地理区位

地理区位是建筑的灵魂，任何建筑在设计、修建之前都要选址。不同的地理区位代表着不同的交通条件、基础设施、公共服务设施状况等。建筑的地理区位不仅影响到建筑成本的高低，同时也影响到历史性建筑与周围生态环境的协调性以及历史性建筑的整体观赏价值。区位选择对于历史性建筑极为重要：例如皇城建筑、官署建筑通常位于城市中心区域，以昭示权威与尊严；又如宗教建筑、名人居所等一般会选择一些自然条件优越的地理区位，使得人、建筑与自然生态环境融为一体，或位于生活便利的地段，如苏州唐伯虎故居，位于阊门桃花坞，便是《红楼梦》所描述的“最是红尘中一二等富贵风流之地”。因此，历史性建筑的地理区位是影响其环境生态价值的重要因素。

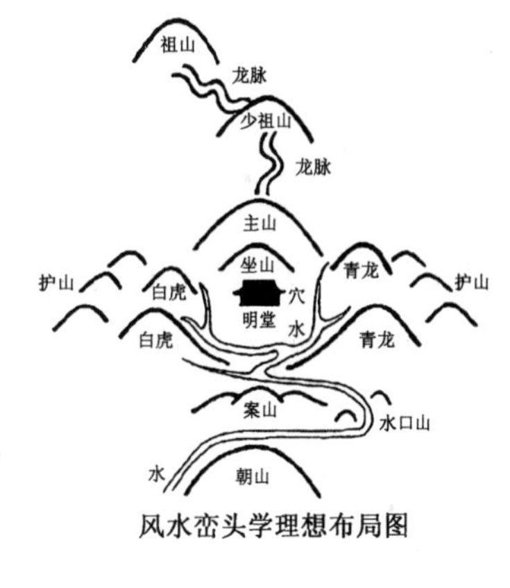

图 4.8 风水图

风水是我国建筑美学精神的灵魂，历史上建筑选址都十分注重地形地貌、风土环境、采光通气、山水距离等环境要素，认为建筑环境好坏不仅关系到建筑使用者的安危，同时也关系到子孙后代的兴衰[1](图 4.8)。风水

[1] 程建军，孔尚朴. 风水与建筑[M]. 南昌：江西科学技术出版社，2005.

对建筑本身的影响,除了建筑选址以外,还表现在建筑的规划布局、设计施工及城镇或村落等的总体布置上。在传统风水中的建筑美学中,无论是阴宅还是阳宅,讲究的是"藏风得水",例如苏州仓桥浜邓宅北靠桃花坞河,东临仓桥浜河,南有河埠水湾,是三面依水的枕河古宅。流水穴前聚集,水道交汇使水流缓慢,平缓的流水正是风水所要求的条件。因此,在中国古代,无论是民间村落、住宅还是陵墓的规划与选址,都深受风水理念的影响。这一中国建筑史上特有的古代文化现象,其影响一直延续到现代,也形成了中国古代建筑所特有的风貌特色❶。

图 4.9 历史性建筑周边环境生态

2) 建筑与环境生态的协调影响

历史性建筑的环境既包括了自然环境,也包括社会文化环境。从自然环境方面看,历史性建筑本身不是单独存在的,是与周围环境融为一体,相互影响相互联系的。因此,历史性建筑本身是否具有较大的正生态环境效益,除了与自身各个要素的配置程度有关以外,还与所处位置和周围环境有着密切的关系,如历史性建筑各要素与周围环境要素是否协调,是否存在冲突与矛盾。与周围环境的协调程度不仅影响到观赏性,同时也影响到各种功能的发挥。我国自古以来建筑的规划选址与布局都非常注重建筑与环境的协调性,力求将建筑与自然之美融于一体,将人的情感赋予自然,再以自然美和艺术美陶冶人的情操,满足人类精神上的审美需求,这是我国历史性建筑规划设计中重要的造景审美特征,如苏州拙政园、承德避暑山庄、武当山道教建筑群等都是建筑与周围自然风景完美结合的典范❷(图 4.9),具有很高的环境生态价值。而从社会文化环境看,历史性建筑风格及其反映的文化传统也需要与当地社会文化环境相协调,合理表现地域的空间肌理,代表特定的平面结构形态和垂直结构形态等。建筑与

---

❶ 徐进亮,王茂森.浅谈风水学对中国古建筑选址布局的影响——以苏州古建筑为例[J].江苏土地估价通讯,2010(1).

❷ 刘春玲.中国古建筑景观的旅游功能与鉴赏[J].石家庄师范专科学校学报,2000,2(4):69-72.

环境相生相息，中国历史性建筑由于受到当时儒家思想及其他哲学观念的影响，更加关注与周围自然环境的有机结合，从而体现“天人合一、崇尚自然”的哲学境界。然而在现代城市，经常会出现历史性建筑周边高楼林立、霓虹闪烁的现象，如沈阳故宫周边；有些历史性建筑周围乱搭乱建、甚至立面都受到破坏，如上海舟山路历史建筑群；所以《西安宣言》第六条申明：“涉及古建筑、古遗址和历史地区的周边环境保护的法律、法规和原则，应规定在其周围设立保护区或缓冲区，以反映和保护周边环境的重要性、独特性。”

除了建筑与周围环境相互协调影响以外，历史性建筑内部环境中的景观要素配置的合理性也是影响环境生态价值的因素，特别是那些附有园林的历史性建筑，就是由许多景观要素配置而成的，其环境生态价值也受到各类景观要素配置的影响，如园林与建筑的协调程度、建筑内部之间的协调性以及园林内部各要素的协调性等。例如苏州礼耕堂西一路庭园，小池水榭，奇峰湖石，清幽小道，花木藤萝，这静中有动的意境，仿佛是一幅立体的诗画❶(图 4.10)。

图 4.10 历史性建筑内部环境

3) 建筑或所在建筑群落在反映地域生态环境中的作用

对于历史性建筑来说，特别是居所，大多数位于城市范围内或城市郊区，代表了一个地区甚至城市的建筑文化特色，是反映城市历史环境特色的重要窗口之一。在一些历史文化名城，如西安、青岛、平遥等，历史文化遗产较多，特别是历史性建筑占据了老城区建筑的相当比重，形成一些的著名历史街区，如青岛八大关、福州三坊七街。这些大规模历史性建筑群落的景观，有时经常会给人以连绵不绝的景象，例如北京的故宫建筑群、湖南凤凰古城等；这些数量众多、古色古香的历史性建筑群落产生规模效应，也会对城市、甚至周边区域的生态环境改善产生影响。历史性建筑除了给这些城市带来浓厚的文化氛围以外，还影响着人们的整体视觉感受，同时也影响着历史街区甚至

---

❶ 徐进亮. 礼耕堂[M]. 苏州：古吴轩出版社，2011.

整个地域的生态环境景观。当然,环境影响的正负性是相对的,贡献的同时也会产生破坏,如游人数量超过当地的承受能力,反而会造成周边生态环境的损害,这也是对当前“申遗热、重建热、仿建热”等现象的最大质疑。

历史性建筑经济价值的影响因素详见表 4.3。

表 4.3 历史性建筑经济价值的影响因素表

特殊因素表(T)		
	因素(20 个)	因子
历史价值要素影响因素(T1)	建造年代(T11)	建造年代(T11)
	反映建筑风格与元素的历史演变(T12)	反映当时典型建筑风格与建筑元素(T121)
		反映当时特殊建筑风格与建筑元素(T122)
		反映建筑风格与建筑元素的演变(T123)
		建筑在地域历史发展中的地位(T124)
	与历史人物和事件的关联性(T13)	与重大历史事件的关联性(T131)
		与重要历史人物或群体的关联性(T132)
		是否保留历史遗物(T133)
	反映当时社会发展水平(T14)	反映当时社会发展状况(T14)
艺术价值要素影响因素(T2)	体现地域或民族特征的艺术美感(T21)	体现地域或民族特征的艺术美感(T21)
	体现不同历史时期的艺术美感(T22)	体现不同历史时期的艺术美感(T22)
	建筑实体的艺术美感(T23)	建筑空间布局艺术美感(T231)
		建筑造型式样艺术美感(T232)
		建筑细部构件艺术美感(T233)
		建筑装饰艺术美感(T234)
	园林及附属物的艺术美感(T24)	造园艺术美感(T241)
		附属物的艺术美感(T242)

普通因素表(P)		
	因素(13 个)	因子
社会经济因素(P1)	经济发展趋势(P11)	经济发展状况(P111)
		居民收入、储蓄、消费及投资状况(P112)
		城市化与城市定位(P113)
		城市基础设施和公共设施(P114)
	社会文化因素(P12)	当地知名度(P121)
		社会文化价值观(P122)
		居民生活方式(P123)
	人口因素(P13)	人口数量与结构(P131)
		人口素质(P132)
市场供求关系因素(P2)	供给状况(P21)	
	需求状况(P22)	
	市场交易状况(P23)	
法律政策因素(P3)	法律政策(P31)	不动产的法律制度政策(P311)
		涉及历史性建筑保护的法律政策(P312)

续表 4.3

特殊因素表(T)		
	因素(20 个)	因子
科学价值要素影响因素(T3)	完整性(T31)	完整性(T31)
	建筑实体的科学合理性(T32)	建筑空间布局(设计理念)的科学合理性(T321)
		建筑主体结构的科学合理性(T322)
		造园的科学合理性(T323)
		建筑构件的科学合理性(T324)
		建筑装饰的科学合理性(T325)
		建筑材料的科学合理性(T326)
	施工工艺水平(T33)	施工工艺水平(T33)
	科学研究价值(T34)	科学研究价值(T34)
社会文化价值要素影响因素(T4)	社会知名度(T41)	社会知名度(T41)
	反映社会文化背景特征(T42)	反映社会文化背景特征(T42)
	真实性(T43)	真实性(T43)
	教育旅游功能(T44)	教育功能(T441)
		旅游功能(T442)
		心理归属感(T443)
环境生态要素价值影响因素(T5)	地理区位与风水(T51)	地理区位与风水(T511)
	建筑与环境生态的协调(T52)	建筑与环境生态的协调(T52)
	建筑或所在建筑群落在反映地域生态环境中的作用(T53)	建筑或所在建筑群落在反映地域生态环境中的作用(T53)

普通因素表(P)		
	因素(13 个)	因子
法律政策因素(P3)	金融税收(P32)	金融制度(P321)
		税收政策(P322)
	规划因素(P33)	城市规划(P331)
		保护规划(P332)
		旅游规划(P333)
不动产自身因素(P4)	位置(P41)	位置(P41)
	用途(P42)	用途(P42)
	产权限制条件(P43)	产权限制条件(P43)
	土地因素(P44)	土地面积(P441)
		形状(P442)
		交通、配套设施(P443)
		环境状况(P444)
		地势地形(P445)
	建筑因素(P45)	建筑(规模)面积(P451)
		建筑使用情况及保存现状(P452)
		建筑修缮设计方案(P453)
		建筑重建与维护成本(P454)
		隔音、通风、采光、日照(P455)

5 历史性建筑估价原则、方法与资料

历史性建筑估价是指估价人员根据估价目的，遵循估价原则，选用适宜的估价方法，并在综合分析历史性建筑经济价值影响因素的基础上，对历史性建筑在价值时点的客观合理价值进行分析、估算和判定的活动。

历史性建筑估价必须要遵循一定的原则和运动规律，这是指导估价行为的基本准则与原理。目前学术界有多种估价方法，到底哪些方法是适用于历史性建筑估价的还需要进行分析确定。

5.1 价值基准

5.1.1 价值基准

估价行为的前提是设定价值基准。价值基准的表述是估价最基本的原则。一个价值基准不是估价方法的规范，也不是阐述资产类型，而是代表性的表述了假设交易的性质、交易各方的关系和动机，以及资产向市场展示的程度。价值基准与目标对象资产在价值时点的认定状态有关，通常以假设或特殊假设予以设定[1]。

假设是指被认定为真实的一项推定；其中涉及的事实、条件或状况对一项估价对象或途径有影响，但根据约定，在估价过程中无需由估价人员进行验证。特殊假设是指这个假设的事实与价值时点实际情况不同，或正常市场情况不会进行这样的假设。

按照国际估价标准(IVS)，常见的价值基准包括：市场价值、市场租金、投资价值及公允价值等。市场价值是最普遍的价值基准，因为其表述了市场中无关联且自由经营的当事方之间的交易，忽略由特殊情况而引起的价格变形，代表了一个资产在最大范围内最有可能达到的价格。

5.1.2 市场价值

历史性建筑经济价值在真实市场中通常表现为市场价值。历史性建筑的市场价值是指历史性建筑经适当营销后，由熟悉情况、谨慎行事且不受强迫的交易双方，以公平交易方式在价值时点自愿进行交易最可能的价格，包括现有的、预期的、显现

---

[1] RICS估价-专业标准[S]2012：25-26.

的和隐含的。

除非有特殊要求,历史性建筑估价的价值基准为市场价值。对于明确不得转让或抵押的历史性建筑,价值基准可设定为市场价值,但需要进行特殊假设。

5.1.3 特殊价值

由于历史性建筑的特殊性,委托方进行估价委托时,可以约定不同于市场价值的价值基准,估价人员应当充分理解委托方约定的价值基准及假设或特殊假设,并在估价报告中明确作出相关提示。

在实际市场中,经常会出现一些特殊购买者,即某一历史性建筑对于该购买者具有特殊意义,如果该购买者拥有该建筑时将会产生特殊利益,而其他购买者拥有该建筑则不会产生这种特殊利益。例如,某一家族的宗族祠堂,对家族以外的人群来说,该座祠堂仅是一座普通历史性建筑,但对于直属后代来说,历史内涵则不同寻常,具有极其特殊的传承意义,他们甚至愿意以超过正常市场价格的资金来购置。这种反映出某一历史性建筑针对于特殊购买者具有的特殊意义的价格就属于特殊价值之一。

5.1.4 假设与特殊假设

估价人员不得滥用假设和特殊假设,应当针对历史性建筑估价业务的具体情况,在估价报告中合理且有依据地明确假设和特殊假设。已作为假设和特殊假设的,对估价结果有重大影响的,应当在估价报告中予以说明,并阐述其对估价结果可能产生的影响。假设、特殊假设与价值基准相关,这些假设与实际情况共同构成估价对象在价值时点的认定状态。

1) 假设

如果估价人员认为某些事项是合理的、可接受的及无需具体查勘的,就可以对此做出假设。假设通常包括产权、市场状况、建筑物状况、公共配套服务、环境污染和危险情况、规划及可持续性。

(1) 产权

要求产权排他性,不存在抵押、查封等或地役权、优先权、通行权等因素影响,除非有特殊说明。估价人员可要求委托方提供相关资料。

(2) 市场状况

市场通常分为活跃、滞销或疲软市场。各地历史性建筑保护政策不一,市场活跃度也不同,估价人员应根据当地市场情况进行假设,并对已经发生的市场变化情况予以考虑和说明。

(3) 建筑物状况

估价人员通常不会、也没有必要对历史性建筑进行完整查勘,特别是隐蔽工程。当然估价人员忽略可能影响价值的明显缺陷或不足也是不允许的,除非进行特殊假设。由于历史性建筑的特殊性,估价时一般要求提供测绘图,如果没有测绘图则应作出特殊说明。

估价报告应对估价对象的历史文化特征、建筑安全质量状况等进行阐述。如引用相关专业人员提出的专业意见，估价人员应作出特殊说明，并将专业意见的内容列入估价报告。

如有特殊构件或材料造成建筑物的差异性，估价人员应进行风险提示。

(4) 公共配套服务

历史性建筑经常位于旧城区，基础设施和公共配套设施对其价值有重大影响。详细的调查会超出估价人员的工作范围。在确定没有重大影响的前提下，估价人员可以假设周边基础设施和公共配套服务是运作正常或无缺陷的。

(5) 环境污染和危险情况

对环境污染、危险情况的风险及消除费用的认定不是估价人员的胜任范围。在无重大影响的前提下，估价人员可以假设周边环境污染和危险情况是无缺陷的。

(6) 规划及可持续性

估价人员应确定估价对象用途是否有明确限制，或是可以根据周边环境的发展进行适当调整。如果是后者，估价人员可以对估价对象设定最高最佳使用的假设。规划对估价对象的可持续利用起到关键作用，周边环境的整体规划调整必然会影响估价对象的价值。

2) 特殊假设

特殊假设包括下列情况，但不限于：

(1) 来自特殊购买者的交易行为。

(2) 法律不允许估价对象在市场上自由公开进行转让或报价。

(3) 历史性建筑物理状况未发生改变，或已经发生改变，估价人员不得不假设这些改变已经发生或未发生，包括尚未修复或正在修复假设为已修复状态；已损坏或部分损坏假设为未损坏状态。

(4) 历史性建筑空置、占用或使用情况已经发生改变，估价人员假设其未改变。

(5) 历史性建筑市场属于疲软市场，有可能会出现被迫销售的卖家。估价人员应作出特殊说明。

(6) 委托方无法提供估价的必要资料，估价人员也无法实地查勘收集的，在无重大影响的前提下，估价人员可作出特殊假设。

5.2 估价原则

历史性建筑估价就是针对于特定的历史性建筑目标对象测算其经济价值，并用货币数值形式表现出来的过程。历史性建筑经济价值是受其效用、相对稀缺性及有效需求性等因素影响且由它们相互作用而成的。这些影响因素的变化趋势和经济价值的形成过程遵循着一定的原则和运动规律，并由被估价主体运用适当的估价方法来表现。

5.2.1 估价主体

估价主体，即估价人员，他们往往会因为各自不同的知识背景、关注领域和价值倾向对历史性建筑进行片面评判。为了更加客观与全面地展开估价工作，应该选择经验丰富的专业人员作为估价主体。合理的估价应建立在估价人员对估价对象充分了解的基础上。估价主体的背景不一样，则可以设定相应的熟悉度与稀疏度，即把每个估价人员的权重乘以每一个人的熟悉程度系数，进行累加，并除以每个人员的熟悉程度系数之和，得出考虑到熟悉程度的每一层的权重值❶。传统的不动产估价中要求估价主体至少是两名以上的估价师，历史性建筑是一种特殊资产，其估价主体至少是两名以上经过相关专业教育培训的估价师。

5.2.2 估价客体

估价客体，即被估价的对象。本书研究的估价对象是历史性建筑的市场价值，是经济价值在实际市场中的具体表现。历史性建筑通常会由于其个体特色、所处时代、所在区域的不同，所蕴含的历史文化价值特征也不同，体现的特征也不同。对这些特征的恰当认识和价值的定位，对整个估价过程都很重要。因此在分析估价客体时，要结合历史背景、地域范围以及时代发展等各个方面综合考虑。

5.2.3 遵循的估价原则

1) 最高最佳使用原则

最高最佳使用 市场力量决定市场价值，对市场力量的分析非常重要。不动产利用的驱动力在于经济效用最大化，即是通常所指的“最高最佳使用(Highest and Best Use)。”其需要满足四个标准：物理上可能、法律上允许、财务上可行和最大的生产力。这些标准通常是依次考虑的，物理上的可能和法律上允许的检验都必须在财务上可行和在最大生产力检验之前进行。前者不可行，后者无意义。最高最佳使用分析提供了一种不动产在市场参与者心目中竞争地位的详细调查的基础，以确定不动产最有利、最有竞争力的用途。因此，最高最佳使用可以被描述为市场价值形成的基础❷。

也有学者认为最高最佳使用还表现为三点：最佳用途、最佳规模和最佳状态❸。最佳用途是指不动产不应受现实使用状况的限制，而应对其最佳使用方式做出判断：现有使用是否最有效，如不是，是否有转换为最有效使用的可能；最佳规模是指适度规模和最佳利用集约度；最佳状况是指不动产内部是否达到协调以及与外界环境是否协调

---

❶ Eric van Damme. Discussion of accounting for social and cultural values[C]. NARA Conference on Authenticity, 1994.

❷ 美国估价学会.房地产估价(原著第12版)[M].中国房地产估价师与房地产经纪人学会，译.北京：中国建筑工业出版社.2005:270.

❸ 艾建国，吴群.不动产估价[M].北京：中国农业出版社.2002:31.

一致，以充分发挥最佳使用效益。

最高最佳使用通常分为将土地设想为空地的最高最佳使用与有改良物的不动产的最高最佳使用两种情况。改良不足的建筑，就是指那些没能达到最佳用途或最大规模的不动产，有被拆除或改建的可能。因为那些没有得到充分利用的建筑，一旦拆除或改建行为得到法律上的许可，就会在原地建造一个能够产生更大价值的新建筑，市场趋势会导致人们去追逐兴建那些新的不动产。

历史性建筑使用的必要性 保护的目标是保存与延续。人们对于重要物品最简单的保护方式是保管收藏。可移动文物无论是否仍具有实用性，由于体积较小，采用陈列式的收藏方式，特别是通过博物馆等集中性的收藏保管，保管维护成本属于可控范围内；而且收藏文物越多，保管成本分摊越低。但类似于历史性建筑等不可移动的物品由于体积庞大，几乎无法做到馆藏式保管[1]；而且离开了历史性建筑所处的地理环境，其蕴含的历史文化价值也大幅减弱。同时，由于中国的历史性建筑多数属于木结构建筑，防潮、防火、防虫措施要求较高，细部木构件易损，需要时常更新维护，“古迹的保护至关重要的一点在于日常维护”[2]；如果采用博物馆式原封不动的保存方式，很难做到合理保护。因此，无论是从经济效益考虑，还是出于社会效益和保护使用价值的目的，都要求必须对历史性建筑进行使用，而不得随意空置。正如《威尼斯宪章》指出“为社会公用之目的使用古迹永远有利于古迹的保护”；罗马文物保护与研究中心前主任费尔顿也提到“维持文物建筑的一个最好方法是恰当地使用它们”[3]。

历史性建筑提供有效使用功能的能力不足 历史性建筑是历史遗留的产物，历史时期的规划布局、基础设施、人们的生活习惯与现代社会相比可谓是大相径庭。以现代人视角来看，历史性建筑无论是用途还是规模等通常都很难达到最佳使用效益。例如办公用途的历史性建筑，经常会出现建筑空间格局不实用、采光通风不符合现代办公要求，以及不能提供足够的停车位；或者是没有达到合适的建筑密度；或者功能不够齐全，在不得破坏建筑完整性的前提下，合理安装空调、排水等现代化设施存在一定难度等。使用功能的缺乏(实用性不足)导致历史性建筑很难被当代人类直接使用，所支付的改造维护成本与获得收益不相匹配。如果单纯从经济角度来计算，对于达不到充分利用的改良物，最佳处置方式是进行适宜性改建，甚至是拆除重建。

但是，历史性建筑的产权(包括使用权、改建权)受到严格限制。即使历史性建筑存在功能使用的不经济性，也不能或不允许被拆除或较大改建。政府制定了一系列的保护政策，禁止重要的历史性建筑被拆除等；甚至文物管理部门要求文物建筑遗产的内部重新装修都必须按照相关程序审批，并且在实施过程中接受监督等。即使是政府没有明确规定相应限制，许多历史文化遗产保护人士和媒体也在奔走呼吁，给予使用

---

[1] 类似于美国纽约大都会博物馆中的“明轩”属于建筑遗产的馆藏案例，但为数极少，不作为代表。

[2] 《威尼斯宪章》第4条。

[3] 贺臣家. 北京传统四合院建筑的保护与再利用研究[D]. 北京：北京林业大学，2010.

者莫大的舆论压力。有时政府在限制的同时，还推出一些鼓励抢修保护历史性建筑的奖励政策，例如贴息、税收减免等。

最高最佳使用的优化调整 由于历史性建筑拆除或改建的可能性较小，或从社会影响、文化意义，以及政府的政策主导出发考量，历史性建筑的继续使用都成为唯一的选择，空置或博物馆式的静态陈列属于经济、使用及社会效益的极大浪费。所以在历史性建筑估价时，不能简单遵循传统的最高最佳使用原则来认定其合理性。

由于历史性建筑的现状使用可能达不到经济最大化，有时可以通过科学适宜性调整来弥补。对于保护等级高的文物保护单位，对其使用功能严格限定。《中华人民共和国文物保护法》第26条规定“使用不可移动文物，必须遵守不改变文物原状的原则”；《天津市历史风貌建筑保护条例》也有类似规定：“历史风貌建筑的使用用途不得擅自改变。”但并不是所有历史性建筑的使用功能都被如此严格限定：宗教建筑用途通常不会改变；而位于历史街区的古民居，哪怕属于历史建筑，可能会开放旅游参观，也可能继续作为住宅功能使用，甚至用作精英会所；但这些调整都必须在符合历史建筑相关限制的前提下；对于等级更低的普通历史性建筑，使用功能的调整余地就更加灵活。例如一些地方政府对于历史街区的传统风貌建筑用途变更就未作严格的限制规定：紧临商业街的传统民居，自然改为优雅休闲的咖啡吧，依水小筑吸引游客休憩；老城内的旧厂房或仓库不乏建筑精品，所处的地理位置又使得人们趋之若鹜；许多新颖独特、具有市场敏感的适宜性改造方案纷纷提出，例如上海新天地、北京798区等，甚至项目本身就是政府主导的改造成果。所以，历史性建筑的用途首先与保护等级相关，有些严格限制，有些则较为灵活；哪怕是没有强制限定用途的历史性建筑，最佳使用功能也要与建筑物自身条件、周边环境状况、区域发展规划等实际情况来综合确定，这对估价人员的市场策划能力有所要求。

历史性建筑的工程修复成本控制 生产力达到最大化只是前提，最高最佳使用还取决于投入成本的多少。进一步考虑，历史性建筑的修复不同于现代“方盒子(Big Box)”建筑的兴建，很难参照市场建筑成本，历史性建筑的真实性、完整性及其导致的修复成本问题应当值得注意。人们经常需要考虑是完全保留原貌，还是仅保留建筑外立面，有时保留建筑外立面是既解决历史保护又能统筹兼顾经济效益的良好方法。绝大多数情况是对不同保护等级的历史性建筑实施不同程度的修复改进方案，增加一些必要设施，提高其舒适度和实效性，也使得这些历史性建筑更具备功能实用性。所以，在确定可能的最高最佳使用预期方案时，修复改进成本要作为一个重要的决定因素考虑在内。关键性事项是修缮方案能否在控制合理成本的前提下，使得历史性建筑达到预想的实用性要求。

2）替代原则

经济学认为，任何经济主体的行为，都是要以最小代价取得最大效益(效用)。于是在同一市场上，相似效用的物品或服务，将会形成相似的价值，这就是替代原则。当然由于历史性建筑的特殊性，几乎没有任何一处历史性建筑会是相同的，但就人类主体的社会普遍满足感而言，历史性建筑的外在效用性、功能适用性以及社会影响力在一定程度上还是能相互比较的。有时人类会忽略一些建筑细节特征，来换取更大的市场选择度。当然这里并不否认特定主体对于特定客体历史性建筑的偏好。

3）变动原则

变动原则认为房地产市场的变化是不可避免和持续存在的。历史性建筑的经济价值受到社会、经济、环境以及物业自身等各种因素相互作用的影响，这些影响因素也经常处于不断地变动之中，例如建筑风格经常变化，晚清时期与民国时期的建筑就有明显差别。但不管如何变动，人们首先要求恢复原貌，其次要求尽量符合现代化的生活习惯，例如安装空调、照明等。人们对历史性建筑的喜好也会随着时间而变动，20 世纪 50—60 年代流行的红砖墙建筑现在几乎已经无人问津，而在当时木结构传统建筑却遭轻视，这也与整个民族文化素质的普遍提高密切相关。所以必须分析历史性建筑的效用、稀缺性、个别性和有效需求，掌握这些影响因素之间发生变动的因果关系和变动规律，以便更有效地判断历史性建筑的现有地位及未来发展趋势。

4）预期原则

预期原则认为价值是由未来可获得的收益预期产生。收益形式是多样化的：租赁或出售行为都会产生收益，旅游收入也是收益表现；就算是自用型物业也同样具有潜在收益，收益形式表现为使用者的机会成本；同样，收益也分为直接收益与间接收益、潜在收益与显化收益、土地收益与建筑收益等。因此，对于预期收益形式与内容的准确判断是价值评估的基本前提。与其他类型不动产产权人一样，历史性建筑的所有权人也期望价值会随着时间不断上升。历史性建筑经济价值产生增值的原因较为复杂：可能是房地产市场价格整体上扬，或者是该历史性建筑风格近年逐渐受到社会的普遍喜好，甚至是历史性建筑所在区域变化带来的综合收益效应，例如该区域被设立为历史街区，政府决定大规模投资改造周边环境；还可能是政府出台相关奖励政策，使得历史性建筑的修复成本明显下降，例如美国的税收抵免政策[1]。

5）贡献原则

贡献原则亦称收益分配原则，是根据经济学的边际收益理论确定的一条法则：产品各生产要素价值的大小，可依据其对总收益的贡献的大小来判断。正如前文所述，无论收益方式是直接还是间接(衍生)，历史性建筑具有未来预期收益。对历史性建筑进行估价时，要求估价人员必须认真考虑和辨别以下这些问题：土地与改良物部分的各自收益在历史性建筑总收益中贡献大小是多少？历史性建筑是蕴含历史文化元素的特殊资产，历史文化特征产生的增值收益如何在总价值中体现，包括不同的内含价值对历史性建筑整体效益的各自贡献度如何考虑？针对于历史性建筑的诸多限制条件对收益产生负面影响又如何体现？直接与间接收益的各自贡献如何认定？诸多影

---

[1] Judith Reynolds. Historic Properties Preservation and the Valuation Process-3rd[M]. [S. l.]: The Appraisal Institute, 2006.

响因素产生相互作用,彼此之间对历史性建筑的各自影响程度大小又是怎样?如果历史性建筑属于不动产的一部分,那么历史性建筑对不动产整体价值的贡献以何种比例关系进行分析等。除此以外,还要仔细分析当历史性建筑无法达到最有效使用状态时,这种功能或经济折旧对收益产生影响程度,因为这种情形经常发生。

6) 供求原则

历史性建筑具有不可复制性和稀缺性,有利于提升它们的价值。然而,由于历史性建筑功能实用性的缺乏、经济效益的预期变动和建筑修复成本的不确定性等不利因素,即使得到政府、民众的支持,在一定区域范围内市场对历史性建筑的关注仍然是有限的;当然,随着宣传工具的不断发展,特别是网络自媒体的兴起,那些在本地市场受到忽视和价值低估的历史性建筑,正在逐步走出困境,意向购买者可以扩大到全国甚至国际范围。那些具有独特风格的地域或民族性历史性建筑,更能吸引不同社会文化背景的人群。

市场供小于求也会推动价值上涨。如果在一段时期内社会普遍关注某个历史时期或某种特定风格的历史性建筑,寻求购买(租赁)的买者(租户)就会增多,其经济价值随之上涨。例如上海新天地改造成功后,得到了社会公众、媒体的欣赏和追捧,称之为海派文化的代表性建筑风格。于是一时间沪上的石库门建筑变得紧俏,与其他建筑风格相比,它们的经济价值显然就会更高。

5.3 估价方法的适用性分析

历史性建筑是一种历史文化产品,拥有稀缺资源的典型特征,属于资源性的资产;历史性建筑是影响其周边环境协调性的一种环境产品,具有环境效益;历史性建筑更是一种特殊的不动产,具有不动产的基本特性。因此,历史性建筑估价理论上可以运用传统的不动产评估方法、资源与环境经济学的评估方法及目前较为先进的模型评估法,但这些估价方法具有各自的技术路线和适用范围,本书在此针对各估价方法是否适用于历史性建筑对象进行分析。

5.3.1 市场比较法

市场比较法又称比较法,是指通过估价对象与近期的可比实例相互比较,采用合适的比较单位并且基于比较要素进行调整从而得到评估价值的过程[1]。市场比较法的基本原理是预期和变动原理,具体表现为替代、供求、均衡等原则。市场比较法是经济学替代原理的应用,表现的是市场理性的经济行为。当然,绝对理性是不存在的,会因购买力、社会消费品位和偏好的不断变化而产生均衡变动,从而影响人类理性认知。

---

[1] 美国估价学会.房地产估价(原著第12版)[M].中国房地产估价师与房地产经纪人学会,译.北京:中国建筑工业出版社,2005:367

市场比较法的基本公式为:估价对象市场价值=可比实例的市场价格×比较因素的调整值。

评估历史性建筑的市场价值,特别是可交易的历史性建筑对象,选取市场比较法通常较为合适。市场比较法的基本原理是效用性的比较、替代和均衡。只要不是那些独一无二的建筑,许多历史性建筑在一定时期与区域范围内还是有可替代或可选择的对象的;同时一些消费人群更关注历史性建筑的效用、功能适用的可替代性,忽略了一些建筑细节特征,以换取更大的市场选择度。因此,市场比较法属于历史性建筑估价的基本方法。

5.3.2 成本法

成本法是以开发不动产所耗费的各项费用之和为主要依据,再加上一定的利润、利息、税金和不动产所有权益来确定不动产价格的估价方法。成本法的理论依据是生产费用和替代原理,认为商品价值都是由各组成部分的总成本费用来决定的,亦即,谨慎的购买者愿意支付价格款,不会超过取得相似地块并且建造相同效用和满意度的建筑物的总成本[1]。基本公式为:估价对象市场价值=土地价值+建筑成本+开发利润/激励-折旧。

在任何市场上,价值与其成本相关。成本法适用于那些无收益、又很少交易的不动产对象,特别是历史性建筑。成本法的应用前提是历史性建筑市场价值与其重建成本及折旧额相关联。现存历史性建筑的年代越久远,重建成本的估算和折旧额的合理性就越不准确;反之,新修复的历史性建筑运用成本法更为适宜。成本法也可作为历史性建筑估价的基本方法。

5.3.3 收益资本化法

收益资本化法是不动产估价中最常用的方法之一,是分析不动产获得未来收益的收益能力,并将收益转换为现值的一种估价方法,其本质是以预期未来收益为导向求取估价对象的价值[2]。由于不动产具有固定性、个别性、持续性等特征,使用者占用某一物业时,不仅能取得该物业当前的纯收益,而且还能期待在未来收益期内不断地持续取得。将此项随着时间延续而能不断取得的纯收益,以适当的还原利率折算为当前价值的总额(收益价值或资本价值)时,即表现为不动产的实质价值,基本公式为:价值=净收益/资本化率。

预期收益原理是收益法的理论依据,取决于投资者对市场的未来判断和心理动机。应用收益资本化法应考虑未来收益的变动趋势。历史性建筑如果产生收益,其收

---

[1] 美国估价学会.房地产估价(原著第12版)[M].中国房地产估价师与房地产经纪人学会,译.北京:中国建筑工业出版社,2005:306-307.

[2] 中华人民共和国建设部.房地产估价规范[M].北京:中国建筑工业出版社,1999.

益通常较为稳定,受到市场变动的影响幅度小。因此,具有收益性的历史性建筑可以采用收益法评估其经济价值,但必须注意到历史性建筑估价的综合资本化率具有一定的特殊性。

5.3.4 假设开发法(剩余法)

假设开发法(剩余法)是基于土地现状利用条件下,考虑如何将建筑物价值从不动产总价值中剥离出来的计算方法。当假设开发法用于未开发土地时,使用的前提是需要充分考虑土地的最高最佳使用,包括潜在用途和利用条件,以及以预期收益为原则准确地预测未来的市场变化趋势。土地要做到最高最佳使用,理想状态是没有改良物,或者有改良物可以根据需要来移除。历史性建筑显然不具备这样的条件,而且对历史性建筑供求市场的准确未来判断在实际工作中也是很难做到。因此,本书认为假设开发法不适用于历史性建筑。

然而,剩余法适用于历史性建筑用地在理论上是可行的,但是研究难点在于如何分配建筑物和土地之间在内含价值效用功能的贡献度。建筑物本身除了蕴含科学价值、艺术价值外,也同样具有部分的历史、社会、环境等信息功能,这些并不是土地的专利。通常情况下,如果某一历史性建筑以建筑科学、艺术等价值著称,其建筑物的贡献度偏高,反之土地偏高,当然这不是绝对的;建筑物越是老旧破损,蕴含的信息功能越会弱化,土地的贡献度比例也会提高。本书认为,剩余法适用于土地贡献度高的历史性建筑用地地价评估,土地贡献比例越高,计算结果越接近准确。

5.3.5 基准地价系数修正法

基准地价系数修正法是一种宗地价格的评估方法,它是利用基准地价的评估成果,在将估价对象宗地的区域条件及个别条件与其所在区域的平均条件进行比较的基础上,确定相应的修正系数体系,用此修正系数体系对基准地价进行修正,从而求取估价对象宗地于估价期日价格的方法[1]。基准地价系数修正法的理论依据是替代原理,即在正常的市场条件下,具有相似条件和使用价值的土地,在交易双方具有同等市场信息的基础上,应具有相似的价格。基准地价系数修正法,是在短时间内评估多宗土地或大量土地价格的一种估价方法,其估价精度与基准地价及宗地价格修正系数体系密切相关。本书认为,历史性建筑用地具有历史稀缺性,其数量有限,但在历史街区或者古村镇仍存在批量估价的必要和可能性,因此,基准地价系数修正法可能用于成批量规模的历史性建筑用地估价,却不适用于单个历史性建筑项目的经济价值评估。

---

[1] 艾建国,吴群.不动产估价[M].北京:中国农业出版社.2002:31.

5.3.6 特征价格法

特征价格法起源于 Lancaster 的消费者理论[1]和 Rosen 市场均衡模型[2],认为商品拥有一系列的特征,这些特征结合在一起形成影响效用的特征包。商品是作为内在特征的集合来出售的,通过产品特征的组合从而影响消费者的选择。经济学的特征价格即消费产品或服务而得到的效用与满足,产品本身具有的一系列特征是效用产生的源泉,不同特征结合在一起形成影响消费者总效用的特征包。消费者需要的并不是商品本身,而是更重视其所包含的各个特征;每个特征对应一个隐含市场,整个商品市场可被理解为由多个特征的隐含市场构成。因而每个特征都应该有一个相对应的价格,由于这种价格难以直接观察,所以又把它称作特征的隐含价格。近年来,特征价格法在各个国家商品价格指数,特别是房地产市场价格指数的编制与实践中得到广泛应用,表现出良好的效果。

如前文所述,影响历史性建筑经济价值的因素众多,既有影响不动产经济价值的传统因素,如经济发展状况、法律政策、市场供求等宏观要素,以及土地面积、位置、用途等微观因素;也有针对于历史性建筑的特殊因素,如历史文化特征、艺术科学价值和产权限制等。若以变量集 X 来表示一般意义上的属性,即把历史性建筑看成普通不动产的影响因素,再以变量集 Y 表示除此之外的所有其他属性,即历史性建筑所特有的历史文化环境价值属性等,则历史性建筑价格 P 的函数可以表示为: $P = f(X,Y)$。对于变量的选择要满足上述三个假设,关键在于对不动产自身、周边环境以及其他环境变量的把握,究竟该使用哪些变量来度量其对历史性建筑的影响,这些变量必须可以量化。选择何种函数模型会影响计算的结果,具体选择哪个模型更合理,要在根据调查获得的数据求解出模型后进行各项回归评估才能判定。整个技术过程虽然会耗时长、程序繁,但只要有足够的样本数据,就可以构建出契合历史性建筑特殊属性的特征价格方程,其理论技术依据充分,结论比较科学合理,更能够反映出历史性建筑经济价值的内涵。因此只要有足够的样本数据,特征价格法可以适用于历史性建筑经济价值的评估,特别是位于历史街区、古村镇范围内的历史性建筑项目。

5.3.7 条件价值法

条件价值法(CVM)亦称意愿评估法、调查评价法等,是在效用最大化的理论基础上,利用假设市场的方式揭示公众对公共产品的支付意愿,从而评估公共物品价值的方法[3],是资源经济学评估的基本方法。该方法是在详细介绍研究对象概况(包括现

---

[1] Lancaster K J. A new approach to consumer theory[J]. The Journal of Political Economy, 1966, 74(2): 132-157.

[2] Rosen S. Hedonic prices and implicit markets: product differentiation in pure competition[J]. The Journal of Political Economy, 1974, 82(1): 35-55.

[3] 陈应发. 条件价值法——国外最重要的森林游憩价值评估方法[J]. 生态经济, 1996(5): 35-37.

状、存在的问题、提供的服务与商品等)的基础上,假想形成一个市场(成立一项计划或基金)用以恢复或提高该公共商品或服务的功能,或者允许目前环境恶化与生态破坏的趋势继续存在,通过问卷调查方式直接考察受访者意愿(WTP)或接受意愿(WTA),以得到消费者支付意愿来对商品或服务的价值进行计量的一种方法。简而言之,CVM是在模拟市场条件下,引导受访者说出愿意支付或者获得补偿的货币量。WTP是指调查居民所愿意支付的改善生态系统的质量生态系统服务的货币量;WTA是居民愿意接受企事业单位由于经济开发活动,导致生态环境质量下降而提供补偿的货币量。从总体上来看,CVM理论、技术方法与案例实证方面的研究仍然是十分有限的,从目前实际应用范围来看,多适用于非市场物品价值评估,即在缺乏市场价格的情况下,条件价值法这种采用假想市场的方式为非市场物品(如环境资源)的价值评估提供了可能性,成为当前重要的衡量环境物品价值的基本方法之一。

历史性建筑虽然不属于自然资源物品的范畴,却同样具有资源稀缺性与不可再生性的基本特征,同时凝结了难以衡量的历史文化等无形价值信息量,属于文化资源。而文化资源就是人们从事文化生产或文化活动所利用或可利用的各种资源,它不仅是指物质财富资源,同时也是精神财富资源[1]。因此,本书认为应用条件价值法对历史性建筑经济价值进行评估是可以考虑的。

5.3.8 旅行费用法

旅行费用法是评估旅游者通过消费这些环境商品或服务所获得的效益,或者说对这些旅游场所的支付意愿(旅游者对这些环境商品或服务的价值认同)的评估方法[2]。旅行费用法的基本思路是构造一条支付意愿曲线。该曲线的横轴为参观率,即一定时期内到旅游景点参观的人数与总人口数的比例,纵轴为旅行费用,曲线上的点表示当旅行费用为一定数额时的参观率,当旅行费用高到一定程度时,参观率将为零。这一支付意愿曲线下方的面积,就是所谓的消费者剩余,也就是消费者支付意愿的总价值。

旅行费用法作为一种传统的估价技术,在资源与环境经济学中占有一定的地位。该方法利用消费者支付意愿的总价值作为对旅游景点价值的估计,通常用来评价那些没有市场价格的自然景点或者环境资源的价值,如国家公园、风景名胜区以及其他具有休闲娱乐功能的建筑场所等。但本书研究的是历史性建筑经济价值评估,其用途并不局限于旅游景点或游憩地。旅行费用法作为一种基于消费者选择理论的旅游资源非市场评估方法,具有强烈且难以消除的主观任意性,其评估结果的有效性难以得到保证。同时,旅行费用法只能评估实际已经发生游客到访的历史性建筑的价值,难以评估历史性建筑作为潜在游憩地的价值;也只能评估历史性建筑的使用价值,不适用于非使用价值和消极使用价值。因此,对于旅行费用法在理论和实践中应用于历史性

[1] 程恩富.文化经济学通论[M].上海:上海财经大学出版社,1999.

[2] 陈应发.旅行费用法——国外最流行的森林游憩价值评估方法[J].生态经济,1996(4):35-38.

建筑经济价值评估存在着广泛的争议。

5.3.9 生产率法

生产率法原本是用来评价环境质量的经济价值的,即利用就环境质量变化引起的某区域产值或利润的变化来计量环境质量变化的经济效益或经济损失。这种方法把环境看成是生产要素,环境质量的变化导致生产率和生产成本的变化,用产品的市场价格来计量由此引起的产值和利润的变化,估算环境变化所带来的经济损失或经济效益❶。

由于历史性建筑的存在与承受的保护限制,造成私人收益与社会收益、或私人成本与社会成本不一致,进而导致历史性建筑在其利用与维护中必然产生外部性,既有正外部性,也存在负外部性。重要的历史性建筑给所在区域能够带来整体经济效益的提升,拉动旅游、住宿、餐饮、商业和其他相关行业的综合性发展等,产生正外部性。此时历史性建筑的存在引起的区域产值或利润增加即是历史性建筑相对于普通不动产的特殊历史文化增值的体现。而在针对历史性建筑或历史景区的利用时,实际经营者通常只考虑自己的经济效益,通过大兴土木来进行深度开发,但是对环境生态产生负面影响,加大社会成本;或是为了吸引更多的人群,将单位收益下调以提高总收益,产生负外部性。此时,引起的区域产值或利润减少则为历史性建筑相对普通不动产的价值损失。综合判断历史性建筑给区域经济带来的增值与损失,即为历史性建筑相对于普通不动产的价值差值。

然而,区域经济和效益的变化是由众多因素引起的非常复杂的过程,历史性建筑对区域经济的外部性难以从中剥离和量化,因此,不建议将生产率法作为历史性建筑价值评估的基本方法。

5.3.10 机会成本法

机会成本法是指在无市场价格的情况下,资源使用的成本可以用所牺牲的替代用途的收入来估算。例如,保护国家公园,禁止砍伐树木的价值,不是直接采用保护资源的收益来测算,而是采用为了保护资源而牺牲的最大替代选择的价值去测算。同理,也可以采用保护历史性建筑而放弃的最大效益来测算其价值。机会成本法的核心是保护历史性建筑所牺牲的替代用途的最大收入。但历史性建筑可以有多种利用方式,每种方式所带来的效益也各有不同,如何界定"放弃的最大效益用途"是该方法运用中的难点,这使得机会成本法不适宜成为历史性建筑经济价值评估的基本方法。

---

❶ 张宏艳.环境质量价值评估的经济方法综述[J].中国科技成果,2007(23):33-36.

5.4 估价收集的参考资料

国内估价规范要求:“估价时应收集整理获得和形成的文字、图表、声像等形式的资料[1],”并对其进行分析,以便于完成估价行为。历史性建筑是极其特殊的估价对象,估价人员实地查勘、收集和分析资料时都面临艰巨的考验,毕竟大多数估价人员都不是历史建筑专业人士。本书在此列举历史性建筑估价时应当或建议收集的资料清单,供估价人员实际执业时参考。

5.4.1 权属资料

土地权属证明、房屋权属证明、建筑权属变化情况资料、保护级别及标志说明等:

(1) 土地权属所需信息的主要内容:用途、性质、使用期限、使用权人及他项权利等;

(2) 房屋权属所需信息的主要内容:用途、产别、产权人及他项权利等;

说明:保护级别是确定历史文化特征重要程度与产权限制程度的依据。

5.4.2 法规政策与保护规划

(1) 当地涉及历史性建筑保护的法规政策等文件资料;

(2) 项目所在历史文化名城、历史文化名镇、历史文化名村、历史文化街区的保护规划,包括:规划文本、规划说明和基础资料汇编,如没有保护规划,则选择城市法定规划、镇村法定规划等;

(3) 项目所在区域的控制性详细规划或修建性详细规划等;

说明:保护规划综合总结项目所在区域的现状情况,对规划限制条件、历史文化特征等进行说明与提出保护措施,这对估价人员充分了解项目及周边的实际情况与未来发展来说非常重要。如没有,考虑以项目的保护规划或保护区划、或其他法定规划来替代。

5.4.3 建筑保护与利用资料

(1) 项目建筑(文保单位)的保护规划或保护区划的资料,包括:描述文本与图纸、对象照片、用地适建性规定、规划用途、建筑高度、建筑间距、建筑物后退距离、相邻地段的建筑建造规定或情况等;

(2) 项目建筑(非文保单位)的保护范围、建设控制地带(紫线范围)或环境协调区的相关资料;

(3) 其他特殊限制资料;

---

[1] 国家标准《房地产估价基本术语标准》(GB/T 50899—2013)。

(4) 项目建筑的修缮设计方案、环境整治方案、施工图、综合概预算等资料;

说明:如果建筑需要修复或已经修复,一般有修缮设计文件,其中对项目的建筑特征、历史文化因素等都有详细说明。

5.4.4 建筑现状资料

(1) 反映建筑现状的技术资料;

• 测绘信息文本,包括:建筑群体总平面图、单体平面图、立面图、剖面图;结构图、节点大样图等;群体和单体的外景、内景、重要部位照片及视频资料

说明:如没有测量文本及其他相关信息文本,建议重新测量。

• 历史建筑价值综合评估或评价报告

说明:一般包括历史文化街区保护与整治规划、建筑遗产评估体系、评估分值体系、建筑遗产评估报告、区建筑评估总图及分图、建筑单元图等。

• 建筑现状使用功能的资料

• 基础设施、公共设施和消防设施等资料

(2) 反映项目建筑质量状况的资料;

建筑质量鉴定报告,包括建筑结构安全评定、残损状况和抗震鉴定等

说明:如果没有质量安全鉴定资料,建议估价报告需要援引工程专业人员出具的建筑质量安全的相关意见,并附以建筑结构、材料等现状照片。

(3) 建筑的修缮、装饰装修过程中形成的文字、图纸、图片、影像等资料;

(4) 建筑迁移、拆除或者异地重建的测绘、信息记录和相关资料。

5.4.5 历史文化特征相关资料

反映建筑的历史沿革、建设年代、历史事件、地名典故、名人轶事、建筑风格、工艺技术、特色价值等资料。

说明:如果有保护规划、价值评估报告、修缮设计文件或描述建筑或历史地段的专著文献等,一般包括上述内容;如没有,则需要估价人员实地查勘、走访记录等。

5.4.6 市场资料

(1) 成本的资料

• 当地历史性建筑的维修成本、重建成本的资料

说明:注意建筑风格与结构不同所导致的成本差异。如政府未公布当地的重建成本,可通过工程造价信息或实际案例资料取得。

• 维护费用的资料

(2) 收益的资料

目前项目建筑的收益形式、收益情况资料

说明:如果位于历史地段,注意与非历史地段相似建筑的收益差异。

(3) 市场交易的资料

当地历史性建筑的市场交易实例资料

说明：注意与目标建筑的相似程度，可适当扩大时期与区域范围进行收集。

(4) 当地旅游市场的资料

说明：如果建筑本身或所在历史地段接待旅游活动，旅游市场资料有助于估价人员了解收益状况。

5.4.7 其他资料

(1) 与历史性建筑相关的其他资料

(2) 与当地房地产估价相关的资料

估价人员应尽量收集上述资料。如果确实无法取得，在获取资料时应重点考虑：①市场相似可比案例的资料；②现存建筑结构、材料状态的文本及照片；③建筑安全检测和抗震鉴定报告；④历史性建筑价值综合评估或评价报告；⑤项目所在历史文化街区、名村、名镇的保护规划，如没有，则选择其他法定规划；⑥建筑修缮设计文件；⑦建筑相关的历史文化档案资料。当然在实际估价工作中，最终应根据当地的法规政策、社会关注、市场发育程度、资料收集难易度以及估价对象的实际情况来决定估价参考资料的收集方式和内容。

6 收益资本化法的应用

收益资本化法又称收益法,体现了投资与收益、收益与成本的关联性,是经济领域最基本的估价方法,适用于任何可能产生收益的不动产价值评估,无论其收益是潜在的或显化的。

6.1 收益资本化法的适用性分析

收益资本化法是预计估价对象未来的正常净收益,选用适当的资本化率将其折现到价值时点后累加,以此估算估价对象的客观合理价格或价值的方法❶。

基本公式为:价值=净收益/资本化率

预期收益原理是收益法的理论依据,取决于投资者对市场收益的未来判断和心理动机。收集历史资料的作用是据此来推知未来的动向和趋势,解释预期的合理性。收益资本化法适用于有收益或潜在收益❷的历史性建筑估价。

6.1.1 收益分析

未来的预期收益主要体现在两方面:收益能力和价值增值。历史性建筑作为特殊物业,投资者之间的观点差异较大:有些人认为由于历史文化元素的稀缺性,未来的市场预期盈率较高,具有保值增值性;而有些人认为历史性建筑产权限制较大,投资必须要考虑更多未知风险。当然,历史性建筑的投资与不动产投资,资本市场的股票、债券一样,都存在各种市场风险。所谓风险,是指由于不确定性的存在,导致投资收益的实际结果偏离预期结果而造成的损失。历史性建筑收益和价值在应对市场供求变化时更多地表现为非敏感性和稳定性;但在使用率、租金取得、维护费用支出等方面也存在许多不确定性;社会文化的认可度、保护运动趋势、限制条件、折旧损耗、区域环境的改变可能都会带来收益的增加或减少。这类风险还包括建筑物的销售价格不能达到盈亏平衡或不能在未来获利。因此,风险评价是采用收益资本化法对预期收益与市场价

---

❶ 中华人民共和国国家标准《房地产估价规范》。

❷ 这里的潜在收益是指由于产权限制或其他特殊原因造成历史建筑无法直接产生收益,但类似的历史建筑有租金收益或其他收益存在,可认为估价对象历史建筑具有潜在收益。因为一旦相关制约因素消除,收益就会显化。

值的相互关系进行估算的重要组成部分。

首先必须承认，由于所蕴含的独特品质、文化内涵以及不可再生的稀缺性，历史性建筑会越来越受到人们的青睐；也许不同时期对各种类型和风格偏好不一，但人类的文化认知水准在不断进步，市场价格总体趋势仍是上升的，就如那些拍出天价的书画瓷器。单独的历史性建筑经常会借助于所在区域（古城、历史街区、古村落等）的宣传推广而身价倍涨，这也是为什么人们更喜好位于历史街区的传统建筑。虽然有些政府所拥有的历史性建筑，例如博物馆等，很少需要估价，但也偶尔需要为政府的拨款或划款做出预估。此外，虽然属政府所有的历史性建筑较少出售，但也会在政府机构内部流转，譬如从房管部门转到区级政府或国有企业，此时建筑可能需要进行估价。

除了价值增值以外，历史性建筑如何获得收益（Income），这是研究历史性建筑经济价值所不可避免的问题。收益是利用的经济表现，直接收益通常包括租金收益、经营收入或旅游收益等；除此之外，国际古迹遗址理事会中国国家委员会（ICOMOS CHINA）《中国文物古迹保护准则》规定："对利用文物古迹创造经济效益应当加以正确引导，并制订必要的管理制度。经济效益应当主要着眼于以下几方面：①由文物古迹的社会效益形成的地区知名度，给当地带来的经济繁荣和相邻地段的地价增值；②以文物古迹为主要对象的旅游收益以及由此带动的商业、服务业和其他产业效益；③与文物古迹相联系的文化市场和无形资产、知识产权的收益；④依托文物古迹的文艺作品创造的经济效益。"

用途的灵活性是能够取得更大收益的重要前提，并不是所有的历史性建筑的用途都是被严格限定的。有些沿街居民住宅可以被改造为店铺，如上海田子坊；有些则整体改造为商务民宿或娱乐场所，如丽江古城。收益通常主要来自于两种方式：租金收益或经营收入[1]。前者是纯粹的投资回报，而后者是作为生产要素，与其他要素结合起来创造更多收益；但是两种方式的费用成本大相径庭，这些将在后一节中详细论述。

6.1.2　方法分析

未来收益转换成价值的方式，亦即资本化方式，主要分为直接资本化法和报酬资本化法（DCF 分析）。报酬资本化法的原理是资金的时间价值，需要对每期的净收益或现金流量作明确指示，直观清晰、逻辑严密、理论基础完善，分析结果信服力强，适用于任何规则或不规则的市场收益模式，数学公式、经济统计和图形模拟等的运用都使得技术性投资者较为喜欢这种分析方法，特别是计算机程序技术的引入[2]。但是 DCF 分析需要预测未来各期的净收益，没有市场证据担保的预测会产生没有市场支撑的价值[3]，预测越远期、越会受到微小误差的影响。历史性建筑未来收益期末的转售价值仅

---

[1] 旅游收益等也属于经营收入。

[2] 如普遍使用回归分析 RA、结构方程模式 SEM 和灰色系统模型 GM 等。

[3] 美国估价学会. 房地产估价（原著第 12 版）[M]. 中国房地产估价师与房地产经纪人学会，译. 北京：中国建筑工业出版社，2005：500.

靠估价人员的主观判断是远不够的，而通过有限的历史性建筑市场交易资料，依据自变量、因变量逻辑关系而建立的数学模型是否科学合理也不得而知，特别是近几年艺术品价值成倍上涨，令无数投资分析者跌破眼镜，而历史性建筑也同样具有类似的独特文化内涵和投资潜力。此外，随着城市经济社会不断加速发展，历史性建筑的功能退化无法避免，将会导致未来收益不稳定，这些如何在调整模型时予以反映，或在 DCF 分析中谨慎考虑，都是对估价人员能力的挑战。所以本书认为，报酬资本化法不适宜应用于历史性建筑经济价值评估。

直接资本化法只需要测算未来一期的收益，资本化率直接来源于市场资料数据；其缺点是公式科学性不足，不能做到精确表示资产的获利能力，只能近似地反映净收益与价值的比率。市场越稳定，估算结果越准确；反之，偏差较大。就历史性建筑而言，根据有限的交易资料结合其他经济数据来判断在价值时点的净收益与价值的比率，还能基本满足需要，但要进一步预测整个收益期的报酬资本化率就显得依据不足。所以本书认为，直接资本化法更加适用于有收益或潜在收益的历史性建筑经济价值评估。直接资本化法的资本化率也会表现为收益乘数，收益乘数是价格与年收益的倍数。对应不同的年收益种类，收益乘数表现为毛租金乘数、潜在毛收入乘数、有效毛收入乘数和净收益乘数。具体采用何种收益乘数主要还是依据当地的市场资料来认定，不同种类的收益乘数各有利弊，都是对最终价值的近似判断。一般来说，净收益乘数的准确度较高，但要求显化或潜在收益以及费用成本等相关基础资料更加齐全。当然由于历史性建筑的独特性，估价中的收益或费用可采用实际收益或费用成本。

6.1.3 组合技术分析

1）投资组合

正如任何投资现象一样，不动产资金通常包括自有资金和外部融资，两者的比例关系在经济市场中极为重要：合理运用两者比例，可以获得净收益的最大化；如果自有资金比例过大，显然造成机会成本增加；而外部融资比例过高的话，资金会出现负杠杆❶现象，所以历史性建筑投资资金的组成比例也需要根据项目情况谨慎测算，以防出现融资资本化率过大。这种收益分割计算法称为“剩余技术”或“组合技术”。剩余技术是指当已知整体不动产的净收益、其中某一构成部分的价值和各构成部分的资本化率时，从整体不动产的净收益中扣除归属于已知构成部分的净收益，求出归属于另外构成部分的净收益，再将它除以相应的资本化率，得出不动产中未知构成部分的价值

❶ 资金负杠杆，是当时的企业过度举债投资高风险的事业或活动，遇到投资获利不如预期时，杠杆作用的乘数效果，加速企业的亏损以及资金的缺口，影响整体的经济环境。而负债比就是资金杠杆，负债比越高，杠杆效果就越大。然而资金杠杆的乘数效果是双向的：当公司运用借贷的资金获利等于或高于预期时，对股东的报酬将是加成；相反的，当获利低于预期，甚至发生亏损时，就有如屋漏偏逢连夜雨，严重者就会营运中断，走上清算或破产的道路，使得股东投资化成泡沫。

的方法[1]。投资组合反映了总价值的资金构成。

2）物理构成

不动产也是由土地和建筑物组成，总价值可分为土地与建筑物的价值组合，反映的是总价值的物理构成。前文已知，历史性建筑是具有历史、文化等价值要素，能在一定程度上反映文化传承或历史风貌的房地综合体。将历史性建筑分割成土地和建筑物部分进行分析，情况变得非常复杂，因为各自的影响因素侧重点不同，即土地与建筑物的价值贡献度基于不同的历史性建筑可能完全不同。

目前国内历史性建筑涉及的土地多为划拨用地，历史性建筑进入市场交易时，可能会涉及土地出让金收取和历史性建筑用地经济价值的界定问题。所以历史性建筑用地地价的量化也具有现实意义。

影响历史性建筑的信息功能要素对于土地与建筑物有所侧重，例如：科学价值主要是针对建筑物的建造技术等；艺术价值也偏重于建筑设计构造、装饰色彩及建筑情调等所表现出的艺术美感；有些历史信息也包含在建（构）筑物内，一旦本体损坏也将不复存在。但是从历史价值的定义来看，历史性建筑作为历史事件或历史背景的见证，代表历史过程的重要证明与载体，是人类历史活动的体现，具有真实性，其中历史性建筑用地的作用不可忽视，如唐寅故居虽然已经殃灭在历史长河，而唐寅故居遗址作为一种独特存在的文化景观，却也能让人们感到推崇，假如在遗址上重新建造仿明式建筑，同样会吸引络绎不绝的参观人群。现在许多地区在不断重修这类建筑，就是借助那些仍然蕴含于土地的历史文化信息，来满足人们的效用需求，如湖南长沙贾谊故居、广东韶关张九龄故居，又如重修圆明园传闻等。同样，那些尚未开发的历史遗址或空地也表现出地域特色和自然景观，蕴含着人与自然环境之间的艺术美感。有时人们将历史性建筑迁移，无疑会对历史性建筑用地的价值产生影响，因为土地本身所保留的信息将会流失，实际上建筑物价值流失的部分更大，如果失去了文脉传承，建筑物本身可能会变得毫无意义。正如目前上海将一些江西古民居迁移至浦东，改造为一种具有特殊建筑风格的别墅群，可是离开那片土生土长的文化地域，没有历史记载、故事和传说等，建筑只是一种传统外形而已。

本书认为，五大内含基本价值中除了科学价值要素以外，历史性建筑用地蕴含着历史价值、艺术价值、环境生态价值和社会文化价值要素，同样受到作用于内含价值体系的众多因素影响；相对而言，艺术价值贡献度会较小。历史性建筑作为一种特殊的不动产，由改良物和依附的土地构成。土地与改良物在传递给人类主体那些蕴含的特殊信息属性功能时会表现出各自的作用，即存在不同的贡献度。正如前文所述，历史性建筑用地更多是保留着历史、环境生态和社会文化信息，如果这些信息属性的功能表现越丰富或重要，土地贡献度越大，土地的价值比例越高。对于历史遗址或空地，土

[1] 中国房地产估价师与房地产经纪人学会.房地产估价理论与方法[M].北京：中国建筑工业出版社.2005：229.

地的信息属性功能的贡献度甚至达到了100%。马克思认为,土地作为一种重要的自然资源,本身凝结着人类的劳动,由于存在人类物化的劳动而存在价值。历史性建筑用地的经济价值(地租)可以独立于建筑物而单独存在,也会受到市场供求关系的影响形成价格波动。

地租的实现更依赖于产权的存在。历史性建筑用地同样受到产权的限制,除共同作用于土地和建筑的产权限制以外,对历史性建筑用地的特殊限制主要包括"发展权(开发权)限制"或"保留地役权",即为了保护古迹或自然原生态等限制不动产的开发或再开发,这些在前文的产权制度中详细阐述。

如果改良不足的建筑,即那些没能达到最大规模或最佳利用状态的不动产,在法律上没有被拆除或改建的可能,那么建筑所在土地的最高最佳使用就是保留现有建筑,历史性建筑用地就是这种状况的具体表现。对于一些建筑密度低的历史性建筑用地,在保证不对建筑主体产生破坏的前提下,允许适当提高建筑容积率或建筑密度,也是一种使土地达到最高最佳使用的调整方式。如果确实能获得更高的效益,历史性建筑用途的灵活性同样也适用于历史性建筑用地。但不管如何弥补或调整,历史性建筑用地不能达到最高最佳使用是经常性的现实存在。虽然,历史遗址或空地有更大的潜在开发价值,但也可能受到周边历史性建筑的负外部性影响而造成改良或环境限制。

通过对历史性建筑的土地和建筑物组合关系的分析,基于直接资本化法的前提下,土地净收益、土地资本化率、建筑物净收益、建筑物资本化率、整体不动产净收益和综合资本化率六者之间存在一定的函数逻辑关系。

其中土地剩余技术公式如下:

$$V_L = \frac{I_O - V_B \cdot R_B}{R_L} \qquad \text{公式(6.1)}$$

式中,V_L为土地价值,I_O为整体房地产净收益,V_B为建筑物价值(现值),R_B为建筑物资本化率,R_L为土地资本化率。毫无疑问,历史性建筑用地、建筑物以及历史性建筑综合体三者同样遵循这一公式,也可以将此方法剥离求取历史性建筑用地地价。

3) 文化增值和产权限制

对于历史性建筑这种特殊不动产,还存在第三种影响收益比例的组合形式:特殊历史文化价值要素导致的增值与产权限制引起的贬值。历史性建筑是一种蕴含着特定的历史、文化艺术和社会内涵等价值意义的不动产。由于无法复制和不可再生等特征,历史性建筑具有稀缺性,体现了建筑艺术风格与地域差异性。"广义的文化遗产概念,考虑到存在于文化和社会中的传统和相互关系的巨大差异,扩大到把整个环境包括进来,要把固定不动的大型文物遗产放在它的文化和物质环境中来考虑"[1]。现代社会对建筑遗产的保护,就是通过设置一系列的限制条件,保护建筑遗产的历史价值、科

---

[1] 联合国教科文组织.世界文化遗产公约实践指南。

学价值、艺术价值与环境价值要素的留存与延续。当然无论是何种局限条件及限制强度,都会对建筑遗产的使用功能、利用强度等产生负面影响,在经济上表现为收益减少或增加成本,必然导致经济价值的贬值。

但是,人们有时宁可忍受历史性建筑诸多限制或实用性的不足,也要追求享受那些与历史文化意境共存的情感体验,这种体验可以产生额外的效用价值。缺乏了这种额外效用价值,人们就会去选择价格低廉的普通不动产。从哲学意义上讲,这种额外的效用价值代表着人类主体的积极意义。人类根据自身的需要、意愿、兴趣或目的对他生活相关的对象物赋予的某种好或不好、有利或不利、可行或不可行等的特性[1],这是人类的外在价值的体现。而事物满足这种人类外在价值的功能就是物的外在效用价值,是依赖于主客体关系与外界影响要素而存在的。经济价值是外在效用价值在经济上的反映,这意味着人类通常愿意为更加喜欢和欣赏的物品支付更多报酬,即额外的历史文化特征能产生更多的增值收益。因此,针对不同于普通不动产的历史性建筑,历史文化特征增值及产权限制的贬值相互关联、相互影响,并会随着时间推移不断调整变化。估价时应予以分别测算、综合考虑。

6.2 收益资本化法的程序

收益资本化法遵循的程序主要是:首先,在充分收集相关的资料数据后,预测估价对象下一年度的未来收益;其次,对于下一年度可能发生的成本费用进行分析;第三,估算下一年度的净收益,第四,求取适当的综合资本化率或收益乘数;第五,估算收益价值。

6.2.1 收益估算

运用收益法,必须对收益进行合理估算。虽然过去和当前收益很重要,但投资者最终关注的是未来收益,因为这意味着盈利能力。直接资本化法的收益通常分为毛收益与净收益等[2]。净收益是毛收益扣除空置损失和运营费用的余值;毛收益是通过租金收益、经营收入或旅游收益等方式取得的收入总值。

历史性建筑经适宜性改造后从事运营的情况在欧洲较为普遍,国内目前个别地区也相继发展。除改造为店铺和小型商务旅馆外,有的也改造为精品酒店、特色酒吧、咖啡屋和高档会所等。从门票收益和纪念品销售以及捐赠收益等获取的收入可作为经营收入。对于经营收入的提高需要充分考虑物业的市场定位、营销策略和收入项目,尽可能地通过历史性建筑的平台来扩大宣传知名度。

租金收益是投资回报的体现。历史性建筑通过租金方式取得收益的情况较为普遍,

---

[1] 夏征农,陈至立.辞海-第六版缩印本[M].上海:上海辞书出版社,2010:876.

[2] 在理论上有潜在毛收益、有效毛收益、净收益、权益收益等,专业术语多而复杂,有些概念还相互重叠,本书研究仅对毛收益、净收益进行分析。

主要是因为目前大多数的历史性建筑属于公有产权或共有产权，转让行为受到严格限制，特别是文物保护单位；但通常情况下租赁行为是被允许的，毕竟空置也属于一种损耗。国家将历史性建筑的使用权和占有权在一定限期内转移给他人并取得租金收益；租金收益会根据历史性建筑的修复程度来确定，如苏州古城内可租赁的公有历史性建筑基本上都是已修复状态。历史性建筑各有特色，有些偏重于历史、有些以园林见长，各自租金收益之间通常相互不具比较性，所谓的市场客观收益对于历史性建筑没有实际意义。

上述的租金收益、经营收入等都是属于直接经济效益，历史性建筑的收益还可能表现为衍生的间接经济收益，例如历史性建筑给所在区域带来整体经济效益的提升，拉动旅游、住宿、餐饮、商业和其他相关行业的综合性发展等，实际上是一种外部性的表现。特别在旅游业中，文化遗产项目的品牌效应及其特殊资源凸显垄断价值，有效利用遗产资源的比较优势发展旅游业，可以实现良好的经济回报，也会拉动更多的遗产保护资金支持[1]。

对于这些间接收益，估价人员很难能直接掌握真实的市场资料，因为历史性建筑产权人有时自身也不得而知。但如果某一著名历史性建筑的周边建筑均为同一产权人所有[2]，历史性建筑的存在对于周边建筑的经营收益产生多少增值量，可通过经济计量模型来估算，这是一种最直接的间接经济收益。当然估价行为不仅是理论分析，更需要市场数据来论证。间接收益包括许多方面：历史性建筑对周边环境景观的提升；提供了旅游观光的资源；提高周边地区知名度，带动经济发展；促进与历史性建筑利用相关的规模产业等。通常认为，历史性建筑无论是位于幽静的历史街区，还是孤立于喧嚣的闹市，社会知名度的大小是产生和影响间接收益的重要前提，因为它决定有多少人群为之而来，从而带动周边经济发展；可以说，名气越大、衍生收益越高，这也是各地对申报世界文化遗产趋之若鹜的根本动力。这些衍生收益同样是历史性建筑经济价值的组成部分，运用收益法时应当尽量收集和考虑到这些间接收益。有些间接收益对历史性建筑总收益的贡献度较大，如带动周边经营增值，应予以考虑；有些间接收益则影响显著性弱，如历史性建筑的存在对周边生态景观有一定的促进作用，但其知名度小、规模有限，享受到其环境外部性的受益人群有限[3]，产生的间接收益微乎其微，可以适当忽略。

所以，如果完全无视间接收益的存在，片面强调直接经济收益，历史性建筑的经济价值实际上会被严重低估；而将所有的间接收益不计繁琐地全盘考虑，则会增加没有必要的工作量和技术难度。因此采用收益资本化法对历史性建筑经济价值进行评估时，要针对不同的收益形式分别判断：直接经济收益应详细调查，尽量包括每个细节；间接因素则要根据历史性建筑项目的自身特点进行针对性分析，以市场调查为基础，酌情考虑各项间接收益，选取那些贡献度较高、具有代表性的间接收益纳入计算范围。

---

[1] 顾江.文化遗产经济学[M].南京:南京大学出版社,2009:23-52.

[2] 这种情形事实上却较为普遍，政府出资修复历史街区，只租不售，产权人是唯一的。

[3] 例如浙江某村路口有一座古庙，虽有历史追溯，但除了村子里的居民以外，却无法吸引更多人群关注。

通过这种有主有次、主次分明的选择策略,使得历史性建筑的经济收益得到系统合理性体现,同时兼顾了历史性建筑经济价值评估的可操作性。

直接收益可采用实际或客观数据。间接收益可通过按照实际具体情况运用市场提取法、特征价格法或专家打分法等计算,间接收益通常为直接收益的一定比率。

6.2.2 费用分析

历史性建筑的独特性造成收益的非典型性,运营费用及维护保养费也各不相同。地方政府会对历史性建筑的一些运营及维护费用实行优惠措施,主要包括税收、投资利息、土地出让金等优惠减免或补贴政策。例如有些地区规定,历史性建筑的租赁不用交纳房产税;但有些规定也会导致部分成本费用的增加,例如政府要求产权人需要每年花费更多的维修费来保持其建筑功能的稳定性。

由前文所知,历史性建筑的直接收益主要是租金收益、经营收入等模式。对于经营模式,本书在表 6.1 罗列了历史性建筑作为精品酒店可能带来的经营支出项目。对于历史性建筑的租赁行为,通常来说,其运营费用包括三部分:固定费用、可变费用、重置提拨款。其中,固定费用是指不随着出租率(或租金收益)变动的费用,如维修费、保险费等;可变费用是随着出租率(或租金收益)变动的费用,如房产税、管理费等;重置提拨款是指为在建筑物中比建筑物本身消耗更快,而且必须在建筑物使用寿命内定期更换重置部分而提供的补贴款项❶。

人们对历史性建筑的喜好,会吸引一部分志愿者自发来清洁维护历史性建筑,特别是一些不直接产生经济效益的博物馆、宗教场所等,例如苏州昆曲博物馆,附近一所学校的师生每月会定时前来清洁打扫,甚至还有小规模的维修,这在发达国家比较普遍。虽然,这些行为是人们对祖辈留下的文化遗产一种尊重的表达方式,但事实上减少了运营费用。

表 6.1 历史性建筑酒店的经营收入和支出费用表❷

经营收入	支出费用
客房收入、餐饮收入、会议收入、礼仪活动收入、旅游收入、附属用房收入(KTV、酒吧、洗衣房、停车场等)	雇员工资、食品饮料费、清洁用品及客房日用品的费用、广告和市场推广的费用、有线电视费、员工制服费、电脑及电脑软件费、电话费、员工膳食费、水电费、执照费、文具费、菜单制作费、信用卡委员费用、专业服务费用、办公用品费、安保费、培训费、电梯服务供应商费、工程用品费、灯泡费、锁和钥匙费、垃圾收运费、保险费用、物业税、管理费、维护更换历史性建筑部件的费用等

❶ 美国估价学会. 房地产估价(原著第 12 版)[M]. 中国房地产估价师与房地产经纪人学会,译. 北京:中国建筑工业出版社,2005:429. 作者注:实际上就是短寿命项目的更换成本提前摊销到年度费用中的部分,国内对此不太关注。

❷ Judith Reynolds. Historic properties preservation and the valuation process-3rd[M]. [S. l.]: The Appraisal Institute, 2006:122-124.

6.2.3 综合资本化率调整

综合资本化率是指在直接资本化法中单一年度的净运营收益与不动产总价值关系的收益率，是收益与价值的转换系数。它体现了市场经济条件的利益最大化原则，体现了与资本等约的基本规则❶。直接资本化法的综合资本化率也可表现为收益乘数，以对应不同的年收益种类。计算综合资本化率的方式主要有累加法和市场提取法。

累加法 技术原理是将资本化率视为安全利率与风险利率之和。经济学认为投资风险越大，回报率越高，反之亦然。由于历史性建筑本身具有的特征造成其市场波动稳定性较强，从而导致投资对象固定、投资环境平稳，不易为政策调控、利率调整和供求变化等市场行为所影响，所以，历史性建筑市场价格呈现近乎直线波动的趋势，不易出现暴涨和暴跌，造成其投资回报率较低的现象，体现了安全利率加风险调整值的结果。历史性建筑有时还会享受到政府的优惠政策，例如苏州《历史性建筑抢修贷款贴息办法》允许对抢修贷款进行政府贴息，实际上进一步降低了历史性建筑的投资风险。

参照累加法的细化公式❷：

资本化率＝无风险投资收益率＋投资风险补偿率＋管理负担补偿率＋缺乏流动性补偿率－投资带来的优惠率❸

历史性建筑资本化率累加法应用举例见表6.2：

表6.2 累加法应用举例表

项目	数值
无风险投资收益率	3%
投资风险补偿率	1%
管理负担补偿率	0.5%
缺乏流动性补偿率	1%
投资带来的优惠率	－1%
综合资本化率	4.5%

需要注意的是，按照上述累加法公式计算出的资本化率所对应的是估价对象净收益，包括直接收益和间接收益。考虑到间接收益数据的收集难易度，累加法得出的资

❶ 周建春. 耕地估价理论与方法研究[D]. 南京：南京农业大学，2005：139.

❷ 中国房地产估价师与房地产经纪人学会. 房地产估价理论与方法[M]. 北京：中国建筑工业出版社，2008：300.

❸ ①无风险投资收益率通常选取一年期国债利率或银行存款利率；②投资风险补偿率是指投资者基于可能承担的投资风险而要求额外的补偿；③管理负担补偿率是指投资者对可能承担的额外管理要求补偿；④缺乏流动性补偿率是指投资者根据所投入的资金的流动能力而额外要求的补偿；⑤投资优惠率是指投资历史建筑可能获得的一些政府提供的优惠政策带来的相应扣减。

本化率比较适宜于那些零星存在、对周边建筑环境影响不大、以直接收益为主的历史性建筑项目;或者是周边街区的收益资料收集方便、能够较易计算间接收益的历史性建筑项目。

市场提取法 是根据与估价对象历史性建筑具有类似收益特征的可比实例的价格与净收益等资料,计算出资本化率的方法。历史性建筑虽然市场交易量小,但一定时期内总是有一定数量的交易案例存在,特别是历史街区、古村镇的历史性建筑市场交易或收益资料。基于类似的保护等级、历史文化增值与产权限制等前提下,运用市场提取法计算得出的资本化率(收益乘数)通常在本区域范围内具有普遍适用性。但是,要考虑到相关收益资料收集的可行性和难易度:直接收益数据一般较易取得,间接收益的资料却很难在市场中直接获得,需要用充分的数据加以计算。如该历史地段或区域内的传统建筑均属同一单位持有或管理,收益数据相对齐全,以此能够计算间接收益;但如果这些建筑物分属不同的产权人或使用者,间接收益的来源会变得模糊不清,无法准确剥离出各种收益。针对于这种多元化产权导致间接收益无法估算的项目,特别是在历史地段(历史街区或古村镇)范围内,建议采用市场提取法来计算类似项目的净直接收益与市场价格的资本化率或收益乘数。举例说明,如表 6.3:

表 6.3 市场提取法应用举例表

可比实例	净直接收益(万元/年)	市场价值(万元)	收益乘数(%)
苏州山塘街实例 1	4.50	104.41	4.31
苏州山塘街实例 2	6.38	178.71	3.57
苏州山塘街实例 3	9.90	234.04	4.23
苏州山塘街实例 4	12.80	323.23	3.96
苏州山塘街实例 5	18.60	418.92	4.44
苏州山塘街实例 6	23.60	552.69	4.27
算术平均值	12.63	302.00	4.13
范围值	4.50～23.60	104.40～552.70	3.60～4.50

本书中,市场提取法得出的资本化率所对应的是净直接收益,不包括间接收益。这种计算方式更适宜于那些较易获取直接收益,但明知间接收益的存在,却无法精确估算的历史性建筑项目。当然,由于未考虑间接收益,只是通过市场数据来近似推算,故净直接收益乘数法虽是一种快速简易的评估方法,但准确性尚待提高,不过可以通过增加更多的案例来无限接近真实值。

历史性建筑相对于普通不动产来说,由于其独特内涵而造成实用性的缺乏,在市场变化时获利能力较弱;同时历史性建筑的保护还需要社会公众素质的普遍提高和认可,所以市场认识和文化认可的双重性导致投资历史性建筑的回报期往往会相对较长。在市场价值(投资)和预期收益一定的前提下,回报期越长,资本化率越低。由于历史性建筑具有一定的外部性,并且通常表现为正外部性。如果将这部分体现在资本化率上，即外部性的内在化对资本化率进行调整，正外部性内在化后则需要扣减❶。

这些方法对资本化率的确定都有一定的主观选择性，需要估价人员运用实际估价经验，在对当地历史性建筑投资与市场充分了解的基础上做出相应判断。总体上讲，本书认为历史性建筑的综合资本化率比普通不动产的收益回报率低。当然历史性建筑具有地域性，选取资本化率时必须要考虑不同地区、不同时期、不同用途或类型的历史性建筑都会影响投资风险与外部性。最后需要注意的是，由于收益与支出的物价都在同一时点上，不存在通货膨胀因素。

6.3　收益资本化法的实证研究

本书的收益法实证仅对租金收益估算价值进行考虑，对经营模式不作实证研究。

6.3.1　估价对象历史性建筑情况

吴氏粥庄，位于扬州古城东关街历史街区❷西端，属于扬州市历史性建筑单位(图 6.1)。坐北朝南，土地面积 543 m²，建筑总面积 398 m²，是晚清将领李长乐将军的外宅，曾经居住过一位吴姓夫人，太平天国时期吴氏曾在此施粥；到了抗战时期，扬州市政府也曾多次在此开粥铺赈灾。2007—2008 年随着东关街整体改造进行大规模修缮，现仅保留一路二进，前、后厅，中间以天井相分隔，传统建筑风格，前厅原为轿厅，面开三间 6.76 米，檐高 2.76 米，小青瓦屋面垂直均匀；厅前设廊，廊桁下置万川式挂落；后厅面阔三间 8 米，进深 6 米，扁作梁、双翻轩，山雾云。目前该建筑已经整体租赁，仍用于经营粥铺，在利用中得到保护，具有较高的社会知名度。

---

❶ 周建春. 耕地估价理论与方法研究[D]. 南京：南京农业大学，2005.

❷ 扬州东关街拥有较为完整的明清建筑群及独特的“鱼骨状”街巷体系，保持和沿袭了明清时期的传统风貌特色。全长 1 122 米，街内现有 50 多处名人故居、盐商大宅、寺庙园林、古树老井等重要历史遗存，其中国家级文保单位 2 处，省级文保单位 2 处，市级文保单位 21 处。这种“河(运河)、城(城门)、街(东关街)”多元而充满活力的空间格局，体现了江南运河城市的独有风韵，并于 2008 年被列为中国“十大历史文化名街”。

图 6.1 吴氏粥庄

委托方需要核定于价值时点 2013 年 8 月、现在状态下的历史性建筑资产的市场价值，为抵押融资提供参考依据。

6.3.2 收益估算

估价对象历史性建筑为扬州市历史性建筑保护单位，属于国有产权。政府将其整体出租用于商业经营，年租金收益详见表 6.4。由于历史性建筑的特殊性，租用者、租金支付和租约执行等相对稳定，空置损失较普通不动产要低，综合考虑确定为 5%。

6.3.3 费用分析

估价人员谨慎收集了相关成本资料，包括当年的建筑修复成本费用、设施设备情况，以及价值时点的重建成本市场数据等，会同专家组实地勘查，充分探讨可变费用（管理费、税费）、固定费用（维修费、保险费）和重置提拨款等形成机理，最终估算出这些成本费用数额值，详见表 6.4。

表 6.4 直接资本化法净收益工作表 （单位：万元）

项目名称			金 额
年直接总收益			65
空置损失		5%	3.25
年总费用			14.214
可变费用	年管理费	2.5%	1.625
	税费	10.55%	6.858
	建筑总成本	4 500	179.1
固定费用	年维修费(重置提拨款)	3%	5.373
	年保险费	2‰	0.358
年直接净收益			47.536
年间接净收益		10%	4.754
年净收益			52.29

注：相关参数依据标准可参考《房地产估价规范》(GB/T 50291—1999)

6.3.4 净直接收益、间接收益的估算

直接资本化法的净收益指的是下一年度的净现金收益流，为毛收益扣除运营费用。估价对象吴氏粥庄位于扬州东关街西端，由于目前的经营项目与建筑历史盛名相辅相成，留下一段佳话，吸引众多游客慕名而来，也对周边建筑的商业经济环境有较大的推动作用，主要体现在周边建筑经营收入的增加。东关街历史文化街区是扬州市政府的整体改造项目，所有的历史性建筑修复以后产权均属国有，只租不售，由此为估算估价对象的间接收益创造了条件。综合考虑认为，间接收益主要包括慕名而来的人群带动周边商铺经营增值，建筑风格与街区风貌协调产生的环境景观改善等。根据经济模型测算与专家研究认为，本项目的间接收益约为直接收益的10%。

6.3.5 综合资本化率的调整

计算综合资本化率的方式主要有：累加法和市场提取法。其中，累加法计算的资本化率对应的是净收益；市场提取法对应的是净直接收益、不考虑间接收益。

累加法原理是无风险投资收益率＋风险调整值。经充分考虑扬州市东关街地区的历史性建筑使用者、历史文化增值与产权限制条件、投资者的信用、当地房地产市场水平、收益流的稳定性以及潜在价值的预期波动等情况，再经咨询专家组，确定扬州东关街地区非文物类历史建筑的综合资本化率为4.48%。

考虑到东关街历史街区的项目收益、成本和市场价值等资料齐全，在此也采用市场提取法对净直接收益乘数进行测算，以进一步验证结果的合理性。本书依据现有市场资料进行估算、经询专家组，确定扬州东关街地区非文物类历史建筑的净直接收益资本化率为4.05%。

虽然上述两种方法都具有可操作性，但还要依靠充分的市场数据支持。历史性建筑作为特殊的不动产，完全精确估算资本化率比较困难，只能做到尽可能接近的近似值。

6.3.6 结论

直接资本化公式：市场价值＝下一年度的净收益/综合资本化率，见表6.5。由于直接资本化法未考虑地段优势和历史性建筑的知名度不断上升，以及建筑随时间老化而出现的功能退化等，所以本次估价认为：基于总净收益的直接资本化法的计算结果比实际略高，而净直接收益乘数法结果仅作为参考；再综合考虑本项目的估价目的、估价方法参数选取、技术计算过程和咨询专家组意见，最后确定在价值时点2013年8月、现状条件下吴氏粥庄的市场价值区间为1 150～1 160万元，约计29 000元/平方米建筑面积。

表 6.5 收益法计算工作表 （单位:万元）

项目名称	I(净收益)	R(资本化率)	V(价值)
总净收益	52.29	4.48%	1167.19
直接净收益	47.536	4.05%	1173.73
间接净收益	4.75		

7 市场比较法的应用

市场比较法又称比较法，是不动产传统估价较为重要的基本方法。市场比较法如何应用于历史性建筑这个特殊对象，需要从基本原理和比较分析技术角度去探究。

7.1 市场比较法的适用性分析

市场比较法是指通过估价对象与近期的可比实例相互比较，采用合适的比较单位并且基于比较要素进行调整从而得到评估价值的过程[1]。市场比较法的基本原理是预期和变动原理，具体表现为替代、供求、均衡等原则。市场比较法是经济学替代原理的应用，表现的是市场理性的经济行为。当然，绝对的理性是不存在的，会因购买力、社会消费品味和偏好的不断变化导致均衡变动，从而影响人类理性认知。

市场比较法的基本公式为：估价对象市场价值＝可比实例的市场价格×比较因素的调整值。

市场比较法适用于拥有充分有效数据的开放性市场，是一些非收益性不动产市场价值评估的首选方法。当目标市场不成熟或对象特殊时，市场比较法的应用会受到一定限制；然而，扩大市场地域范围、合理比较可比实例和目标对象的特征差异，分析各影响因素的贡献程度，以及给予估价对象评估价值区间[2]将是较好的解决方式。估算历史性建筑的市场价值，特别是可交易的历史性建筑，通常选取市场比较法较为合适。这种方法相对简单直观，但由于历史性建筑本身的特征，估价过程也可能会变得复杂：如何建立可比实例与估价对象历史性建筑的关联性，如何精确地描述和定义历史性建筑的物理或功能特征，如何选取和调整历史性建筑的比较因素等，是市场比较法适用历史性建筑估价时的难点。

市场比较法的基本原理是效用性的比较、替代和均衡：一方面，若非独一无二的经典建筑，许多历史性建筑、特别是传统民居，总会在一定时期与一定区域范围内有可替代或可选择的实例对象，特别是那些位于历史地段的建筑；另一方面，市场上还是有相当一部分的消费群体更关注于历史性建筑的效用、功能适用的可替代性，有时也会忽

---

[1] 美国估价学会．房地产估价(原著第12版)[M]．中国房地产估价师与房地产经纪人学会，译．北京：中国建筑工业出版社，2005：367.

[2] 美国估价学会．房地产估价(原著第12版)[M]．中国房地产估价师与房地产经纪人学会，译．北京：中国建筑工业出版社，2005：369.

略一些建筑细节特征,来换取更大的市场选择机会。当然,选取可比实例还是要注重相似性,由于历史性建筑的文化、物理与功能等特征具有相对稀缺性和独特性,如果在附近区域内寻找一些特征相似、或能给予人们相似效用的交易实例确实较难的话,那么扩大收集范围不乏是一种解决方案,极为重要的历史性建筑可以考虑扩大到市、省甚至全国去收集交易案例。

7.2 市场比较法的程序

应用市场比较法时,通常遵循以下程序:首先,分析明确目标对象的历史文化、物理状态等特征;其次,充分研究区域市场交易信息,选取与目标对象相似的可比实例,并准确进行描述;第三,选择确定合适的比较单位和比较因素,使得比较因素尽量能够完整全面地反映出目标对象与可比实例的主要特征;第四,通过比较分析来衡量目标对象与可比实例之间比较因素的差异,并且通过一系列修正来反映这些差异;第五,把比较修正分析后取得的价值结果确定为最终价值指示。历史性建筑经济价值的估价也应按照此程序进行。

7.2.1 明确估价对象

分析明确估价目标对象:首先要实地勘察、充分掌握历史性建筑的物理状况、建筑特色和周边环境等;然后再通过问询、查阅相关文献资料等方式来了解历史性建筑的历史渊源、文脉背景以及社会影响等;最后做到能够精确地分析和描述目标对象历史文化、物理和功能特征。

1) 历史背景

历史性建筑之所以被人们喜好和关注,正是因为它经历过岁月流逝,可以帮助证实历史性建筑的独特性,并且能提供与过去联系的,揭示渊源的信息等。与历史性建筑相关的文献档案可能会在文物管理或城市建设等部门有所保存。越是著名的历史性建筑,档案资料保存得更为完善。这些档案一般比较权威或完整,如果能查阅得到,将会减轻繁重的工作量。除此之外,有一些书籍文献也会涉及目标对象的历史性建筑,这需要去查询获得,或者通过历史性建筑的产权人、使用者及其后人等也能得到一部分较完整或不完整的背景资料。估价人员通过这些文献资料尽量去掌握历史性建筑当时所处的社会文化背景、审美情趣和经济状况,还要去充分了解建筑与历史文化背景(人或事件)的关联性等。

2) 物理特征

历史性建筑总会表现出一种建筑特征,这种特征反映在建筑风格、布局、规模、材料、色彩、装饰以及附属物等方面。历史性建筑本身就是传统建筑技术的物化证据,我们需要通过实地考察这些与建筑物理状态相关部分,以求准确掌握历史性建筑的真实性、完整性和目前保存情况:建筑是否曾经被整体翻建;建筑主体是否需要抢修;建筑材料是否已经破损腐烂，需要及时更换；建筑内部装饰、设施等的保存情况等。这些信息能让估价人员对目标历史性建筑的物理特征有充分了解，并且以此来判断建筑功能的实用状况等。

3）产权限制

历史性建筑由于独特的历史、艺术、科学等价值而显得弥足珍贵。针对历史性建筑的保护，国际组织、国家政府部门在不同层面上颁布了多项法律和规章制度对历史性建筑所有权、处置权、改建权、使用权及收益权等进行不同等级或程度上的保护限制规定。无论是物理限制，还是权利限制，从法理上都属于产权限制。这些产权限制一方面通过国家强制力确保对历史性建筑的保护；另一方面也不可避免对历史性建筑的功能利用产生制约与负面局限，最终影响历史性建筑的经济价值。

4）艺术美感

历史性建筑的艺术美感经常表现在建筑结构或细部、雕刻或彩绘装饰、园林设计等方面。无论是曲线美的屋檐，还是繁复精细的砖雕，或是移步换景的园林布局，都充分体现了古代美学精神因素。掌握这些建筑美学特征通常会有些难度，因为这要求估价人员具有一定的审美知识与能力。这也是历史性建筑估价工作的一个难点。

5）环境协调

历史性建筑环境状况通常分为内外两部分：内部环境注重于建筑与园林的协调、园林各要素之间的搭配；而外部周边环境风貌显得更为重要——历史性建筑是否处于历史地段，周边建筑在风格、规模、色彩等是否能保持协调一致历史性建筑本身是否对周边建筑、环境风貌起到限制影响，例如对周边建筑密度、建筑高度、建筑外立面等严格控制，以维护和改善历史地段风貌。估价人员必须充分掌握这种限制对历史性建筑本身带来的外部性影响，及其与周边建筑环境共同推动遗产旅游的情况。

6）建筑文脉

建筑体现出设计者、所有人或使用者等各类人士的社会生活、文化审美等理念。不同历史时期的人们有着不同的审美情趣和生活方式。随着所有者或使用者的更替或社会文化的变迁，建筑特征的变化会在建筑风格、建筑技术或建筑细节上体现，反映出一种建筑文脉的延续：有些是不同历史风格的完美结合，而有些则是胡乱堆砌，建筑本身的文脉延续就在这种增添涂改中消失殆尽。估价人员需要分析剥离那些不必要的细节元素，去还原历史性建筑自身所想表达或展示的内容，这具有一定的挑战性。

7）社会认知

随着保护运动的不断开展，越来越多的历史性建筑进入人们的视野。人们的文化素质越高，对历史性建筑的理解认识也越深，人们对各种建筑风格的认知度也会随着时间而产生变化；通过一系列的宣传报道，历史性建筑所在的历史地段、建筑本身都会逐渐为社会公众所知晓了解。但是究竟产生的影响程度有多少，估价人员对这方面的调查也是估价过程中不可或缺的重要部分。

7.2.2 选取可比实例

可比实例是与目标对象相似、便于比较的成交实例，通常是指销售实例。按照市场比较法的程序，估价人员必须在事先调查了解区域市场，充分收集交易数据。选取可比实例一般都要注意选取标准，历史性建筑市场价值的评估时同样存在，应尽量应当做到：区位相似、用途相同、建筑特征相同或相近、历史文化特征重要性相似，保护等级相同或相近、产权限制相似、环境相似、交易时间尽量接近等。

一般情况下，在目标对象所在附近区域内总可以找到相对合适的可比实例，但对于历史性建筑则不然。由于历史性建筑在文化、物理与功能等特征具有相对稀缺性和独特性，那么在附近区域内寻找这样特征相似、或能给予人们相似效用的交易实例确实很难，那么扩大收集区域范围不乏是一种解决方案，极为重要的历史性建筑可以考虑扩大到市、省甚至全国去收集交易案例。同样，由于历史性建筑价格敏感度低，故交易时间的限制也可适当放宽，不必局限于一至两年以内，甚至近五年的交易案例都能列入可比实例的选择范围。

选取可比实例应注重相似性。历史性建筑的相似性包括主要特征相似、或是能给予人们相似效用。如无法获取主要特征相似的可比实例，也可按照相似效用的原则选取，因为不管是中国传统建筑、还是民国的仿欧建筑，在给人的舒适度和愿意拥有的欲望这点上是可以相似的。所以在此基础上，可对建筑特征、历史文化特征、环境状况、知名度和交易情况等条件适当放宽，但效用的相似性应以市场普遍认知为标准。估价人员要注意确认分析，尽量避免个人的主观意识。

7.2.3 调整分析过程

1）比较单位

在国外的估价过程中比较重视“比较单位”这个概念，国内有时会称之为价格可比基础。所谓比较单位是根据不同比较目的来划分的相同单位[1]，如每平方米建筑面积、房间、立方米、单元等。历史性建筑估价使用最多的是每平方米建筑面积，但在国外也有使用每房间或单元等，这是因为国外特别是在欧洲，将历史性建筑改造为酒店或公寓的情况比较普遍。当然有些特殊的历史性建筑，例如假设苏州网师园可以出售的话，使用每平方米的单位是不现实的，可能直接选用整座庭院来比较才是合适的，如扬州个园、无锡寄畅园等。

2）比较因素

比较因素是反映目标对象与可比实例特征差异的要素。中国《房地产估价规范》[2]

---

[1] 美国估价学会．房地产估价(原著第 12 版)[M]．中国房地产估价师与房地产经纪人学会，译．北京：中国建筑工业出版社，2005：373.

[2] 中华人民共和国国家标准《房地产估价规范》。

将比较因素分为交易情况、交易日期、房地产状况(区位状况、权益状况、实物状况)等，也有台湾学者[1]将其分为交易情况、交易日期、区域因素(交通、环境、地势等)、个别因素(面积、形态、建筑规模、建筑完损情况等)。美国估价学会将比较因素归为10大类[2]:转让的不动产权利、融资条件、交易情况、购买后即刻支付的费用、市场时点、区位、物理特征、经济特征、用途、非不动产部分价值。

针对于历史性建筑,比较因素应有所选择和调整。本书认为其中包括:

交易时点 如前文分析,历史性建筑的市场变动稳定性强,其价格可以与普通房地产建立一种函数关系,根据普通房地产的市场变动趋势进行修正调整来得到历史性建筑的市场交易变动趋势模型。通常情况下,普通房地产市场变动模型可以采用线性回归法取得。

交易情况 指买卖双方在非正常的压力下进行的交易行为,估价时应谨慎选择、充分披露。

区位 无论是何类不动产,区位差异必然是基本影响要素,一般包括:位置、交通条件、基础设施、公共设施配套等。历史性建筑要在同一区位(地段)内选取可比实例通常较为困难,适当扩大到老城区内不同区域是必然的选择,那么对于区位因素调整应予以考虑。

用途 有时针对于一些特殊用途的历史性建筑,同一城市内都未必有交易案例。根据前文分析,要考虑到最高最佳使用的可调整性,通常是对非文物类历史性建筑的用途限制不甚严格,有时可以自由灵活进行调整。不管怎样,估价时尽量选取相同用途的历史性建筑更为适宜。

历史文化特征 作为历史性建筑,最初建造年代、名人事件的影响都是建筑文脉传承的重要组成。了解历史性建筑与之关联性,是选取可比实例的前提。

环境规划 历史性建筑是否位于历史地段范围内是判定是否提升其价值的重要因素,周边统一的环境风貌将会吸引更多的购买者。历史性建筑有时会彼此集聚在一起,形成建筑群落,如果目标对象周边存在重要历史文化遗产,对自身会有明显的使用限制。随着城市化改造,现代建筑逐渐占据城市主导,如果位于现代钢筋建筑的包围之中,对于历史性建筑而言是极不协调的。所以,环境规划包括是否位于历史地段、区域规划限制、与周边环境的协调性三方面。

产权限制状况 历史性建筑的产权限制影响程度是估价的重要前提。不同保护等级的历史性建筑限制要求差异较大:如全国文物保护单位与历史建筑之间,租赁、修复、装饰、利用等限制条件都不可相提并论。当然,同一保护等级的历史性建筑的具体利用限制也会有所差异,对建筑价值的影响也有区别。因此,估价时要尽量选取相同

[1] 林英彦.不动产估价[M].台北:文笙书局股份有限公司,2004:147-150.

[2] 美国估价学会.房地产估价(原著第12版)[M].中国房地产估价师与房地产经纪人学会,译.北京:中国建筑工业出版社,2005:374.

保护等级、相似利用限制的可比实例。利用限制调整是指在同一保护等级下对存在不同的限制条件进行适当改变(表 7.1)。

表 7.1 历史性建筑保护等级

保护等级	细 类
文物保护单位	全国级(世界文化遗产)
	省级
	地市级
	县区级
登录的不可移动文物	
历史建筑	
风貌建筑	

建筑实体状况 本书认为历史性建筑实体状况包括:

① 建筑风格 反映建筑在内容和外貌的整体特征,主要包括建筑的平面布局、形态构成、艺术处理和手法运用等所显示的独创性和完美意境。传统建筑风格与民国仿欧风格显然差异极大;传统地区建筑风格(如岭南风格)与外来建筑风格(如清真寺)在同一地区共存的机率极大。

② 建筑规模 独幢建筑、大型建筑群之间规模差异性需要分析调整,通常以建筑面积或土地面积、座或间等表示。

③ 建筑结构 考虑传统木结构承重、砖木结构或民国建筑砖混结构的差异对价值的影响。

④ 建筑技术 这里主要指历史性建筑的施工工艺技术,通常与建筑风格相关;但如果历史性建筑已经修复,表现为是否采用相同或相似的修复技术工艺。

⑤ 建筑艺术 历史性建筑会保留许多类似于砖雕、木雕等装饰工艺,这将增加历史性建筑的吸引力,当然还包括园林艺术、造型艺术等。

⑥ 建筑布局 指建筑整体空间布局、建筑选址布局、生态保护、灾害防御、造型与结构设计及建筑与园林的关系处理等。中国的传统建筑有别于西方建筑特征之一是楼层低、占地广,注重平面布局。建筑院落的布局完整性对价值的影响较为重要。

⑦ 建筑材料 一般情况下,确定的建筑风格、结构会采用相应的建筑材料,当然如非承重的内隔墙有时使用砖料、也会使用木料;同时也经常出现不同时期添附一些其他的建筑材料,甚至与现代仿古建筑材料相混;还包括建筑材料使用的科学性、材料搭配的合理协调度等。

建筑保存情况 主要有历史性建筑是否已修复或合理维护、建筑安全质量状况、修复时期距离价值时点的时间、整体或局部良好状况等。历史性建筑经常因各种原因遭到破坏或被修复。近几年,抢修维护历史性建筑的现象变得普遍起来。因此估价人员需要了解以下几方面:历史性建筑是否已经被修复或维护,修复时期距离价值时点已经过去多久,整体或局部是否还能保持良好状况。

社会知名度 为社会公众所知晓、了解的程度,以及对社会影响的广度与深度。历史性建筑的独特性和稀缺性影响着人们的社会认知和文化偏好。历史性建筑极负盛名与默默无闻形成明显的对比,那些小巷深处的民居宅院需要人们去宣传推广。社会知名度的重要性在收益法中有明确阐述。

3) 比较因素调整

估价人员经常对寻找历史性建筑的可比实例犯难,但合理判断各种比较因素调整其实更具有挑战性。对于这些特殊复杂的比较因素一味采用量化手段去调整显然是不适当的。可以量化的因素采用定量调整,无法量化的因素应考虑运用定性分析的方式处理;这两种方法相互补充、经常联合使用。本书认为:"交易时点、交易情况、区位、环境规划、保护等级、利用限制、建筑保存情况,以及建筑规模、建筑布局、建筑材料"可以采用定量调整的分析技术;而"用途、历史文化特征、建筑风格、建筑结构、建筑技术、建筑艺术、社会知名度"则运用定性分析更为合理。

定量调整 比较因素修正系数的确定,可按照实际具体情况采用对偶分析法、统计分析(图表分析、趋势分析)、专家打分法(德尔菲法)、百分率法或回归分析法等。其中统计分析技术运用较为广泛。这也要求估价人员必须熟悉并能正确运用这些基本统计概念、计量方法等。本书认为,历史性建筑由于风格、年代、地域、社会认知等的差异性,市场比较法的因素调整系数不存在所谓的标准体系,估价人员应根据各地区、项目的实际情况,可以通过统计分析、专家赋值或个人判断来给予调整分值。运用定量调整可以是百分比调整,也可以是绝对值金额调整。本书偏重于百分比调整。原则上,各项定量调整不得超过10%,综合调整范围不得超过30%。

定性调整 在没有明显量化数据的支持下,通常估价人员需要使用逻辑分析来判断各种特征的优劣。有时是根据市场资料进行相对比较,分析其规律变化,更多时候会借助于专家组意见进行考虑分析。

调整顺序 各种调整运用于目标对象和可比实例的顺序取决于影响因素的重要程度、资料的完整性和估价人员的分析能力。一般来说,估价人员总是先进行定量修正,然后再根据逻辑分析的定性判断来得出最终价值结果。估价人员必须将整个估价过程处于统一逻辑,避免出现数据资料的矛盾冲突。

历史性建筑市场比较法调整表(详见表7.2)。

表7.2 历史性建筑市场比较法调整表

比较因素		分析技术	估价对象	实例1	实例2	实例3
交易时点		定量				
交易情况		定量				
区位		定量				
用途		定性				

续表 7.2

比较因素		分析技术	估价对象	实例 1	实例 2	实例 3
历史文化特征		定性				
环境规划	是否位于历史地段	定量				
	区域规划限制	定量				
	与周边环境的协调性	定量				
产权限制状况	保护等级	定量				
	利用限制	定量				
建筑实体状况	建筑风格	定性				
	建筑规模	定量				
	建筑结构	定性				
	建筑技术	定性				
	建筑艺术	定性				
	建筑布局	定量				
	建筑材料	定量				
建筑保存情况	建筑质量状况	定量				
	修复维护情况	定量				
	修复时间(折旧)	定量				
社会知名度		定性				

7.3 市场比较法的实证研究

7.3.1 估价对象历史性建筑情况

费仲琛❶故居，又称“宝易堂”，位于苏州古城北部桃花坞历史街区(图 7.1)。传统江南建筑风格，始建于 19 世纪中叶，建筑面积约为 800 m^2。建筑布局基本完整，三路四进。中路留有门厅、轿厅、大厅，大厅面阔三间、梁架扁作，前有鹤颈轩、船棚轩，内山墙有砖刻门楼；西路园中假山、水池已废，现存鸳鸯厅、船厅、书斋、曲廊及百年老树；东路建筑仅存前堂三间，脊桁有彩绘，廊壁有书条石。由于其位于历史街区中心地段，有相当高的社会知名度。委托方希望知晓在 2012 年 12 月 15 日，假设已修复状况下费仲琛故居的市场价值。

❶ 费仲琛(1883—1935)名村蔚，吴江同里人，曾官北洋政府政事堂肃政使，爱国耆绅。善诗词。其子与袁世凯孙女成亲，望族联姻，极其隆重，时曾轰动苏城。该文献部分摘自于冯晓东《园踪》。

图 7.1　桃花坞历史街区费仲琛故居

7.3.2　选取的可比实例

考虑到费仲琛故居位于苏州古城北部桃花坞历史街区，住宅用途，建筑规模达到 800 m²，属于中型建筑群落；查询近三年内苏州古城的历史性建筑相关案例，寻到三处相似的可比实例[❶]：

实例 1　蔼庆堂　位于古城区王冼马巷 7 号。清光绪年间由浙江巡抚任道镕所建，属于当地公布历史建筑(控制保护建筑)。传统江南建筑风格，木结构。建筑面积 2 340 m²。建筑布局基本完整，三路四进。中、西路今各存五开间楼一座，东路庭园山池虽废，但建筑犹存。花蓝厅面阔三间，满堂轩，格扇、挂落均为银杏木雕刻，为晚清木雕代表作品。水榭装修亦佳，书房一隅自成院落，厅、廊、假山、花木俱备，迂曲而有层次。有较高社会知名度。2011 年 10 月的市场价为 9 850 万元，计 42 094 元/m²。

实例 2　绣园　位于市中心马医科东首 27-29 号。原为庞氏居思义庄，清末民初由苏绣大师沈寿作为刺绣传所，故名“绣园”，现为住宅，属于当地公布历史建筑(控制保护建筑)。江南传统建筑风格，木结构。建筑面积 628 m²。该宅原二路两进，后西路改建为新式楼房，尚留东路，第二进厅堂较为宽敞；南部有曲尺形小园，占地面积约

❶　三处实例相关资料均由苏州市古建网提供。

200 m²,有曲池、小桥、半亭、水榭、回廊、石峰、石笋等。有一定社会知名度。2010 年 12 月的市场价为 2 400 万元,计 38 217 元/m²。

实例 3 葑湄草堂 位于葑门内盛家带 23-29 号,为清同治建筑,原为苏、朱两户民居,现为住宅,属于当地公布历史建筑(控制保护建筑)。江南传统建筑风格,木结构。建筑面积 1 425 m²。二路五进,有门厅、轿厅、纱帽厅、堂楼等,北路以花园为主,有书房、山馆、花篮厅、亭台楼阁、小池板桥、花木湖石等。2004 年由苏州新沧浪房地产开发公司进行街坊改造时腾迁居民后修复,为苏州由民间公司完整修复的第一座历史性建筑,因此曾获政府奖励,有一定的知名度。2011 年 3 月的市场价为 5 365 万元,计 37 650 元/m²(图 7.2、表 7.3)。

可比案例1

可比案例2

可比案例3

图 7.2 可比案例实景图

表 7.3 估价对象和比较实例情况说明表

比较因素	估价对象	实例 1	实例 2	实例 3
交易价格(元/m²)		42 094	38 217	37 650
交易时点	2012 年 12 月	2011 年 10 月	2010 年 12 月	2011 年 3 月
交易情况	核定资产	正常交易	正常交易	正常交易
区位	古城偏北,繁华程度较劣	古城区较繁华地段,周边住宅多	古城区中心繁华地段,交通条件较好	古城区较繁华地段,周边住宅多
用途	住宅	住宅	住宅	住宅

续表 7.3

比较因素		估价对象	实例 1	实例 2	实例 3
历史文化特征		名人故居,价值较高	官宦别院,价值一般	绣场传所,价值较劣	文人故居,价值一般
环境规划	是否位于历史地段	桃花坞历史文化街区	古城区普通街巷	古城区普通街巷	古城区普通街巷
	区域规划限制	区域内有一定的特殊限制	古城区普通限制	古城区普通限制	古城区普通限制
	与周边环境的协调性	与周边环境较为协调	周边环境略有破坏	周边环境破坏较严重	与周边环境较为协调
产权限制状况	保护等级	控保建筑	控保建筑	控保建筑	控保建筑
	利用限制	按照控保建筑限制,无特殊要求	按照控保建筑限制,无特殊要求	按照控保建筑限制,无特殊要求	按照控保建筑限制,无特殊要求
建筑实体状况	建筑风格	清代传统江南建筑	清代传统江南建筑	清代传统江南建筑	清代传统江南建筑
	建筑规模	800 m^2	2 340 m^2	628 m^2	1 425 m^2
	建筑结构	木结构	木结构	木结构	木结构
	建筑技术	无特殊技术	无特殊技术	无特殊技术	无特殊技术
	建筑艺术	保留砖雕门楼,略有艺术价值	保留木雕精品,有一定艺术价值	晚清造园特色,略有艺术价值	无特殊艺术价值
	建筑布局	晚清传统布局,基本完整	晚清传统布局,基本完整	仅保留东路建筑及花园部分	晚清传统布局,基本完整
	建筑材料	砖木材料为主	砖木材料为主	砖木材料为主	砖木材料为主
建筑保存情况	建筑质量状况	假设已修复	重新修复	重新修复	重新修复
	修复维护情况	假设已修复	正常维护	维护略有损坏	正常维护
	修复时间(折旧)	假设价值时点修复	2008 年修复	1998 年修复	2004 年修复
社会知名度		社会知度较高	略有知名度	知名度一般	略有知名度

7.3.3 比较因素调整分析

估价人员比较分析估价对象和可比实例的各自特征,认为"交易情况、用途、产权限制状况、建筑风格、建筑结构、建筑材料、建筑技术、建筑质量状况"9 个因素条件是相似的,不需要进行调整。而对于"交易时点、区位、是否位于历史地段、区域规划限制、与周边环境的协调性、建筑规模、建筑布局、建筑修复维护情况"需要定量调整,对于"历史文化特征、建筑艺术和社会知名度"3 个因素需要定性分析。

正如前文所述,历史性建筑的市场价格变化趋势相对于普通房地产市场要显得更为平稳,可以与普通住宅市场价格变化指数建立一定的函数关系。根据近三年苏州市区普通住宅市场价格指数[1],经咨询专家组和结合估价人员的经验得出相关的函数关系模型,确定历史性建筑市场价格变化上涨趋势表,最后将价值时点与交易时点进行

[1] 苏州市住房和城乡建设局发布的苏房指数[DB/OL]. http://58.210.252.226/szfc/temp/fc/szzs.htm.

比较调整。

从历史文化渊源来说，费宅名门望族，实例 2 绣园为晚清绣娘的教习之所，从人物、时间来看都无法与费宅相比，实例 1 蔼庆堂虽为抚台所建，但毕竟是别院，实例 3 也显得略有差距。估价对象费宅位于桃花坞历史街区，周边多传统建筑，但对建筑立面、风格、色彩等提出相关限制；而其他三处建筑都只是位于古城区普通巷道内，限制要求低，但缺乏周边建筑风貌的整体效果。比较实例建筑周边环境的破坏程度不一：实例 2 绣园位于闹市区附近，虽然生活便利，但近些年周边陆续竖起许多大型现代建筑，对于古城传统风貌环境有明显破坏。建筑规模方面：实例 1 蔼庆堂建筑面积超过 2 000 m^2，属于大中型历史性建筑群落，实例 3 葑湄草堂也达到 1 500 m^2 左右，需要调整；实例 2 绣园规模仅有628 m^2，这是因为经历百年沧桑，原宅的西路部分已经被改建为新式楼房，建筑布局不完整，而其他实例的布局主要部分基本保留。修复维护情况方面：三处实例建筑都已修复，但修复时期都不同，需要考虑物理折旧及维护情况，而估价对象是假设在已修复状况下，所以不需要调整。建筑艺术方面：实例 1 蔼庆堂保留有数处极为精美的木雕、格扇、挂落，属于晚清木雕工艺的代表作品，在艺术方面优于估价对象；而估价对象建筑内也保留有清晚期的石雕门楼，实例 2 绣园修复时，以水池为构图中心，一池三山，造园艺术又高于估价对象与实例 3。综合分析认为：在建筑艺术方面，实例 1 蔼庆堂最优，实例 2 绣园与估价对象相似，实例 3 葑湄草堂较劣。

估价对象位于桃花坞历史街区中心地段，桃花坞街区自明清以来就是繁华之地，唐寅也曾定居于此，原主人在苏州地区享有声望，因此估价对象建筑有较高的社会知名度。实例 1 蔼庆堂是近几年修复的，而且保留下了较好的木雕艺术遗产，而实例 3 葑湄草堂是苏州古城内第一处完整修复的历史性建筑，一时名声在外，所以实例 1 和实例 3 社会知名度虽然比不上估价对象，但相对于实例 2 要略高些(表 7.4)。

表 7.4 历史性建筑市场比较法实证调整表

比较因素		估价对象	实例 1	实例 2	实例 3
交易价格(元/m^2)			42 094	38 217	37 650
交易时点			5%	2%	7%
交易情况			0	0	0
区位			−2%	−5%	−2%
用途		住宅	住宅	住宅	住宅
历史文化特征			略有差距	明显差距	略有差距
环境规划	是否位于历史地段		3%	3%	3%
	规划限制程度		−0.5%	−0.5%	−0.5%
	与周边环境的协调性		1%	2%	0
产权限制状况	保护等级		0	0	0
	利用限制		0	0	0

续表 7.4

比较因素		估价对象	实例 1	实例 2	实例 3
建筑实体状况	建筑风格		一致	一致	一致
	建筑规模		-1%	0%	-0.5%
	建筑结构		一致	一致	一致
	建筑技术		一般	一般	一般
	建筑艺术		较好	相似	较劣
	建筑布局		0	2%	0
	建筑材料		0	0	0
建筑保存情况	建筑质量状况		0	0	0
	修复和维护情况	假设已修复	0	1%	0
	修复时间(折旧)		4.50%	12%	7.50%
社会知名度			较劣	明显差距	较劣
调整系数			10.00%	16.50%	14.50%
价值指示(元/m²)			46 303	44 523	43109

7.3.4 结论

通过定量调整计算后,三个实例的价值结果分别是 46 303 元/m²、44 523 元/m²、43 109 元/m²;再经过定性分析综合判断,估价对象最终价值与实例 1 的测算结果相似,高于实例 2 与实例 3 的测算结果。可以认为估价对象费仲琛故居在假设已修复状态下,价值时点 2012 年 12 月 15 日的市场价值区间为 45 000 元/m²～47 000 元/m²。当然,如果可以找到更多的历史性建筑交易资料,那么价值结果则可能更有说服力或者需要调整。

7.4 历史性建筑用地的市场调整法

如前文所述,科学地确定历史性建筑用地的地价在实际工作中也非常重要,涉及土地出让金的收取、土地增值税等。然而,当市场比较法的程序应用于历史性建筑用地地价评估时却出现了问题:直接选取市场中类似的历史性建筑用地交易实例几乎毫无可能,这是否意味着传统的市场法不能适用于历史性建筑地价评估?

其实不然,市场法的原理是比较、替代和均衡。人们关注历史性建筑用地是由于其蕴含着普通建设用地所不具备的历史、文化环境等信息要素,对人类产生额外的效用价值,额外的效用价值创造了收益的增值;如果缺乏这种额外效用价值,人们会选择价格低廉的普通土地。正是由于历史性建筑蕴含着特殊的信息要素,所以需要更加严格的保护措施,具体表现为特有的产权及规划限制导致历史性建筑功能定位、使用收益等产生局限性,同样对经济价值带来负面影响。本书依据市场法原理,尝试在普通地价的基础上，对历史性建筑用地的历史文化特征增值与产权限制影响等进行修正调整，得出历史性建筑用地的地价，称为市场调整法。

市场调整法公式修正为：历史性建筑用地地价＝普通建筑用地地价×历史文化增值调整×产权限制调整。

从理论上讲，这种方法也同样适用于历史性建筑估价，即在普通不动产价格的基础上，对历史性建筑蕴含的各种特殊因素进行修正，得到估价对象的价格近似值。但任何估价方法的结果都是一种价值指示，既然历史性建筑的可比案例相对容易收集，市场比较法可直接应用于历史性建筑估价，那么通过普通不动产价格进行特殊因素修正的技术思路反而显得繁琐复杂。无论是层次分析法或德尔菲法，历史文化增值、产权限制等特殊因素的调整技术仍然更多地依赖于专家经验，科学合理性相对不足。故不建议采用市场调整法对历史性建筑进行估价，但在某些特殊情况下，当其他估价方法都不适宜时，市场调整法也可作为主要方法。

7.4.1　市场调整法的评估程序

市场调整法的评估程序如下：首先，依据替代、供求、均衡等原则，将历史性建筑用地假设为普通(非历史性)建设用地，通过估价方法计算出在现状利用条件下的普通建设用地地价，在此过程中需要充分考虑交易时点、交易情况和区位等因素影响；然后，通过分析区域内土地的历史文化特征、特殊价值属性、产权限制等影响因素，编制因素调整体系，得出估价对象的历史文化增值与产权限制的调整系数；最后，将普通地价与调整系数结合得出最终价值指示。

适用这种方法的难点在于确定调整因素和编制调整系数表，以及准确地剖析历史性建筑用地与普通建设用地在额外历史文化增值与产权利用限制的差异，目前学术界这样的研究较少。根据前文所述，土地的历史文化增值反映在历史价值、社会文化价值和环境生态价值要素方面，调整系数范围本书将考虑采用层次分析法和德尔菲法分别进行尝试。

1) 层次分析法

层次分析法(Analytic Hierarchy Process，简称 AHP)是将与决策总是有关的元素分解成目标、准则、方案等层次，在此基础之上进行定性和定量分析的决策方法。层次分析法是一种定性与定量分析相结合的多因素决策分析方法[1]。该方法可以将决策者的经验判断进行定量化，在目标因素结构复杂且缺乏必要数据时使用更为方便，因而在众多领域实际研究中得到广泛应用。应用层次分析法确定历史性建筑用地因素指标基础权重的具体步骤如下：

(1) 选择一定数量对历史性建筑或用地进行研究的相关专家，并由各位专家利用1～9 比例标度法分别对每一层次的评价指标的相对重要性进行定性描述，并用准

[1] 秦寿康. 综合评价原理与应用[M]. 北京：电子工业出版社，2003：23-45.

确的数字进行量化表示，从而得到两两比较判断矩阵 A。有关判断矩阵及其标度含义如下表所示(表 7.5)：

表 7.5 判断矩阵及其标度含义

标度	含　义
1	表示两个因素相比，具有相同重要性
3	表示两个因素相比，前者比后者稍重要
5	表示两个因素相比，前者比后者明显重要
7	表示两个因素相比，前者比后者强烈重要
9	表示两个因素相比，前者比后者极端重要
2,4,6,8	表示上述相邻判断的中间值
倒数	若因素 i 与因素 j 的重要性之比为 a_{ij}，那么因素 j 与因素 i 重要性之比为 $a_{ji}=\frac{1}{a_{ij}}$

(2) 进行层次单排序。进行层次单排序就是根据判断矩阵计算，相对于上一层因素而言，本层次与之有联系的因素的重要性次序的权重，可以归结为计算判断矩阵的最大特征根及其对应的特征向量。一般运用和积法或根法求解判断矩阵，分别得出在单一准则下被比较元素的相对权重。

(3) 进行一致性检验。在和积法或根法分析相对权重的基础上，计算出一致性检验指标 CI：

$$CI=\frac{\lambda_{\max}-n}{n-1} \qquad \text{公式(7.1)}$$

然后，查找相应的平均随机一致性指标 RI。对 $n=1,2,\cdots,9$，可以从平均随机一致性指标值表中查找相应的 RI 值，从而可以进一步计算一致性比例 CR：

$$CR=\frac{CI}{RI} \qquad \text{公式(7.2)}$$

当一致性比例 $CR<0.10$ 时，一般认为判断矩阵的一致性是可以接受的，否则需要对判断矩阵进行修正。其中 CR 的值越小，说明判断矩阵偏离实际情况的值越小，就越接近现实情况。在此基础上，自上而下地计算各级要素关于总体的综合重要度，从而得到历史性建筑用地各影响因素指标相对总目标的绝对权数：

$$W'_i=\sum_j W_j v_{ij} \qquad \text{公式(7.3)}$$

以上为应用层次分析法对历史性建筑用地因素指标体系中的各指标基础权重进行确定的步骤(表 7.6、表 7.7)。

表 7.6 土地的历史文化增值影响因素表(层次分析法)

目标层	准则层	指标层
历史文化增值	历史价值要素	建造年代
		与重要历史事件、历史人物的关联性
		反映建筑风格与元素的历史特征与演变
		反映当时社会发展水平
	社会文化价值要素	真实性
		反映社会文化背景特征
		教育旅游功能
		社会知名度
	环境生态价值要素	地理区位
		建筑与环境生态的协调性
		建筑对周边生态环境的作用

表 7.7 历史性土地的产权限制影响因素表(层次分析法)

目标层	准则层	指标层
产权限制	保护规划	区域保护限制
		环境规划
	改良物限制	建筑保护限制
		利用限制

2) 德尔菲法

德尔菲法是一个使专家集体在各个成员互不见面的情况下对某一项指标的重要性程度达成一致看法的方法,它是进行加权时经常使用的一种方法。德尔菲法在现代的运用是从 20 世纪 50 年代开始的,主要被作为预测未来的工具使用在未来学的研究中。60 年代中期以来,德尔菲法的应用范围迅速扩大。现代的德尔菲法实际上是为了取得对某一指标或某些指标重要性程度的一致认识而进行的专家意见征询法,它以分发问题表的形式,征求、汇集并统计一些资深人员对某一项指标重要性程度的意见或判断,以便在这一问题的分析上使大家取得一致的意见。

应用德尔菲法分配权重值时,选择参加咨询的专家并要求他们不署名地根据要求将对某一指标或某些指标重要性程度的看法写在问卷表格中。选择专家时应注意专家既要有权威性又要有代表性,即所选择的专家应是对所要咨询的问题有深入了解和研究的人士,所持的观点具有权威性;同时所选择的专家来源应涉及和要咨询问题有关的各个方面,即所选择的专家应是各个方面的专业人士。请专家填写意见征询表时应注意以书面或口头的形式(最好以书面的形式)提醒他们完全按规范和要求填写,不应随意展开或以其他不被允许的方式回答咨询。所有专家将意见征询表格填好交回后,组织者要整理专家们的意见,求出某一项指标或某些指标的权重值平均数,同时求出每一专家给出的权重值与权重值平均数的偏差，然后将求出的权重值平均数反馈给各位专家，接着开始第二轮意见征询，以便确定专家们对这个权重值平均数同意和不同意的程度。

应用特尔菲法时，专家组尽量覆盖历史性建筑的管理、规划、保护、工程技术、法律金融和利用策划等方面的人员。

历史性土地蕴含着普通土地所不具有的历史、环境文化等信息要素，可以产生额外的效用价值；也由于出于保护目标的考虑，设定了土地利用及功能的产权限制。通过分析估价对象的历史文化内涵特征、价值属性和影响因素等，编制因素调整表，得到影响因素调整体系。

社会知名度 历史性建筑独特性和稀缺性影响着人们的社会认知和文化偏好。历史性建筑极负盛名与默默无闻形成明显的对比，那些小巷深处的民居宅院需要人们去宣传推广。相对建筑物而言，这种知名度更偏重于影响土地。不同保护等级的历史性建筑对社会影响度差异性较大。

历史文化特征 最初建造年代、名人事件的影响都是历史性建筑文脉传承的重要组成。了解历史性建筑与之关联性，是选取可比实例的前提，而这些影响对土地贡献度较为重要。

环境规划 历史性建筑是否位于历史地段范围内是判定能否提升其综合价值的重要因素，周边统一的环境风貌将会吸引更多的购买者。历史性建筑有时会彼此聚集在一起，形成历史性建筑群落，如果目标对象周边存在重要历史文化遗产，反之对自身会有明显的使用限制。随着城市化改造，现代建筑逐渐占据城市主导，如果位于现代钢筋建筑的包围之中，对于历史性建筑及其土地而言，则极不协调。

产权限制(保护及利用限制) 历史性建筑位于历史地段内固然优越，但历史地段通常限制较多：如要求历史文化街区、名镇、名村内必须保持较为完整的传统格局和历史风貌；不得建设污染建筑及其环境的设施，不得进行可能影响建筑安全及其环境的活动等；对土地利用的影响不言而喻。同时，对于土地上的改良物的利用及功能有所限制，如不得随意拆除、改建等。不同保护等级对改良物建筑的保护及利用限制存在本质区别。

本书编制历史性土地影响因素调查表(表 7.8)，邀请了有关领域和多个部门的领导专家，组成权重德尔菲测定的专家咨询组进行专家打分。专家咨询进行三轮。第一轮征询是专家根据历史性建筑用地影响因素的有关内容，在不相互协商的情况下独立进行指标理想值的打分。第二轮专家征询，将前一轮打分的结果进行统计分析，求出其平均值，将这些信息反馈给专家，并对专家进行再征询。专家在重新评估时，根据总体意见的倾向来修改自己前一次的评估意见。如此进行三轮，最终形成相对一致的结果。评价指标的标准化处理方式主要采用现实度分值比例进行量化：

按照公式(7.4)计算出各评价因子的权重值

$$A_j = \frac{2}{m} - C_j / \sum_{i=1}^{m} C_j \qquad \text{公式(7.4)}$$

其中：$C_j = \sum_{i=1}^{n} C_{ji} - (C_{j\max} + C_{j\min})$

式中：A_j——j 个因子的权重；m, j——因子个数和序号；n, i——专家人数和序号；C_{ji}——第 i 个专家对 j 个因子的排序位次；$C_{j\max}$，$C_{j\min}$ 分别为第 j 个因子的最大、最小排序位次；$\sum A_j = 1$。

表 7.8 历史性土地的影响因素表(德尔菲法)

影响因素	内　　容
历史文化特征	
环境规划	是否位于历史地段
	区域规划限制
	与周边环境的协调性
社会知名度	保护等级的影响
产权限制	建筑保护及利用限制

必须注意的是，无论采用层次分析法还是德尔菲法来计算历史性建筑的特殊因素调整系数时，应考虑项目所在区域及保护等级等因素，从而来设定调整系数范围。这是由于市场调整法的原理是以普通建筑用地地价为基数的，其不同的保护等级对调整分值区间的影响较大，例如社会知名度，历史建筑的分值区间上限可能是 5%，但省级文物保护单位的分值区间上限甚至可能超过 20%；产权限制则相反。因此，本书建议可以根据目标对象的保护等级来制订相应的分值区间范围，并且在调整体系中标明保护等级；同时不同区域对因素调整也有一定影响，调整指标体系也可以进一步缩小范围，如针对于具体的一个区域进行设置。

7.4.2 市场调整法的实证运用

1) 估价对象概括

松枫堂[1](控制保护建筑编号 269)，位于苏州市吴中区东山镇湖湾村，建于 1900 年，晚清建筑代表作品，占地面积为 1 661.20 m^2，建筑总面积 1 280.52 m^2(图 7.3、图 7.4)，为东山席家[2]的一处别业。园内现有建筑有：大厅与住楼，门屋面阔三间，明间两侧做清水砖垛头，兜肚内浮雕寿字蝙蝠卷云纹，含福寿之意；大厅面阔三间，四架大梁扁作，抬梁式；山界梁脊设五七式斗六升牌科，山尖置山雾云；住楼面阔三间前后带两厢；二楼构架圆作，正贴抬式，边贴穿斗式，较为朴素。由于建筑年代久远，后期缺乏维

[1] 该古建筑相关资料由苏州市吴中区住房和城乡建设局提供。

[2] 东山席家，位列晚清“四大买办”家族，创业者席元乐造就旧中国最著名的金融豪门，最辉煌时祖孙三代及女婿共有 14 人，先后担任了上海 20 多家外商银行买办，成为势力最庞大的金融买办家族。

护，目前附楼北部墙体破损严重，局部塌陷，园内杂草丛生，已然荒芜。详见表7.9。

松枫堂2011年9月涉及转让交易，土地使用权仍属于国有划拨，需要补办出让手续、交纳土地出让金进行地价评估。

图7.3 松枫堂主体建筑

图7.4 松枫堂花园

表7.9 松枫堂因素条件说明表

主要影响因素	因素条件说明及分析	
宗地坐落	东山镇湖湾村	
区域状况	该区域风景秀丽，空气清新，有启园、紫金庵、雨花台、雕花楼、葑山寺、明善堂、碧云洞等景点，是著名的旅游城镇，环境状况优	
商服繁华度	宗地位于东山镇湖湾村中心地段，该村距东山宾馆约200米，属于东山镇区的中心地段，商服繁华较优	
交通状况	公交便捷度	公交便捷度一般
	道路通达度	宗地四周均被村民住宅包围，宗地至村落外仅有两条小巷交通，长约200米，宽约2米，青石板路面，对机动车有一定限制，交通便捷度较劣
基础设施状况	宗地基础设施状况达到宗地外“五通”（通路、通电、通水、排水、通讯）和宗地内“一平”（场地平整）的开发水平，能满足生活需要	
公共设施状况	区域内公共服务设施条件一般	
环境质量及危险设施状况	宗地位于历史名镇东山镇，自然风光优美，人文景观丰富	
相邻土地利用状况	多为住宅用地	
宗地自身情况	土地面积	1 661.20 m^2
	建筑面积	1 280.52 m^2
	地质地势	场地平坦，无地质限制
保护等级	属于公布的历史建筑（控制保护建筑），编号269	
区域保护限制	东山镇属于当地历史名镇，虽然尚未制订保护规划，但在《苏州市东山镇总体规划》、《苏州东山老镇及镇域建设用地控制性详细规划》中对该区域内的建筑、环境及利用方式等都有明确保护限制规定	

2）计算普通建设用地地价

按照市场调整法的相关程序，估价人员首先假设松枫堂所在的历史性建筑用地为普通(非历史性)建设用地，充分考虑交易时点、交易情况、容积率和区位等因素的影响，通过市场比较法计算出在现状利用条件下的普通建筑用地地价为 7 200 元/平方米。本书不再对普通建筑用地地价的计算过程进行描述。

3）建立因素调整体系

本书分别采用层次分析法和德尔菲法来取得保护对象所在区域的历史文化增值、产权限制等特殊因素调整体系，注意到目标对象的保护等级为控制保护建筑，因此专家组建立调整体系时考虑了相应的分值上下限，具体如下：

层次分析法　我们通过历史性建筑或用地研究相关的专家对每一层次的评价指标的相对重要性进行定性描述和量化表示，得出两两比较判断矩阵 A。计算判断矩阵的最大特征根及对应的特征向量。运用和积法求解判断矩阵，分别得出在单一准则下被比较元素的相对权重。在进行一致性检验的基础上自上而下地计算各级要素关于总体的综合重要度，从而得到历史性建筑用地价值评价各指标相对总目标的绝对权数。运用层次分析法计算得出吴中区的控制保护建筑用地各项影响因素的调整系数体系表为(表 7.10、表 7.11)：

表 7.10　土地的历史文化增值影响因素调整体系(层次分析法)

目标层	准则层	指标层	调整系数区间
历史文化增值	历史价值要素	建造年代	1.5%～3.0%
		与重要历史事件、历史人物的关联性	1.45%～2.6%
		反映建筑风格与元素的历史特征与演变	1.0%～2.1%
		反映当时社会发展水平	0.55%～1.1%
	社会文化价值要素	真实性	0～2.55%
		反映社会文化背景特征	0～1.95%
		教育旅游功能	0～0.45%
		社会知名度	0～2.25%
	环境生态价值要素	地理区位	−1.3%～1.3%
		建筑与环境生态的协调性	−1.6%～1.6%
		建筑对周边生态环境的作用	0～2.12%

表 7.11　历史性土地的产权限制影响因素调整体系(层次分析法)

目标层	准则层	指标层	调整系数区间
产权限制	保护规划	区域保护限制	−2.5～0%
		环境规划	−1.0～1.0%
	改良物限制	建筑保护限制	−2.55～0%
		利用限制	−1.87～0%

依据因素调整系数表，综合考虑估价对象松枫堂所在地块的实际情况，最终确定调整系数如下：一、松枫堂从建造年代和名人名事效应方面来考虑，建造年代未有突出之处，虽然为东山席家所有，但终为别业，与启园主院相比有较大差距，所以，历史价值要素调整系数最终确定为2.87%；二、松枫堂属于当地控制保护建筑，虽保留一定程度的真实性，原本不具备较大社会影响力，建筑风格也较为普遍，不具备明显的稀缺性，不存在特殊的社会文化背景象征与反应，只是因成为东山镇私人出资修复的首例而引起一些社会关注，地方社会媒体进行过宣传报道，因此社会民众对该历史性建筑有所知晓。综合考虑认为社会知名度要素调整系数为2.37%；三、估价对象土地位于苏州吴中区东山镇，太湖之畔、雨花峰下，周边环境可谓是风景如画、美不胜收。估价对象历史性建筑与东山古镇整体风貌较为协调，地理区域优越，风水布局合理，所以环境协调系数确定为3.12%；四、松枫堂位于苏州市旅游名镇东山镇湖湾村，属于控制保护建筑(公布的历史建筑)，需要予以一定的保护限制，再综合考虑区域环境保护、利用功能限制等，综合判定产权限制因素修正系数为−4.25%(详见表7.12)。

最后将普通地价与调整系数结合得出最终价值指示。估算过程见表7.12。

表7.12 估价对象土地的市场调整法计算工作表(层次分析法) (单位:元/平方米)

项目	内容	调整系数	金额
普通建设用地地价 V_1			7 200 元/m^2
影响因素	历史价值要素	2.87%	
	社会文化价值要素	2.37%	
	环境生态价值要素	3.12%	
	产权限制	−4.25%	
调整系数 R		4.11%	
历史性建筑用地单位地价 V_2	$V_2 = V_1 \times (1+R)$		7 496 元/m^2
估价对象总地价 V	$V = V_2 \times 1\,661.20$		1 245.22 万元

德尔菲法 本书通过德尔菲法多轮打分，专家组对当地的控制保护建筑的价值特征、变化形态、因素影响程度等进行了深入研究，最后确定了针对于吴中区的控制保护建筑用地的影响因素和调整系数体系，详见表7.13。

表7.13 历史性土地的影响因素调整体系(德尔菲法)

影响因素	内 容	调整系数
历史文化	包括建造年代、名人名事效应等	5%～10%
环境协调	古城、历史地段，与环境协调	5%～10%
	古镇、古村落，与环境协调	3%～8%
	一般地段，与环境协调	0
	闹市区	−10%～0
	建筑是否与环境协调、区域限制的影响	上述分值中扣减
社会知名度	有一定社会知名度与影响力	0～5%
产权限制	建筑保护限制	−10%～0

根据因素调整系数体系，综合考虑估价对象松枫堂所在地块的实际情况，最终确定调整系数如下：一、估价对象土地位于苏州吴中区东山镇湖湾村，位于成片的传统建筑群落中，与古镇整体风貌较为协调，环境协调系数确定为5%；二、松枫堂从建造年代和名人名事效应方面来考虑，确定为5%；三、综合考虑认为社会知名度为3%；四、综合考虑产权限制修正系数为−5%。

最后将普通地价与调整系数结合得出最终价值指示。计算过程见表7.14。

表7.14 历史性建筑用地市场调整法计算工作表(德尔菲法) (单位：元/平方米)

项目	内容	调整系数	金额
普通建设用地地价 V_1			7 200 元/m²
影响因素			
	历史文化	5%	
	环境协调	5%	
	社会知名度	3%	
	产权限制	−5%	
调整系数 R		8%	
历史性建筑用地单位地价 V_2	$V_2 = V_1 \times (1 + R)$		7 776 元/m²
估价对象总地价 V	$V = V_2 \times 1\,661.20$		1 291.75 万元

4）结论

在研究中发现，市场调整法可适用于大多数的历史性建筑用地。值得注意的是，通过实证分析可以看出，德尔菲法的操作简便、判断快速，可是该方法构建的历史性建筑用地价值因素调整体系较为粗略，精确度不够，结果的正确性模糊；但该方法可涵盖更多指标，不需要做一次性检验，操作简便，德尔菲法适用范围较广，基本上在同一古城、古村镇范围内均可适用。层次分析法相对来说构建了更为细致的修正体系，对历史性建筑用地的影响因素因子组成更加全面详尽，更准确地反映了影响因素的调整程度与系数，其结果明显更加精准，但是操作过程较为复杂，需要进行一次性检验，且由于计算过程的繁复，导致该方法可操作性较差，所能容纳的指标数最多不能超过15个，局限了层次分析法的实用性。另一方面，层次分析法的适用性较弱，往往一整套调整系数体系只能针对于特定估价对象，普适性较差。

8 成本法的应用

成本法是不动产传统估价的基本方法之一。一般认为,应用成本法计算历史性建筑经济价值最为适宜,但在估价实践中还有许多值得探究的地方。

8.1 成本法的适用性分析

成本法是通过估算现有建筑的重建成本,加上开发利润或激励,再从总成本中减去折旧,并加上估算的土地价值,得到不动产价值指示的方法。国内无论是估价规范还是学者文献对成本法的定义都基本接近。成本法的理论依据是生产费用和替代原理,认为商品价值都是由各组成部分的总成本费用来决定的,亦即,谨慎的购买者愿意支付的价格款,不会超过取得相似地块并且建造相同效用和满意度的建筑物的总成本[1]。基本公式为:

估价对象市场价值＝土地价值＋建筑成本＋开发利润/激励－折旧[2]

在任何市场上,价值与其成本相关。成本法特别适用于那些无收益又极少交易的不动产对象。成本法的优势在于依据充分、容易判断;缺点是计算结果往往与市场供求状况关联性不够,有时会出现过高或过低的现象,这是因为成本法的隐含前提是市场的稳定性(稳定收益)。所以,成本法表现出一种无限接近的趋势,市场越稳定,计算结果越准确。

成本法适用于历史性建筑的前提是历史性建筑市场价值与重新购建所花费的成本相互关联。历史性建筑重建成本的资料收集和估算虽然有些难度,但还是有据可查的;可是建筑使用年限越长,磨损折旧越严重,历史性建筑相对于普通建筑蕴含着独有的风貌特征和历史文化内涵,这些信息属性会随着建筑的磨损折旧而衰退,而这种衰退对历史性建筑价值的影响是否能通过数学量化来精确计算却不得而知。重建成本的前提是要求运用与原建筑的相同材料、相同技术:当年使用的建筑材料现在可能还

---

[1] 美国估价学会.房地产估价(原著第12版)[M].中国房地产估价师与房地产经纪人学会,译.北京:中国建筑工业出版社,2005:306-307.

[2] 不同国家的成本法公式表达略有不同,这是由于各国对于土地与建筑物成本认识的差异性造成的。本书采用的是美国估价标准的成本法公式,只是认为其逻辑表达性比较清晰,不代表其他国家公式有误。

能找到相同或类似的[1];但经历百余年战争,那些独特的设计构思、工艺技术出现失传、断承的不在少数,例如卯榫结构的某些运用技术等;所以重建成本扣除折旧得到建筑物价值的方式适用于历史性建筑是否合理也不置可否。我们认为,现存历史性建筑的年代越久远,重建成本的估算和折旧额的合理性就越不准确;反之,新修复的历史性建筑运用成本法就比较适宜。

除此之外,成本法认为不动产价值是土地价值与改良物价值的总和。成本法的重建成本实际上很难反映出历史性建筑独特的文化内涵所产生的额外增值部分;虽然由前文可知,运用市场调整法计算地价时会适当考虑土地的历史文化增值部分,但并没有考虑建筑物本身的历史文化增值,故需要另行计算。本书认为:历史性建筑用地的历史文化增值主要反映在历史价值、社会文化价值和环境生态价值要素方面,建筑物的历史文化增值主要反映在科学价值、艺术价值要素方面相关理由在收益法中有分析说明。

与普通不动产相比,出于对历史性建筑的保护、恢复、保存和利用,国家制定了一系列法律政策对历史性建筑的产权界定与利用限制来加以规范。这些产权限制在不同程度上制约或局限了历史性建筑的功能实用性与利用便捷度。产权限制导致的制约可能提高历史性建筑的维护成本、交易费用,或者降低其实用功能,对历史性建筑的经济价值产生贬损作用。

基于成本法的原理,土地价值与建筑物价值分开计算,各自的历史文化增值亦可分别计入后进行汇总;但汇总后的房地产价值在逻辑上仅考虑了增值部分,而尚未进行产权限制修正。就非纯土地状态下的历史性建筑,相应的产权限制条件是针对于整个房地综合体来设置的,实际工作中很难做到对土地与建筑物各自的限制进行剥离计算,理论上也无此必要。本书认为,产权限制调整在成本法价值汇总后再计算更符合实际。因此,成本法适用于历史性建筑的公式调整为:

估价对象市场价值=历史性建筑用地价值+历史性建筑物价值－产权限制调整
=[普通建筑用地价值×土地历史文化增值调整+(建筑成本+开发利润/激励－折旧)×建筑物历史文化增值调整]
－产权限制调整

8.2 成本法的程序

成本法的估算过程通常包括以下五个主要步骤:首先,确定建筑用地的价值,考虑其历史文化增值调整;其次,估算现有建筑物的建筑成本,包括直接成本、间接成本和企业家激励;第三,估算建筑物的各项折旧额;第四,在估算的建筑成本中扣除

[1] 其实也不然,例如北京故宫太和殿的大柱修复现在已经不易找到类似体量的松木。

折旧总额，计算出建筑物剩余价值，并考虑其历史文化增值调整；第五，建筑物价值加上土地价值，计算出成本法的汇总值后，再进行产权限制调整，得出成本法的积算价值。

8.2.1 建筑用地地价计算

前文已经深入讨论历史性建筑用地的特征、影响因素和经济价值分析等，也充分阐述了市场调整法的相关程序和实证研究。这里强调的是，历史性建筑用地作为不动产的组成部分，估价人员应考虑地块价值的贡献度、地块与建筑物的协调性，以及与周边的建筑环境配套等。运用市场调整法时，考虑土地的额外增值主要反映在历史、环境与社会价值要素三个方面，可以参照上一章市场调整法中的层次分析法或德尔菲法因素调整体系。估价人员在实际工作中应重视收集相关资料。需要强调的是，本阶段不考虑对历史性建筑用地产权限制的调整。

8.2.2 建筑成本

成本法的建筑成本包含直接成本、间接成本和企业家激励(利润)三个部分。估算时必须注意成本构成划分和相互衔接，防止漏项或重复计算。

1) 直接成本

直接成本是指建筑材料、人工成本及承包商利润等[1]。通过前文所述，我们已经清楚，历史性建筑的重建购置成本应采用重建成本而非普通重置成本。重建成本就是指采用与历史性建筑相同的建筑材料、还原所有的建筑细节，建造与历史性建筑完全相同的全新建筑物所需要的成本值。精确地估算重建成本，需要估价人员对建筑结构、建筑材料、建造时期等能够准确描述，还应了解历史性建筑的建筑形制构造、详部演变、建造流程和工程造价费用等。

中国传统建筑主要为木构造，本书从三个层面分别阐述重建成本所必须考虑的分部分项[2]。三个层面是指宋《营造法式》、清工部《工程做法则例》、现代《古建筑修建工程质量检验评定标准(南方地区)》[3](见表8.1)。

---

[1] 本书中直接成本、间接成本、企业家利润和折旧等概念都摘自于美国估价学会. 房地产估价(原著第12版)[M]. 中国房地产估价师与房地产经纪人学会，译. 中国建筑工业出版社，2005:313-317.

[2] 本书暂不考虑近代仿西式建筑的重建成本分部分项计算。

[3] 注：①《营造法式》，编于宋朝熙宁年间，是李诫在两浙工匠喻皓的《木经》的基础上编成的。该书是北宋官方颁布的一部建筑设计、施工的规范书，这是我国古代最完整的建筑技术书籍。②清工部《工程做法则例》，全书共七十四卷，刊行于雍正十二年(1734)，是继宋代《营造法式》之后官方颁布的又一部较为系统、全面的建筑工程标准设计规范。③《古建筑修建工程质量检验评定标准(南方地区)》，1997年建筑部制定发布的国家行业标准，为统一我国南方地区古建筑修建工程质量检验评定标准，确保工程质量，加强对古建筑的保护，制定本标准。

表 8.1 中国传统建筑分部分项表❶

宋《营造法式》	台基、踏道、栏杆、铺地	包含台基、踏道、栏杆、铺地
	大木作	包含柱、枋、斗拱、屋架、多层做法
	墙壁	包含土墙、砖墙、木墙、
	屋顶	包含类型、屋面曲线、屋角、屋面材料、屋脊和屋面装饰
	小木作	包含门、窗、天花、藻井、卷棚
	色彩与装饰	包含粉刷、油漆、彩画、壁画、雕刻
清工部《工程做法则例》	大木	包含殿堂、楼房、转角、厅堂、川堂、城楼、仓库、垂花门、亭的做法
	斗科	包含斗口单昂、斗口重昂、单翘单昂、单翘重昂等 11 种斗拱的设计技法、有关斗拱部件的安装,以及根据斗口的尺寸所列各种斗拱的各部件尺寸
	装修	包含隔扇、窗、门、木顶隔
	基础	包含石、砖、瓦作、发券、土作
	用料	包含木作、锭铰作、石砖瓦作、搭材作、土作、油作、画作、裱作等用料估算
	用工	包含木作、锭铰作、石砖瓦作、搭材作、土作、油作、画作、裱作等用工估算
现代《古建筑修建工程质量检验评定标准(南方地区)》	土方、地基与基础工程	包含土方、人工地基、台基、基础工程
	大木工程	包含大木构架中柱、梁、川(穿)、枋、桁(檩)、椽、木基层、斗拱、楼梯的制作、安装
	砖石工程	包含修建工程中的砖石(细)加工、砌筑、漏窗制作及安装
	屋面工程	包含望砖、小青瓦、筒瓦、屋脊、饰件工程
	地面与楼面工程	包含基层、墁砖工程、墁石地面、木楼地面等
	木装修工程	包含木门窗、隔扇、坐槛、栏杆、挂落、博古架、天花(藻井)、美人靠、落地罩等小木作构件的制作和安装
	雕塑工程	包含各类木雕、砖雕、石雕和灰雕等
	装饰工程	包含室外、室内粉刷、油漆、彩绘等
	脚手工程	包含内外满堂脚手架、木制斜道及安全网等,及平移、顶升工程等

2) 间接成本

间接成本是指建造所需的相关费用,通常包括设计、测绘、估价、咨询、会计、法律等费用、投资利息、管理费用和政府规费等。

有些地区会对历史性建筑的间接成本推出一定优惠减免政策:例如美国的税收抵免政策;又如苏州公布的《苏州市区古建筑抢修贷款贴息和奖励办法》规定,古建筑抢

❶ 本表中所列的项目摘录自宋《营造法式》[潘谷西. 中国建筑史[M]. 北京:中国建筑工业出版社,2002:247-276.]、清工部《工程做法则例》[蔡军.《工程做法则例》成立体系的研究[J]. 华中建筑,2003(2):89-91]。

修贷款贴息人实际享受的贴息金额，按下列公式计算：

年度可享受贴息金额＝古建筑抢修贷款额×年贷款利率×50％

贴息总额＝年度可享受贴息金额×实际贷款年限(最长为3年)[1]

3）企业家激励(企业家利润)

企业家激励或企业家利润是指代表投资者对项目的贡献和承担风险所获得的补偿额或希望所获得的补偿额。按国内的说法，通常是指该类项目投资的社会平均利润，有别于投资利润率[2]。企业家激励通常是直接成本和间接成本总和值的一定比率。明确计算历史性建筑的企业家利润较为困难，最好能有类似的市场交易实例作为参考。近些年历史性建筑交易越来越多，至少在江南地区这方面的资料还是比较容易取得的。

8.2.3 折旧计算

折旧是指改良物现状与完好程度的偏差。折旧通常是由三种原因导致：物理折旧、功能退化(功能折旧)和外部退化(经济折旧)[3]。

1）物理折旧

物理折旧是指改良物实体由于使用和自然影响而发生的老化、损坏所导致的价值减少。估算历史性建筑的物理折旧，实际上对于估价人员的专业素质是一种挑战。最合理的估算方法是对各个组成部分或构件的实体损耗情况进行判断估计，称之为"分解法"。这是由于历史性建筑各类构件的损耗期限是不一致的，特别是还有一些隐蔽项目的损耗程度，未受到专业训练的人员确实很难掌握。但目前使用最多的估算物理折旧的方法还是"年龄－寿命法"，该方法简单适用，假设建筑物各部件的经济寿命和使用年限损耗程度相互一致，亦即都依直线基础折旧。直线折旧是一种近似算法。其基本公式为：

有效年龄t年的物理折旧总额计算公式

$$E_t = C(1-R)\frac{t}{N} \qquad \text{公式(8.1)}$$

其中，E_t为折旧总额，C为建筑成本，R为建筑物净残值率，t为有效年龄，N为建筑物经济寿命。

中国传统建筑主要是木结构承重，按照古建筑修复标准，通常经济寿命为40年左右，相比于西方石制建筑寿命数百年确实有着明显差异；但是中国传统建筑的维修保

[1] 但是通常运用成本法计算历史建筑价值时，并不扣除这部分优惠金。因为这是投资人实际支付后再由政府补贴，作为历史建筑保护的一种奖励。

[2] 美国估价标准认为，投资利润率IRR专指具体项目，而该类项目平均利润率称为企业家激励(Entrepreneurial incentive)。

[3] 前面为英文直译，括号里为国内定义，在英语单词上并无差异。

护较为易便,构件损毁只要及时更换,一般不会妨碍建筑整体功能的使用,因此数百年的木构建筑还是随处可见。

历史性建筑的建筑结构与附属设施的使用寿命有较大不同,我们认为应该予以分开考虑:附属设施包括电力、给排水、空调、安全系统等,通常情况下使用寿命不超过15年,故称为短寿命项目;不属于短寿命项目的都是长寿命项目。估价人员要谨慎认定各分部分项的寿命期限,尽量准确地估算历史性建筑的实体损耗。

2) 功能退化(功能折旧)

功能退化是建筑物在结构、材料或设计等方面的缺陷所引起的功能、效用和价值的减少。这种缺陷是相对于价值时点的最高最佳使用和效益一成本最优化而言的。当然针对历史性建筑,这种缺陷还要考虑市场的认可度,例如有些功能不足(楼梯窄小或挑檐低矮等),在普通住宅可能就不能被接受,而对于历史性建筑人们会认为是理所当然的,反而成为魅力所在。当然中国传统建筑的实用性比较缺乏,如传统厅堂开阔高敞、木制门窗雕刻精美,这也是吸引公众的亮点,但实用性体现在空间与形式的相互合理搭配,有时厅堂过大、木制门窗密封性不够,会造成空调设施功能不足,需要改造空调设施或是在木制门窗内添加现代无缝玻璃门窗;无论哪种改良方式,都会带来成本增加,这就是功能退化。当然历史性建筑的功能实用还体现在安全性、便利度、灯光、给排水等方面,如果在历史性建筑修复或重建的时候,设计、建造人员能够专业谨慎地考虑到这些可能的缺陷,就会很好地避免功能退化的过早出现❶。功能折旧可按照实际具体情况采用德尔菲法、市场提取法或成新折扣法等计算。

3) 外部退化(经济折旧)

外部退化是指不动产本身以外的各种消极因素所造成的价值减损。消极因素可能是经济因素、不良市场状况或是区位环境恶化等。历史性建筑的外部主要体现在环境的外部性,如果历史性建筑与周边建筑环境和谐统一,将为彼此带来增值;反之,如果相互冲突,价值则必然会受影响。这些外部退化因素往往不是产权人或使用人能够消除的,例如历史性建筑被现代楼宇所包围(永久性外部退化),又如幽雅肃穆的寺庙旁边正在开山炸石(暂时性外部退化)。外部退化的估算需要从市场资料中去提取,通常会通过市场销售收入的减少或租金收益的损失去剥离和衡量。外部退化可按照实际具体情况采用特尔菲法、市场提取法或成新折扣法等计算。

8.2.4 建筑物的历史文化增值调整

根据前文论述,在历史性建筑蕴含的诸多信息要素中,建筑物本身的额外历史文化增值主要反映在艺术价值、科学价值要素方面。同样,本阶段也不考虑对历史性建筑物的产权限制调整。

历史性建筑是一种跨越时空的艺术形式,历史性建筑的艺术审美价值内容丰富,

---

❶ 随着经济技术的发展,建筑的功能退化不能避免,只能尽可能地延后。

一般包括几个方面：一是历史性建筑作为艺术史的实物资料，提供直观及形象艺术美学价值记载的信息；二是历史性建筑实体所体现、表达出的艺术风格和艺术处理手法及艺术水平；三是历史性建筑构件细部工艺、装饰具有重要的艺术特征；四是历史性建筑的园林及附属物具有的艺术特质，如园林艺术、壁画、陈设品及构筑物特征等，这些都是历史性建筑艺术价值中不可分割的组成部分。

历史性建筑的科学价值是指人们在长期的历史社会实践中产生和积累起来的，侧重于建筑设计与建造过程中所涉及的科学技术水平，基本内容有：一是历史性建筑布局、实体等方面的完整性；二是历史性建筑本身所记录和说明的各方面的建造技术，包括各种建筑结构构架方式的演进、建筑材料的改进与更新、施工工艺技术与方法的改进、建筑空间形式的演变等；三是反映建筑技术史和其他方面的专门技术史的实物资料。

通过分析历史性建筑的艺术价值、科学价值内涵特征、价值属性等影响因素，编制因素调整表，本书参照上一章的公式、程序，采用层次分析法和德尔菲法分别对科学价值和艺术价值要素的调整体系进行尝试性分析。建筑物部分的历史文化增值调整体系对应的是建筑成本，估价对象的艺术价值或科学价值越高，重建成本必然也越高，所以，该部分调整并不需要过多考虑保护等级因素。这一点有别于土地部分，这是由于在市场调整法中土地的历史文化增值调整体系对应的是普通建筑用地地价，因此，必须要考虑项目所在区域及保护等级。

层次分析法　对历史性建筑物影响因素的评价体系中的各指标基础权重进行分析，确定得出历史性建筑物的历史文化增值影响因素调整体系，如表 8.2。具体分析过程可参照第 7 章。

表 8.2　建筑物的历史文化增值影响因素体系(层次分析法)

目标层	准则层	指标层
历史文化增值	艺术价值	艺术史料代表性
		建筑实体的艺术特征
		建筑构件及装饰的艺术特征
		园林及附属物的艺术特征
	科学价值	完整性
		建筑实体的科学合理性
		施工工艺水平
		建筑技术史料价值

德尔菲法　通过专家组分析历史性建筑物本身的文化内涵特征、价值属性和影响因素等，编制因素调整表，如表 8.3。

表 8.3 建筑物的历史文化增值影响因素体系(德尔菲法)

影响因素	内容
艺术美感	建筑实体的艺术特征
	建筑构件及装饰的艺术特征
	园林及附属物的艺术特征
科学技术价值	完整性
	建筑实体的科学合理性
	施工工艺水平

8.2.5 产权限制

对历史性建筑设置保护性的产权限制条件,目标是尽力保护这些独特的人类文化遗产并且确保将之传承后代,虽然,这些产权限制条件在不同程度制约或影响了目标对象的利用与功能。据前文所知,历史性建筑的产权限制主要包括:建筑产权转让的限制、建筑实体的限制、建筑修复的限制、功能利用限制和环境保护限制等。同样,参照上一章的公式程序,采用层次分析法和德尔菲法分别对产权限制的影响因素调整体系进行分析。也要注意的是,无论何种方法来计算历史性建筑的产权限制调整时,应考虑项目所在区域及保护等级等因素来设定调整系数范围。

层次分析法 对历史性建筑产权限制因素的调整指标体系中的各指标基础权重进行分析确定得出(表 8.4):

表 8.4 历史性建筑的产权限制影响因素体系(层次分析法)

目标层	准则层	指标层
产权限制	区域保护规划	是否位于历史地段
		环境风貌限制
	建筑保护限制	建筑实体保护限制
	利用限制	使用功能限制
		产权人相关限制

德尔菲法 通过分析历史性建筑的区域限制、建筑实体限制、利用限制等因素,确定得出产权限制因素的调整指标体系调整系数(表 8.5)。

表 8.5 历史性建筑的产权限制因素指标体系(德尔菲法)

影响因素	内容
区域保护限制	是否位于历史地段
	环境风貌限制
建筑保护限制	建筑实体保护限制
利用限制	利用及功能限制

8.3 成本法的实证研究

8.3.1 估价对象历史性建筑情况

山塘街雕花楼(许宅;控制保护建筑编号 182)位于苏州山塘街历史街区中段,始建于清代后期,是清末吴中名医许鹤丹的家宅。老宅坐北朝南,建筑布局采用传统的江南民居建筑手法,一落四进,门楼两座,东西两侧建备弄。建筑总面积共 1 515.08 m²(房产证面积),土地面积为 1 428.60 m²(土地证面积)。一至四进建筑分别为门厅、轿厅、花厅和堂楼,第三、四进组合成传统的走马楼格局;第三进西南隅有卷棚歇山顶望楼(更楼),颇为别致;宅后有假山庭园。许宅一度为化工原料仓库,由于老屋年久失修,2000 年不幸失火,除门厅、轿厅大部分保留外,其他建筑都化为废墟。2001 年周姓商人购买后按老宅原样全面修复,2003 年底完工,2009 年通过法院拍卖转让给苏州某建筑商,又进行了新一轮的修整与装饰。目前,许宅最大特色是木雕装饰极为精美。走马楼所有的梁坊、栏杆、门窗、挂落、飞罩等 200 余木构部件被施以雕饰,花鸟走兽、梅兰竹菊、民间传说、福禄寿三星等吉利口采,集聚众多精美雕刻,被罗哲文先生赞誉为"山塘雕花楼"❶(图 8.1)。

图 8.1 山塘雕花楼庭院与内景

❶ 文字描述部分摘录于沈庆年.苏州楼市——住宅古今文选[M].香港:天马出版有限公司,2010:120-122.

委托方需要了解在价值时点2013年11月15日现状条件下的山塘街雕花楼的市场价值。

据前文所述，越是新修复的历史性建筑，运用成本法计算就越是准确，这是因为重建成本比较容易获取，历史文化内涵意义损失较小。考虑到估价对象正是2003年在原址的基础上，几乎是按原样重建的，所以运用成本法计算其市场价值是合适的。

8.3.2 历史性建筑用地的地价估算

历史性建筑用地蕴含着普通土地所不具有的历史、环境文化等信息要素，可以产生额外的效用价值。缺乏这种额外价值，人们仍然会去选择价格低廉的普通土地。本书认为在普通土地(非历史性)地价的基础上，将这些额外价值另行单独调整，作为计算历史性建筑用地地价的方法是可行的。首先将历史性建筑用地假设为普通建设用地，通过估价方法计算出在现状利用条件下的普通建筑用地地价，在此过程中需要充分考虑交易时点、交易情况和区位等因素影响；其次，通过分析估价对象的历史文化内涵特征、价值属性和影响因素等，编制因素调整表，得出估价对象的历史文化增值调整系数；再次，将普通地价与调整系数结合得出最终价值指示。注意这里不对其限制条件的影响进行调整。

本书这里以德尔菲法为例，确定该区域的控制保护建筑用地的影响因素及调整系数，详见表8.6。

表8.6 历史建筑用地的历史文化增值调整系数表(德尔菲法)

影响因素	内容	调整系数
历史文化	包括建造年代、名人名事效应等	5%～10%
环境协调	古城、历史街区	5%～10%
	古镇、古村落	3%～8%
	一般地段	0
	闹市区	−10%～0
	建筑是否与环境协调、区域限制的影响	上述分值中扣减
社会知名度	有一定社会知名度与影响力	0～5%

依据因素调整系数表，综合考虑估价对象山塘街雕花楼所在地块的实际情况，最终确定调整系数[1](详见表8.7)。然后，估价人员假设山塘街雕花楼所在的历史性建

[1] 估价对象位于苏州山塘街。山塘街历史悠久、人文渊薮，最初于唐朝中期由白居易所建，又称为白公堤，2003年经过重新修复。修复后的山塘街是苏州古城自然与人文景观精粹之所在，堪称“老苏州的缩影，吴文化的窗口”。山塘街是江南典型的水巷格局，呈现出水陆并行、河街相邻的特征，建筑精致典雅、疏朗有致，街面店肆林立、会馆集聚，再现了古山塘街的盛世繁华。山塘街于2002年成为苏州历史文化保护街区。估价对象建筑与山塘街历史街区协调统一、相得益彰，所以环境协调系数确定为8%；许宅从建造年代和名人名事效应方面来考虑，类似的店宅结合的建筑并不多，属于控保建筑，所以历史文化系数定为6%；许宅本身没有较大社会影响，只是后来成为苏州私人出资修复的代表作品，引入精美的木雕艺术而引起一些社会关注，并且由于前两年涉及法律事务，地方社会媒体连续进行跟踪报道，因此社会民众对该历史建筑有所知晓。综合考虑认为社会知名度系数为4%。

筑用地为普通(非历史性)建设用地,充分考虑交易时点、交易情况和区位等因素影响后,通过估价方法计算出在现状利用条件下的普通建筑用地地价为11 000元/平方米。最后将普通地价与调整系数结合得出最终价值指示。估算过程见表8.7。

表8.7 历史性建筑用地市场调整法计算工作表

项目	内容	调整系数	金额
普通建筑用地地价 V_1			11 000 元/m²
影响因素			
	历史文化	6%	
	环境协调	8%	
	社会知名度	4%	
调整系数 R		18%	
历史性建筑用地单位地价 V_2	$V_2 = V_1 \times (1+R)$		12 980 元/m²
估价对象总地价 V	$V = V_2 \times 1\,428.60$		1 854.32 万元

8.3.3 建筑成本

建筑成本包括直接成本、间接成本和企业家激励/利润。本次估价专家组进行了谨慎估算,参照《古建筑修建工程质量检验评定标准(南方地区)》分部分项标准,结合苏州控制保护建筑和估价对象的实际情况,得到价值时点的估价对象的建筑重建总成本(直接成本、间接成本等分部分项),详见表8.8。同时,根据近几年苏州市控制保护建筑的市场交易实例,反复推算确定该估价项目的企业家激励(利润)为15%。

表8.8 山塘街雕花楼建筑成本一览表 (单位:万元)

	分 项	分 部	建筑成本
一、直接成本			3 832.50
建筑主体	土方、地基与基础工程	包含土方、人工地基、台基、基础工程	218.25
	大木工程	包含大木构架中柱、梁、川(穿)、枋、桁(檩)、椽、木基层、斗拱、楼梯的制作、安装	350.80
	砖石工程	包含修建工程中的砖石(细)加工,砌筑、漏窗制作及安装	327.39
	屋面工程	包含望砖、小青瓦、筒瓦、屋脊、饰件工程	272.82
	地面与楼面工程	包含基层、墁砖工程、墁石地面、木楼地面等	176.68
	木装修工程	包含木门窗、隔扇、坐槛、栏杆、挂落、博古架、天花(藻井)、美人靠、落地罩等小木作构件的制作和安装	422.22
	其他	包括特殊工程、加固补墙工程、化学保护工程	
	雕塑工程	包含各类木雕、砖雕、石雕和灰雕等	760.00
	装饰工程	包含室外、室内粉刷、油漆、彩绘等	271.52
	脚手及安装工程	包含内外满堂脚手架、木制斜道及安全网、平移、顶升工程等	110.43
庭园	庭园	包括庭园假山、花木、亭廊等	545.64
	水池	包含自然换水及人工自来水补充	194.87

续表 8.8

	分项	分部	建筑成本
附属设施	水	供水、下水及雨污分流管道铺设	181.88
	电	供电线路的铺设、电增容及照明设施	
	消防	消防设施及消防水管道铺设	
	空调、安保等	空调设施、安全系统等其他附属设施	
二、间接成本			770.52
1. 勘察设计费用		包含地质勘察费、方案设计费、建筑设计费、景观设计费、监理费用等	325.00
2. 建设规费及基础设施费		包含白蚁防治费用、有线电视费用及市政公共基础设施配套费用	22.71
3. 投资利息(财务费用)		包括土地取得成本、开发成本和管理费用的利息	292.81
4. 管理费用		为组织和管理房地产开发经营活动所必需的费用	130.00
三、企业家利润			770.52
		直接成本和间接成本的总和值的 15%	690.45
总建筑成本			5 293.47

8.3.4 折旧计算

物理折旧 估价对象历史性建筑的建筑结构与附属设施的使用寿命有很大不同,必须分开考虑。根据《苏州市重置价格管理办法》规定:短寿命项目主要指附属设施,包括电力、给排水、空调、安全系统等,经济寿命为 15 年,残值率 0%;估价对象历史性建筑认定为砖木一等,所以,长寿命项目的经济寿命为 40 年,残值率 4%,估价对象历史性建筑有效使用年期为 10 年。所以,计算所得短寿命项目折旧率为 67%,长寿命项目折旧率为 24%。项目总物理折旧额详见表 8.9。

表 8.9 项目物理折旧计算表

项目	折旧率	金额
建筑总成本		5 293.47 万元
短寿命项目成本		182 万元
有效年龄		10 年
经济寿命		15 年
短寿命项目折旧率	67%	
短寿命项目物理折旧额		121.94 万元
长寿命项目成本		5 111.47 万元
有效年龄		10 年
经济寿命		40 年
长寿命项目折旧率	24%	
长寿命项目物理折旧额		1 226.75 万元
总物理折旧额		1 348.69 万元

功能退化 估价对象建筑物在建造初期并未考虑木制门窗的密封性，在使用过程中发现空调设施功能不足，业主决定对空调设施进行合理化改造，增加费用；由于建筑内部采用大量的木雕装饰，后来又对消防系统进行部分升级改造；建造初期建筑内部原先安装了较为普通的安全系统，后来随着社会知名度的提高，业主不得不更换目前流行的更先进的安全系统型号。所以综合考虑确定功能退化率为4%。

外部退化 估价对象历史性建筑位于苏州历史街区山塘街，与周边建筑环境风貌相互协调统一、相得益彰，故确定不存在外部退化。

8.3.5 建筑物剩余价值

建筑成本扣除折旧额等于建筑物剩余价值(表8.10)。

表8.10 历史性建筑用地影响因素调整系数表(德尔菲法) (单位:万元)

项目	金额
总成本	5 293.47
总折旧	1 560.43
建筑物剩余价值	3 733.04

8.3.6 估算建筑物的历史文化增值

本书以德尔菲法为例，通过分析历史性建筑物本身的文化内涵特征、价值属性和影响因素等，编制因素调整体系，并确定各指标基础权重范围(表8.11)。本阶段不考虑产权限制调整。

表8.11 建筑物的历史文化增值影响因素体系(德尔菲法)

目标层	准则层	指标层	调整系数区间
建筑物历史文化增值	艺术美感	建筑实体的艺术特征	2%～5%
		建筑构件及装饰的艺术特征	2%～5%
		园林及附属物的艺术特征	2%～5%
	科学技术价值	完整性	0～2%
		建筑实体的科学合理性	2%～5%
		施工工艺水平	0～1%

估价对象位于苏州历史文化街区山塘街，虽然是2003年重建，但是尚保留了前二进建筑，后二进建筑也基本按照原貌和旧工艺进行重建，保留了原有的建筑风貌和技术工艺；特别是木雕装饰极为精美，虽然是当代作品，但木雕设计、制作等严格按照传统工艺流程，其复杂及精美程度都属于目前国内不多见的传统建筑的木雕精品，具有一定的艺术价值和科学价值(表8.12)。

表 8.12　建筑物的历史文化增值计算结果表

项目	修正比例	金额(万元)
建筑物剩余价值	—	3 733.04
艺术价值要素调整	6.5%	
科学价值要素调整	2%	
调整合计值	8.5%	
修正后建筑物价值	—	4 050.35

8.3.7　产权限制

同样,运用德尔菲法,专家组为该区域的控制保护建筑的产权限制各指标的基础权重进行打分,确定其调整范围(表 8.13):

表 8.13　历史性建筑的产权限制因素指标体系(德尔菲法)

<table>
<tr><th>目标层</th><th>准则层</th><th>指标层</th><th>调整系数区间</th></tr>
<tr><td rowspan="4">产权限制</td><td rowspan="2">区域保护限制</td><td>是否位于历史地段</td><td>−3%～0</td></tr>
<tr><td>环境风貌限制</td><td>−1%～1%</td></tr>
<tr><td>建筑保护限制</td><td>建筑实体保护限制</td><td>−3%～0</td></tr>
<tr><td>利用限制</td><td>利用及功能限制</td><td>−3%～0</td></tr>
</table>

估价对象建筑位于苏州历史街区山塘街,属于控制保护建筑,必须要符合控制保护建筑的相应限制条件。由于建筑物要求采用砖木结构,且木雕工艺复杂,人工成本偏高,对消防设施、白蚁防治等都有明确要求。为了适应现代生活的需要,将现代化生活设施(如空调、管道工程)等融入历史性建筑,以保证现代生活和传统风貌和谐性。综合确定产权限制的调整系数应为−6%(表 8.14)。

表 8.14　成本法的产权限制调整计算结果表

项目	修正比例	金额(万元)
历史性建筑价值	—	4 050.35
土地地价	—	1 854.32
估价对象总价值		5 904.67
产权限制调整值	−6%	−354.28
积算价值指示	—	5 550.39

8.3.8　成本法结论

上述计算过程已经取得建筑用地地价、建筑成本、折旧总额、建筑物历史文化增值调整、产权限制调整等,成本法估算结果详见表 8.15。

通过成本法工作表,最终的积算价值结果为 5 550.39 万元。正如前文所述,成本法运用于新修复的历史性建筑的结果更加接近准确,重建成本的内涵和折旧的损耗较易判断，只是山塘街雕花楼以精美木雕为名，虽然是后人仿建，但也凝聚了丰富的传统技术工艺，表现出古老辉煌的文化传承。因此，综合考虑估价方法的计算结果和咨询专家组意见，最后确定在价值时点 2013 年 11 月 15 日现状条件下的山塘街雕花楼（许宅）市场价值为 5 550 万元。

表 8.15 成本法工作表

项目	调整系数	金额(万元)
建筑成本		
直接成本(重建成本)和间接成本		4 603.02
企业家利润(激励)	15%	690.45
总成本		5 293.47
折旧		
物理折旧		
短寿命项目折旧额	67%	121.94
长寿命项目折旧额	24%	1 226.75
总物理折旧		1 348.69
总功能退化	4%	211.74
总外部退化		0
总折旧		1 560.43
建筑物剩余价值		3 733.04
建筑物历史文化增值调整	8.5%	
建筑物价值		4 050.35
土地价值		1 854.32
汇总值		5 904.67
产权限制调整	−6%	
成本法积算价值		5 550.39
价值指示		5 550

9 条件价值法的应用

历史性建筑是一种资源性资产,除了不动产传统估价方法以外,也可参照资源环境经济价值的估价方法进行考虑。本章将重点研究条件价值法在历史性建筑经济价值评估中的应用。

9.1 条件价值法的适用性分析

9.1.1 历史性建筑的资源特征

我国历史悠久,具有深厚的文化底蕴,虽然历经朝代更迭、战争洗礼,还是留存下了众多珍贵的历史建筑遗产。历史性建筑作为承载了历史、文化、艺术要素等综合价值的特殊建筑类型,除了普通不动产的特性外,还有稀缺性和不可再生性的特征,是一种具有资源属性的特殊资产。

历史性建筑是历史上某一时期的真实写照,反映了当地的民风、民俗和历史、科技水平以及社会发展进步的程度。历史性建筑浓缩了地域历史,它以自己独特的文物古迹和深厚的历史文化底蕴再现某一历史时期的传统风貌和地方特征,是古代生态建筑的明证,具有极高的历史、社会、文化、经济及艺术价值;古民居等建筑是历史的昨天,蕴含着丰富的历史文化信息,反映着当时的政治经济、社会文化现象,也反映着当时劳动人民的勤劳智慧和艺术创造才能,是我们古代文明不可缺少的珍贵实物资料,是中华民族优秀的文化遗产。由于历史性建筑年代较为久远,历经漫长的历史时期、世事变迁,留存下来的历史性建筑数量越来越少,具有明显的稀缺性。惟其稀少,更显珍贵;惟其珍贵,更需保护。历史性建筑这一具有独特的历史文化价值、观赏艺术价值和社会经济价值的稀缺资源也逐步引起人们地关注与重视,其旅游价值和经济价值逐步显现出来。

资源经济学将资源的属性归纳为:有用性、稀缺性、动态性、天然性等,其中最本质的属性是有用性和稀缺性。资源的基本特征是整体性、地域性、多用性、数量有限性和发展潜力无限性[1]。历史性建筑是反映各朝代或各时期社会、人文、环境和历史的建筑物化实体档案,是人类延续的记忆载体之一,一旦毁灭就无法再生,历史性建筑本身凝

---

[1] 曲福田.资源经济学[M].北京:中国农业出版社,2001:3-7.

结的历史、文化、艺术价值要素也随之殁灭,因此是一种不可再生的珍贵历史文化资源。正是历史性建筑这种有用性和稀缺性的基本特征,使得历史性建筑具备不可再生资源的特性[1]。

9.1.2 条件价值法的应用分析

资源经济学是以经济学理论为基础,通过经济分析来研究资源的合理配置与最优使用及其与人口、环境的协调和可持续发展等资源经济问题的学科。资源经济学对价值的定义是事物(如资源)的效用(客体)对人(主体)需要的经济意义。它是一个关系范畴,或是指事物满足人的需要的效用(客观有用性)。资源价值不仅指已经产生的现实经济效益,更指的是能够但还没有产生的潜在的经济效益。资源经济学将资源价值分为直接使用价值和非使用价值(存在价值)。由于资源的非使用价值难以用货币的形式在经济上得到体现,并且具有很强的外部性,因此对资源的经济价值评估一般不采用传统的不动产估价方法。资源经济学对此也有一些估价方法对资源的使用价值和非使用价值进行综合反映,比如条件价值法、旅行费用法、内涵价格法以及费用支出法等。

历史性建筑作为一种历史文化产品,具有稀缺性和不可再生性,拥有稀缺资源的典型特征,属于资源性资产。历史性建筑除具有使用价值外,同样具有非使用价值,因此,历史性建筑的非使用价值也可以采用资源经济学估价方法进行测算。值得注意的是,资源经济学的估价方法充分考虑使用价值和非使用价值,即并不重视市场供求关系的影响。实际上国内外有许多学者[2]采用条件价值法对历史文化遗产价值进行估价。

理论上而言,条件价值法体现的是公众对于历史性建筑的支付意愿,即对历史性建筑的全部(潜在)消费者支付意愿的集合。一般来说,年代越久远,历史性建筑的历史价值、科学价值及艺术价值要素等各种价值水平越高,可利用性或可观赏性越强,对消费者的吸引越大,消费者就更愿意付出更多的货币量。同样,出于对历史性建筑保护的目的,历史性建筑在功能使用、利用更新等存在着诸多限制,这些限制因素也可能给使用者或消费者带来不便,如交通的限制等。这些不便也可能降低消费者的支付意愿,从而使条件价值法评估出的历史性建筑价值偏低。作为消费者而言,其支付意愿是对历史性建筑进行的一个综合评判,并不会对历史性建筑的各种价值或限制进行区分,因此,通过条件价值法评估出的历史性建筑价值属于一种综合性评定,不能集中反映出该历史性建筑某一方面的价值优势或劣势。

---

[1] 不可再生资源是指被人类开发利用后,在相当长的时间内,不可能再生的自然资源。这类资源是在地球长期演化历史过程中,在一定阶段、一定地区、一定条件下,历经漫长的历史时期形成的。与人类社会的发展相比,其形成非常缓慢,与其他资源相比,再生速度很慢,或几乎不能再生。人类对不可再生资源的开发和利用,只会消耗,而不可能保持其原有储量或再生。

[2] 诸如:Ana Bedate、Samuel Seongseop Kim;许抄军、董雪旺等。

条件价值法(CVM)亦称意愿评估法、调查评价法等,是在效用最大化理论基础上,利用假设市场的方式揭示公众对公共产品的支付意愿,从而评估公共物品价值的方法❶。该方法在详细介绍研究对象概况(包括现状、存在的问题、提供的服务与商品等)的基础上,假想形成一个市场(成立一项计划或基金)用以恢复或提高该公共商品或服务的功能,或者允许目前环境恶化与生态破坏的趋势继续存在,通过利用问卷调查的方式直接考察受访者意愿(WTP)或接受意愿(WTA),以得到消费者支付意愿来对商品或服务的价值进行计量。简而言之,CVM是在模拟市场条件下,引导受访者说出愿意支付或者获得补偿的货币量。WTP是指调查居民所愿意支付的改善生态系统的质量的生态系统服务的货币量;WTA是居民愿意接受企事业单位由于经济开发活动,导致生态环境质量下降而提供补偿的货币量。

条件价值法灵活简单,数据较易获取,因此适用范围广泛。自从1963年Davis R首次将条件价值法应用于森林娱乐、狩猎等非使用价值评估以来,该方法在生态资源的价值评估方面的地位与重要性不断提高,是目前世界上流行的对环境等具有无形效益的公共物品进行价值评估的方法。CVM于20世纪90年代被引入我国,逐步受到了国内研究者和学者的重视,取得了显著发展。但在总体上看CVM理论、技术方法与案例实证方面的研究仍然是十分有限的,从目前实际应用范围来看,多适用于非市场物品价值评估,即在缺乏市场价格的情况下,条件价值法这种采用假想市场的方式为非市场物品(如环境资源)的价值评估提供了可能性,成为当前重要的衡量环境物品价值的基本方法之一。

历史性建筑虽然不属于环境物品的范畴,却具备不可再生资源的稀缺性和不可再生性的特征,同时凝结了难以衡量的历史、文化、艺术以及科学等无形价值,属于文化资源。文化资源就是人们从事文化生产或文化活动所利用或可资利用的各种资源,它不仅是指物质财富资源,同时也是精神财富资源❷。因此,本书认为可以借鉴条件价值法对历史性建筑经济价值进行评估,且更适宜于那些特征明显、替代性低的文物保护单位的估价。国内已经有学者尝试应用条件价值法对历史古城的经济价值进行评估,如许抄军等人❸。

条件价值法从消费者的角度出发,在一系列假设问题的前提下,通过调查、问卷和投标等方式来获得消费者的WTP,综合所有消费者的WTP即为经济价值❹。该方法直接评价调查对象的支付意愿或者受偿意愿,从理论上来说,所得结果应该最为接近目标对象的货币经济价值。但是,在实际应用时我们注意到,在被调查者的支付意愿方面,调查者和被调查者所掌握的信息是非对称的,被调查者比调查者更清楚自己的意愿;加上条件价值法所评估的是调查对象本人宣称的意愿,而非真正意义上调查对

❶❹ 陈应发.条件价值法——国外最重要的森林游憩价值评估方法[J].生态经济,1996(5):35-37.

❷ 程恩富.文化经济学通论[M].上海:上海财经大学出版社,1999.

❸ 许抄军,刘沛林,王良健,等.历史文化古城的非利用价值评估研究——以凤凰古城为例[J].经济地理,2005,25(2):240-243.

象根据自己的意愿所采取的实际行动,因此,调查结果将会存在着产生各种偏差的可能性。运用条件价值法的关键是尽量事先对社会调查中可能存在的偏差进行分析,深入细致的准备工作可减少这些偏差影响,提高最终结果的信度和效度。

9.2 条件价值法的程序

条件价值法是通过构建假想市场来估计目标对象的价值。其适用范围很广,可以用来评估历史性建筑的使用和非使用价值。条件价值法的程序主要分为四个步骤:首先,设计调查表格;其次,确定调查对象;第三,实际调查;第四,估算历史性建筑的价值。

9.2.1 设计调查表格

调查表格设计是条件价值评估的重要环节,是引导出最大支付意愿的重要手段。根据调查表格设计的不同,CVM 可分为连续型条件价值评估(CCV)与离散型条件价值评估(DCV)。其中连续型条件价值评估包括投标法、开放式格式和支付卡格式三种。投标法用来鉴别公共商品偏好,但对 CVM 调查的可靠性评估不足;开放式格式与支付卡格式是进行 CVM 调查时采用的两种基本评估技术。历史性建筑经济价值评估的调查表格,主要内容应包括:(1)被调查者的个人基本信息,包括性别、年龄、职业、文化程度、年收入等;(2)被调查者对某一历史性建筑的支付意愿值;(3)支付偏好。当运用条件价值法对历史性建筑进行估价时,在调查问卷的设计原则与主要内容等方面,与环境资源价值评估相比没有本质区别。

9.2.2 确定调查对象

调查对象是影响条件价值法评估结果的重要因素,调查对象范围的确定直接影响着最终评估结果的准确性。理论上,条件价值法的调查对象应该是历史性建筑的所有受益者,但这在现实操作中无法实现。确定历史性建筑的调查对象范围具有一定难度:如果范围过大,会将历史性建筑的非受益者包括在内,造成调查资源的浪费;如果调查范围过小,也会排除部分历史性建筑的受益者,形成最终评估结果偏低;所以,应该综合分析历史性建筑价值的受益辐射效度,结合实际经验来确定 CVM 调查对象的范围。实际上,由于很难精确地界定历史性建筑的全部受益者,不管如何反复考虑调查范围,最终估算结果与真正价值之间总是会存在一定的偏差,这是因为估算结果只是反映出历史性建筑对于调查对象范围的价值指示。

9.2.3 实际调查

在设计调查表格结束和确定合理范围的调查对象之后,通常采用电话访问、信息回复、邮寄并回收问卷、当面调查等方式对历史性建筑的受益者进行调查,收集历史性建筑个人支付意愿数据。历史性建筑的调查方式可以根据该建筑的保护等级、社会知名度、影响范围等因素综合考虑确定合理的调查方式。

9.2.4 最终计算

根据公式 $WACL = (\sum PL \cdot ML)/GL$ 计算某历史性建筑的最大支付意愿的平均值，其中 $WACL$ 为当地居民和游客最大支付意愿的平均值，PL 为每一类型最大支付意愿人数，ML 为每一类型最大支付意愿的金额，GL 为调查对象的有效问卷人数。

$WACL$ 与该历史性建筑的游览人数或潜在访问人数的乘积即为该历史性建筑的价值。

表 9.1 支付意愿人数分布及计算表

支付意愿区间（元）	人数（人）	比例（%）	平均支付意愿（元）	WTP/年（人 * 元）
0				
$1-n_1$				
n_1-n_2				
……				
n_x-n_y				
合计			—	

注：各支付意愿范围的平均支付意愿按其平均值计算。

9.3 条件价值法的实证研究

9.3.1 估价对象情况

东山雕花楼（春在楼）[1]，全国文物保护单位（编号 0025），位于苏州吴中区东山镇光明村（图 9.1）。当地商贾金氏兄弟于 1922—1925 年所建，占地约 2 亩，建筑面积 2 242 m^2。建筑具有中西结合、以中式为主的院落式风格。主楼外观两层，实为三层，第三层采用缩进两樏法，隐于其上。整幢大楼有前后两进，天井、庭院、大厅、书房、卧室、阳台、密室、回廊等；整体布局巧妙合理、井然有序，既有中华民族传统的建筑特色，又有西方建筑的时代特点。东山雕花楼集砖雕、木雕、金雕、石雕、雕塑、彩画、壁画、匾额为一体，具有极高的艺术品位，其中主楼下的大厅所有梁、柱、窗、栅无处不雕不刻，仅梁头就刻着几十幅三国演义组画，窗框刻有全二十四孝组画。大厅还雕有 178 只凤

[1] 该建筑相关资料由苏州市住房和城乡建设局吴中分局提供。

凰,给人以琳琅满目的美,是 20 世纪 20 年代香山帮的典型作品。东山雕花楼的一进砖雕门楼是我国砖雕门楼艺术中的精品:造型雄伟而秀逸,结构严密而灵巧,题材广泛而协调,雕工精细而古雅,作为江南民间艺人的绝妙佳作,属于目前苏州古民居砖雕门楼的代表作。80 年代初,当地政府将东山雕花楼申报为全国重点文物保护单位和国家级风景旅游点正式对外开放。东山雕花楼以其独特的魅力,作为“香山帮”工匠的代表作品,引得中外游客纷至沓来,成为当地独具特色的旅游景点(图 9.2、图 9.3)。

图 9.1 东山镇

图 9.2 东山雕花楼庭院

图 9.3 东山雕花楼内景

本书通过条件价值法对 2013 年 12 月 31 日估价对象的经济价值进行估算。

9.3.2 调查方法

本书研究的调查问卷中采用支付卡法引导受访者对东山雕花楼的经济价值进行评估,从而获得分析所需数据。问卷中设计了 8 个问题,涉及被调查者的个人信息、支付意愿和支付偏好。支付卡上支付意愿值(元)通过调查确定,分别是 0 元,1~50 元,50~100 元,100~200 元,200 元以上。调查员采取在东山雕花楼出口处直接邀请游客参与问卷调查的方式。共询问游客 240 人,其中 210 人接受了调查并提交了有效问卷,回应率为 87.5%。根据 NOAA(1993)报告的建议,面访调查中 70%的回应率是比较合理的底线,而 75%的回应率则更为有效。在本次条件价值法调查中,本调查问卷的回应率达到87%以上，高于NOAA建议的底线水平，根据实际调查情况，东山雕花楼的条件价值法问卷设计基本成功，在问卷的可理解性、假想市场与支付媒介的可信性、问卷容量的适应性等方面均实现比较理想的效果，达到了预期目标。详见附件的《条件价值法——东山雕花楼支付意愿问卷调查表》。

9.3.3 调查结果

有效问卷中被调查者的个人信息情况统计结果见表9.2。从被调查者的个人信息汇总可以看出，样本的分布符合随机分布的特点，基本覆盖了各类人群，样本的选择具有较好的代表性和典型性。

表9.2 被调查者个人信息汇总

特征	分类	百分比(%)
性别	男性	57.14
	女性	42.86
年龄	25岁以下	19.05
	26岁～40岁	40.00
	41岁～55岁	25.71
	56岁以上	15.24
职业	公务员	12.38
	教师或科研人员	18.10
	企事业单位职工	50.48
	农民	8.57
	其他职业	10.47
教育程度	研究生及以上	15.25
	本、专科	53.33
	中等教育	21.90
	初等教育（含初中、小学及以下）	9.52
家庭年收入	5万元以下	40.00
	5～10万元	40.95
	10～20万元	15.24
	20万元以上	3.81

支付意愿方面，有效问卷中有68个被访者不愿意支付保护金用于保护、维修雕花楼，视为“零支付”意愿。在这些选择零支付意愿的被调查者中，28.31%认为应当是由当地人或者当地政府出资保护；20.75%愿意出资保护，但是由于家庭收入偏低、无力承担；13.21%认为雕花楼的保护修缮应该全部由国家出资，而不是由个人支付；11.32%对旅游区的环境保护不感兴趣；5.66%因为家庭和工作地点离旅游区较远，享受不到其环境资源而拒绝支付；1.89%对本次支付意愿调查不感兴趣；此外

还有20.75%的零支付意愿者担心出资的钱不能真正用于旅游区环境保护而不愿意出资,这部分被访者具有支付能力和支付意愿,仅仅出于担心自己的出资不能发挥效用而选择零支付,因此"零支付"并非其真实支付意愿的体现,一旦对受资助部门建立信心,其真实的资助意愿才可能被表达出来,可以视作潜在的"非零"支付意愿者。

被访者中有 142 人选择了不同范围的"非零"支付意愿,其偏好的支付方式存在明显差异。其中:33.75%的被访者倾向于直接以现金形式捐献到东山雕花楼管理机构;28.75%认为应该包含在旅游景区或景点门票中支付;20%愿意以现金形式捐献到某自然保护基金组织并且委托专用;剩余 17.5%认为应以纳税的形式上交国家统一支配使用。

210 份有效问卷中,各支付意愿范围的选择人数分布见表 9.3。这些支付意愿范围的选择与我国普遍的捐款数目及范围较为接近。

表 9.3 支付意愿人数分布及计算表

支付意愿（元）	人数（人）	比例（%）	平均支付意愿（元）	WTP/年（人*元）
0	52	24.76	0	0
1～50	38	18.10	25	4.52
50～100	64	30.48	75	22.86
100～200	50	23.81	150	35.72
200 以上	6	2.86	200	5.71
合计	210	100	—	68.81

注:各支付意愿范围的平均支付意愿按其平均值计算。200 元以上的按 200 元计算。

根据表 9.3,可以计算得出东山雕花楼的人均支付意愿期望值为:

$$E(WTP) = \sum(P_iB_i) = 68.81(\text{元})$$

其中,P_i为各支付意愿范围的人数分布比例;B_i为各支付范围的平均支付意愿。

根据对东山雕花楼旅游人数的调查和相关旅游资料的收集,2013 年东山雕花楼的参观游客人数总数约为 242 万人次。根据前文分析计算得出东山雕花楼的人均支付意愿期望值为 68.81 元,按照 242 万人次的游客量进行乘积,可以计算出东山雕花楼的 2013 年经济价值为 1.66 亿元。

经专家组综合考虑认为,本次适用条件价值法所估算得到的东山雕花楼价值可能偏低。结果产生偏差的原因可能有多个方面:一是由于受访者对假想市场的反应与对真实市场的反应不一样而出现的偏差,是导致 CVM 存在不确定性的最重要因素之一;二是受访者对估价对象的不熟悉,而只有在完全知晓了解目标对象的信息状态前提下,受访者的支付意愿才能真正反映他们的偏好;三是受访者出于某些原因,在回答时违背自己的真实支付意愿，故意夸大或缩小自己的 WTP 值❶。通常可以运用再测信度方式来对调查结果进行验证，本书由于篇幅有限，这里不再详述。条件价值法应用于具体单个历史性建筑的经济价值评估，本书在此仅作初步探索，如何提高该方法对历史性建筑估价的科学性和结果的可靠性有待进一步研究。无论如何，条件价值法也不失为一种可行的估价方法。

❶ 董雪旺，张捷，刘传华，等. 条件价值法中的偏差分析及信度和效度检验——以九寨沟游憩价值评估为例[J]. 地理学报，2011(2):267-278.

10 特征价格法的应用

特征价格法又称效用估价法,认为商品是由众多的特征因素组成的,不动产价格是由这些特征因素带给人们的效用所决定的。特征价格法目前已经逐步成为不动产批量估价的流行方法之一,如何适用于历史性建筑的估价还需要进一步探索与分析。

10.1 特征价格法的适用性分析

特征价格法的基本思路是:认为商品价格由其内在特征和外部因素共同决定,这些特征因素结合在一起形成影响效用的特征包。商品是作为特征包集合进行出售,并通过产品特征的组合来影响消费者的选择的。特征价格法有三个基本假设:(1)每一件商品的价格由该商品的一系列属性 $X(x_1, x_2 \cdots x_k)$ 决定,而各项属性均能量化,即每一种属性视为一个变量;(2)经济角色即消费者都是理性的人,他们对商品的偏好只由这些属性决定;(3)商品价格 P 和属性集合 X 之间呈函数关系,即 $P = f(X)$,根据此函数关系求得的价格也叫做商品的特征价格❶。

按照特征价格法的理论,不动产价格是由许多不同特征因素组成并影响的,价格是由所有特征带给人们的效用决定的。由于各特征因素的数量及组合方式不同,所以使得不动产价格产生差异。因此,将不动产的价格影响因素分解,可求出各影响因素所隐含的价格。具体表现为:在保持不动产的特征不变的情况下,将不动产价格变动中的特征或品质(如面积、楼层、朝向和配套服务等)因素进行分解,从价格的总变动中逐项剔除特征变动的影响,剩下的便是纯粹由供求关系引起的价格变动。

特征价格法的评估原理是:先选取适当的变量来反映不动产价格的各特征因素,再根据大量的样本数据构建同类型物业的特征价格方程;然后将估价对象的特征进行赋值后再代入模型方程,最终计算得到估价对象的特征价格。建立目标对象物业的特征价格模型是特征价格法的核心,一旦构建完成,可以对于同类型的物业价格进行批量性评估。所以近年来,特征价格法在各个国家不动产市场价格指数的编制与实践中得到广泛应用,表现出良好的效果。

我国目前留存下来的历史性建筑很多是成片成规模分布的,如历史街区、古村落

❶ 梁青槐,孔令洋,邓文斌.城市轨道交通对沿线住宅价值影响定量计算实例研究[J].土木工程学报,2007,40(4):99.

或古镇，保存着数量较多的历史性建筑，这种具有一定分布规模的历史区域，存在着一定数量的历史性建筑，影响历史性建筑价值的特征因素也较为相似，这使得研究人员能够收集到大量符合要求的样本数据，以建立较为准确的特征价格数学模型。基于特征价格法的原理，在选取合适变量的基础上，其结果的准确度取决于样本数据量的大小。在数据量足够大的情况下，这种通过建立数学模型的计算方法所得到的结果相对于传统估价方法更为准确。因此，特征价格法适用于成规模批量存在的历史性建筑的价值评估。建立了相关的特征价格方程，将历史性建筑的各特征变量赋值代入模型方程，可求得目标对象的价格，这也适用于同类型的历史性建筑批量评估。强调一下，对于零星分布的历史性建筑，或者具有独一无二的特性、难以找到同类型样本的历史性建筑，不适用特征价格法。

建立不动产特征价格模型时要设置适当的自变量，自变量反映的是影响价格变化的主要因素。由于在实际运用中，影响因变量的因素可能很多，这就需要对自变量进行对比分析，根据共线性问题对变量进行取舍，最终目的是尽量减少变量间的共线性程度和增加模型的解释力。自变量的选择要注意两点：首先，变量要能够正确反映其经济活动的内涵，不但要有明确的经济意义，还能够很好地解释被观测到的数据；其次，自变量的值要能够被观测和收集到，最重要的是能够进行量化。特征价格法在衡量不动产常见的主要自变量时，通常分为区位因素、邻里因素和建筑因素三类，当然，在实际应用中还要根据不同评估需要和目标对象的各类特征因素做进一步的细分。

历史性建筑属于不动产，价格特征因素首先包括不动产的区位因素、邻里因素和建筑因素等；但历史性建筑同时具有较为特殊的历史价值、艺术价值、科学价值、社会文化价值和环境生态价值要素及产权限制等特殊因素，这些特有价值因素对于历史性建筑极为重要，构建历史性建筑特征价格模型时必不可少，需要综合全面地考虑。若以变量集 X 来表示普通不动产的特征因素，即先将历史性建筑视为普通不动产进行考虑；再以变量集 Y 表示除此之外的历史性建筑的特有价值因素等，则历史性建筑价格 P 的函数可以表示为：$P = f(X,Y)$。根据特征价格法的程序，将这些自变量集合构建出契合目标对象历史性建筑特殊属性的特征价格模型，以反映历史性建筑经济价值的内涵。

10.2 特征价格法的程序

应用特征价格法时，通常遵循以下程序：首先，根据历史性建筑的特征因素选取适当的自变量，并针对同类型的历史性建筑进行调查，尽量收集一定数量的样本数据；其次，根据选取的自变量和收集到的样本数据，运用计量经济学技术建立特征价格模型方程，并对模型方程进行估计和检验；第三，对于目标对象历史性建筑的特征进行变量赋值，并将各变量值代入特征价格模型方程，最终计算所得的估价结果作为价值指示。

10.2.1 变量选择和样本数据的收集

在建立特征价格模型的过程中，变量的选择是科学合理构建模型方程的关键性基础。针对于历史性建筑而言，变量选择的关键是其特有要素自变量的确定，以及要求这些变量都必须能够赋值量化。

1）因变量的选择

特征价格法中因变量是商品价格。价格的含义很广泛，不同的价格内涵之间有较大差别。因此，模型因变量的选择主要就是界定历史性建筑价格的内涵以及数值单位。在实际运用中，一般都采用市场成交价格作为特征价格法的因变量基数。

2）自变量的选择

建立历史性建筑特征价格方程的关键是设置适当的自变量，自变量反映了影响价格的特征因素。历史性建筑的特征因素包括了普通不动产因素和历史性建筑特有因素。衡量普通不动产价格常见的自变量主要有区位因素、邻里因素和建筑因素三类，实际应用中还要将各类因素进行细分。影响历史性建筑价格的特有价值因素，包括历史价值、艺术价值、科学价值、社会文化价值要素等；以及产权限制因素，包括建筑产权转让限制、建筑实体限制、建筑修复限制、利用限制以及环境区域保护限制等。这些因素已经在第4章详细阐述。

针对不同用途，适用的变量或所指内涵存在很大差别[1]。目前国内历史性建筑用途主要集中于商业或住宅，少量用于办公用途。历史性建筑的自变量应有所选择和调整，本书认为包括：

(1) 建筑特征

建筑特征是指建筑年代、风格、使用情况等反映建筑本身特色的因素，市场价格与建筑特征密切相关。

建造年代 建造年代是指历史性建筑最初的建成时期，反映了建筑形成、存续和发展的历史久远程度。建造年代越久远，所保留的历史事实信息就更加珍贵，历史性建筑的价值越高。

建筑风貌 包括历史性建筑的建筑风格、结构、形制及色彩等。

建筑保存情况 包括建筑质量状况、修复维护情况和修复时间等方面。具体表现为：建筑是否保存良好质量安全状况、历史性建筑是否已经被修复或合理维护、修复时期距离价值时点的期限等。

用途 据前文所述，特殊用途的历史性建筑交易案例非常稀少，最高最佳使用原则使得非文物类历史性建筑的用途限制不甚严格，有时可以自由灵活地进行调整。不

---

[1] 如不动产用途为住宅时，邻里特征中的教育设施就非常重要，但作为商业或办公使用的物业，教育设施则不具备作为变量的意义。采用特征价格法时，各用途都会选取“配套设施”这一变量，但不同的用途，“配套设施”的内涵往往差异很大：对于住宅不动产，配套设施往往指小区内部或周边的商业配套是否齐全，是否会给生活带来便利；商业不动产则通常指是否有独立的停车场，停车是否便利；办公类不动产还会包括金融配套是否健全。

同用途的历史性建筑价值必然存在着差异，因此在建立特征价格模型时，尽量选取相同或相似用途的历史性建筑，可不需要考虑调整。如果实在缺少相似用途的历史性建筑交易案例时，可选择其他用途，但也要将用途作为自变量之一，以反映用途差异对历史性建筑价值的影响。

建筑规模 建筑规模也是影响历史性建筑价值的要素之一。建筑规模除了建筑面积或占地面积外，还可采用房间数量进行表示。房间数量通常是针对住宅用途的历史性建筑，房间总数、卧室数目、是否有独立卫生间都会影响生活的舒适度，进而促使消费者愿意为更多的房间和更合理的户型支付更高的费用。

车库/停车位 对于住宅用途，是否有独立车库将会影响停车的便利度，与住宅价格显著相关。而商业和办公用途，则通常选取是否拥有专用车位作为这一指标的变量。

(2) 邻里环境

一方面，包括建筑景观绿化、交通条件及配套设施等实物环境；另一方面，良好的人文环境及教育环境、优质的物业服务以及完善的文体设施都会提升历史性建筑的周边整体价值。

环境景观 良好的环境景观能使人心情愉悦，消费者总是愿意为更优美的环境景观支付更高的价格。区域的环境属性具有稳定的外部效果，景观对住宅价格的影响随着两者距离的加大而逐渐减弱。此外，历史性建筑是否位于历史地段是提升其综合价值的重要因素，周边统一协调的环境风貌将会吸引更多的购买者，规划限制程度也是影响环境规划的因素之一。

配套设施 配套设施对不动产价格的影响较为显著。针对于商业用途的历史性建筑，所指的配套设施为商业配套，如公共停车场[1]。针对住宅用途的历史性建筑，配套设施往往指居住区内或周边的商业配套、生活配套是否齐全。针对办公用途的历史性建筑，金融设施、餐饮设施是否健全也是需要考虑的要素。在选取这一变量的具体指标时，必须根据历史性建筑的用途和实际情况进行有针对性的选择。

物业管理 物业管理是衡量邻里素质的一个关键性的软指标。良好的物业管理为业主提供更加舒适的环境和周全的服务，显得更有吸引力。虽然物业管理费并不包含在历史性建筑交易价格内，但物业管理质量的高低对历史性建筑的价值存在一定的影响。

(3) 区位因素

区位特征是从更大范围，甚至是整个城市的角度进行考虑，对可达性进行量化，包

[1] 此处所指停车场为公共停车场，与前文“建筑特征”中所分析的停车位不同，前文的停车位是指历史性建筑作为商业或办公用途时，业主是否拥有自己的专属停车位。这两个变量实质上都是为了体现停车便利度的，因此在实际运用中可以针对历史性建筑的实际情况选择其一，或者将两个变量合并为一。但由于这两个变量反映的为统一内涵，与价格呈现同样的相关规律，不建议同时使用这两个变量，以免出现多重共线性和分散贡献度的问题。

括行政环境、交通状况等。一般而言,基础设施越完善,历史性建筑价格越高;交通便利必然会带动价格的上升,交通状况也就成为了极其重要的区位特征;交通可达性与到达相应场所的便捷度相联系,可以将出行时间、出行成本、不同交通方式的可用性等拿来衡量。

区位 历史性建筑要在同一区位(街区)内选取可比实例通常较为困难,适当扩大到老城区内不同的历史街区是必然的选择,那么对于区位因素应予以考虑。

交通状况 交通可达性通常用来衡量区位特征的指标。公共交通方式和线路越多,通达性越高,历史性建筑的价值就随之上升。考虑到交通可达性对历史性建筑价值存在实质性影响,这一变量通常必须纳入特征价格方程。公共交通可以通过多种方式来量化,地铁站和公交站是常用的衡量指标。地铁站:地铁一向以其便捷性与准确性著称,弥补了公交车在通达性上的不足。公交车站:虽然地铁具有它独特的优势,但公交车站对于一个地方的交通通达性还有很大影响的。公交车也是人们出行的重要选择之一。

基础设施 目前,国内许多历史街区现有的基础设施已经不能适应历史文化街区保护和发展的需要,基础设施的滞后性严重影响了居民的生活质量,无法满足居民日益提高的现代生活要求。历史性建筑所在区域的基础设施不同于普通社区、街道、市政基础设施的改造,对交通、通讯、能源供应、水电等这些与人们生产、生活息息相关的基础配套设施进行改造、增加投入,大大提升了公共服务的质量,既满足居民的生活需要,提高居民的生活品质,又能传承传统居住风貌,展现市井生活场景。历史性建筑本身也会因为这些城市公共设施的投入而受益,体现出更大的吸引力,带动历史性建筑价值的提升。

(4) 历史性建筑的特有因素

对历史性建筑经济价值进行评估,必须还要明确历史性建筑特有价值的各种影响因素,诸如历史价值、艺术价值要素等;同时剖析这些要素对历史性建筑价值的影响程度。

历史价值特征 作为历史性建筑,历史事件、历史人物活动的影响都是建筑文脉传承的重要组成,也是影响历史性建筑价值的重要因素。

艺术价值特征 历史性建筑的艺术审美价值内容丰富,是历史性建筑不可分割的组成部分。根据历史性建筑艺术价值的内涵及其构成,价值会受到多种因素的影响。

科学价值特征 历史性建筑的科学价值是指人们在长期的历史社会实践中产生和积累起来的,侧重于建筑设计与建造过程中所涉及的科学技术水平。

社会文化价值特征 历史性建筑经过相当长的岁月浸染,沉淀了众多的社会文化信息,这些信息要素构成了历史性建筑无形的社会文化价值,特别是社会知名度等。

环境生态价值特征 历史性建筑的环境生态价值要素是历史性建筑的一个重要功能特征,是除了历史价值、艺术价值、科学价值及社会文化价值要素以外的另一项基本价值要素。特别是其作为历史文化遗址或旅游景点供人们参观游览。

产权限制 历史性建筑的产权限制在不同程度上制约或影响目标对象的利用与功能。在经济上具体表现为维护成本提高、交易费用增加和实用性降低等,最终影响目标对象的经济价值。

在确定反映历史性建筑特有因素的自变量后,需要进一步通过专家打分法(德尔菲法)或层次分析法给予科学严谨的赋值,以避免主观性造成的误差(表 10.1)。

3) 样本数据的收集

特征价格法采用的是计量经济学的数学建模方法,需要大量的样本数据作为计算基础。针对房地产市场,一般样本量要求不低于 50 个。而对于历史性建筑,由于具有稀缺性和有限性的特点,即使在历史性建筑较为集中的历史街区、古村镇,收集的样本数据量也无法与普通房地产市场相提并论。因此,特征价格法运用于历史性建筑项目建模时,样本数量可以适当减少,但为了确保模型方程的合理科学,至少也要保证 20 个以上的样本量。

收集作为建立模型方程的历史性建筑样本数据时,应当制定相应的规范说明书、术语内涵说明表与相关分值体系说明等基础技术标准,保证在一套技术体系中统一各种数据含义和统计尺度,尽量避免出现异议和不规范,减少外业调查工作的重复性和错误率。在收集样本数据的同时,也要按照统一技术标准来收集估价对象历史性建筑的信息资料,以便下一步进行变量指标的量化和赋值。

表 10.1 模型变量的选取及量化建议

特征向量	变量	变量特征	指标量化建议	适用性说明[1]
因变量	价格	定量	样本的实际成交价格	
建筑特征(*S*)	建筑年代	定量	历史性建筑实际建造年代/年龄	
	建筑风貌	定量	通过打分赋值,百分制	
	建筑保存情况	定量	通过打分赋值,百分制	
	用途	定性	历史性建筑当前的实际用途,采用虚拟变量	
	建筑规模	定量	实际建筑面积/全部房间数量/主要功能房[2]数量	房间数量可在历史性建筑用途为住宅/办公时选用
	车库/停车位	定量/定性	实际拥有车位数/是否拥有车库	
邻里特征(*N*)	环境景观	定性	通过打分赋值,百分制	
	配套设施	定量/定性	根据变量的内涵选取指标量化方式	各类用途的变量内涵有所区别
	物业管理	定量/定性	物业费/物业等级	住宅
区位特征(*L*)	区位	定性/定量	是否在某个区位范围内/距离封闭区域出入口的距离	
	交通状况	定量	历史性建筑一定距离内的公交或地铁数量/到公交站和地铁站的距离	
	基础设施	定性	根据实际情况评判,百分制	

续表 10.1

特征向量	变量	变量特征	指标量化建议	适用性说明[1]
历史性建筑特有因素(H)	历史价值特征	定性	根据实际情况评判,百分制	
	艺术价值特征	定性	根据实际情况评判,百分制	
	科学价值特征	定性	根据实际情况评判,百分制	
	社会文化价值特征	定性	根据实际情况评判,百分制	
	环境生态价值特征	定性	根据实际情况评判,百分制	
	产权限制	定性	根据实际情况打分赋值,百分制	

注:1. 未加说明的指适用于各类用途的历史性建筑。
2. 针对于住宅用途的历史性建筑,可选取卧室数量为量化指标。针对办公用途的历史性建筑,可选用办公室数量为量化指标。
3. 其中一些变量属于定性变量,这类变量通常采用虚拟变量或者专家打分法的方式进行量化。

10.2.2 函数形式的选择

正确的表达模型必须建立在正确选择特征价格模型函数形式的基础上,函数形式的选择决定着最终能否成功建立正确的特征价格模型。研究者会先依据经验初步设定函数形式,并根据检验结果不断地尝试和修正,直到函数形式能够解释样本数据的差异,最终使得模型方程对样本数据的拟合满足要求。

1) 基本模型

特征价格法的基本模型表达式为:

$$P = P(Z) \qquad \text{公式(10.1)}$$

其中:P 为商品的市场价格,Z 为商品的特征向量组。

巴特勒❶指出特征价格模型方程应当仅包括影响住宅价格的因素,通常影响住宅价格的因素有三大类:区位(Location)、建筑结构(Structure)、邻里环境(Neighborhood),因此特征价格 P 就可以用公式表达为:

$$P = P(Z) = f(L, S, N) \qquad \text{公式(10.2)}$$

其中:P 为不动产的市场价格:

Z 为特征向量,包括 S,N,L 三个部分;

S 为建筑特征向量;

N 为邻里特征向量;

L 为区位特征向量。

针对历史性建筑,需要在特征价格方程中引入历史性建筑各种特征因素,因此,历

❶ Butler R V. The specification of hedonic indexes for urban housing [J]. Land Economics, 1982, 58(1): 94-108.

史性建筑特征价格方程的表达公式调整为：

$$P = P(Z) = f(L,S,N,H) \quad \text{公式(10.3)}$$

其中：P 为历史性建筑的市场价格：

Z 为历史性建筑特征向量，包括 S,N,L,H 四个部分；

S 为历史性建筑的建筑特征向量；

N 为历史性建筑的邻里特征向量；

L 为历史性建筑的区位特征向量；

H 为历史性建筑的特有价值因素特征向量。

2）特征价格法的函数形式

特征价格法常用线性函数、对数函数、半对数函数三种简单的函数形式[1]。

① 线性形式(Linear)

$$P = a_0 + \sum a_i Z_i + \varepsilon \quad \text{公式(10.4)}$$

在线性形式中，自变量和因变量以线性形式进入模型，回归系数为常数，对应着特征的隐含价格。该形式因其形式简单、便于估计，在国外学者的实证研究模型中应用最多。但线性形式建立在特征价格法曲线是一条直线的基础上，因而存在着无法表现出边际效用递减规律[2]的缺点，即不动产价格会随着某种特征的增加而增加，但增加的速率会越来越慢。

② 对数形式(Log - Log)

$$\ln P = a_0 + \sum lna_i Z_i + \varepsilon \quad \text{公式(10.5)}$$

在对数形式中，自变量和因变量[3]以对数形式进入模型，回归系数为常数，对应着特征的价格弹性，即在其他特征不变的情况下，某特征变量每变动一个百分点，特征价格将随之变动的百分点。

③ 半对数形式(Semi-Log)

$$P = a_o + \ln \sum a_i Z_i + \varepsilon \quad \text{公式(10.6)}$$

自变量[4]采用对数形式，因变量采用线性形式，回归系数为常数，对应着特征的价格弹性，即在其他特征不变的情况下，某特征变量每变动一个单位时，特征价格随之变

[1] 公式 10.4～10.6 中，P 为样本的价格，Z 为样本的特征向量组，ai 为示特征变量的特征价格，ε 表示误差项。

[2] 边际效用递减，是指在一定时间内，在其他商品的消费数量保持不变的条件下，当一个人连续消费某种物品时，随着所消费的该物品的数量增加，其总效用虽然相应增加，但物品的边际效用（即每消费一个单位的该物品，其所带来的效用的增加量）有递减的趋势。

[3] 对数形式中，要特别注意 P 和 Z 不能为零。

[4] 半对数形式中，Z 不能为零。

动的增长率。

在特征价格法实证分析中,半对数模型被证明是比较适合的函数模型,也是较为常用的模型。在不少学者的文献中,也直接使用半对数模型的函数形式。针对于历史性建筑,具体选择何种函数模型,要根据调查获得的样本数据求解出模型后进行各项回归评估才能判定。

10.2.3 模型估计与检验

1) 模型的估计

计量经济学模型的基本原理是回归分析。任何一项计量经济学的应用研究课题,只有设定了正确的总体回归模型,才能通过严格的数学过程和统计推断得到准确的研究结果。因此,总体回归模型的正确与否决定了应用研究的成败[1]。

对于模型的估计在统计方法上有很多种,包括极大似然法(Maximum Likelihood Estimates, MLE),普通最小二乘法(Ordinary Least Squares, OLS),两阶段最小二乘法(Two-Stage Least Squares, 2SLS),三阶段最小二乘法(Three-Stage Least Squares, 3SLS),加权最小二乘法(Weighted Least Squares, WLS),非线性最小二乘法(Non-linear Least Squares, NLS),等。在特征价格模型的实证研究当中,最常见的是采用普通最小二乘法(Ordinary Least Squares, OLS)来估算模型中的参数值。

2) 模型的检验

对相关模型参数进行估计后,需进一步检验已初步建立的模型,以观察是否能够客观地揭示经济现象中各因素之间的关系,以及是否有统计学和实际上的意义。模型检验通常包括经济意义检验、统计检验和计量经济学检验。

(1) 经济意义检验

经济意义检验又称理论检验,是指依据经济理论判断模型参数估计量在经济意义上是否合理,即将模型参数的估计量与预先拟定的理论期望值进行比较,包括参数估计量的符号、大小、相互之间的关系以判断其合理性。经济意义检验是模型检验的基础,只有通过了经济意义检验,才能进行统计检验和计量经济学检验;如果模型未能通过经济意义检验,必须找出原因,并对模型进行修正或重新估计。

历史性建筑相对于普通不动产具有一些特殊属性和价值变动规律,比如:建筑年代与普通不动产价格呈负相关关系,但是历史性建筑的历史意义很大程度取决于建筑的初建年代,年代越久远,反而价格越高。因此,对于自变量选择和作用方向预判时,不能盲目照搬普通不动产,而要结合目标对象历史性建筑的本身特点进行针对性分析。

(2) 统计检验

统计检验指根据统计学理论,确定回归模型参数估计值的统计可靠性。统计检验

[1] 李子奈.计量经济学应用研究的总体回归模型设定[J].经济研究,2008(8):136-144.

包括回归方程估计标准误差的评价、拟合优度检验[1]、回归模型的总体显著性检验[2]和回归系数的显著性检验[3]等。

(3) 计量经济学检验

计量经济学检验是根据计量经济学理论,检验模型的计量经济学性质。计量经济学检验最主要的检验准则有自相关检验[4]、异方差性检验[5]和解释变量的多重共线性检验[6]。

特征价格法适用于历史性建筑价值评估时,由于数据是截面数据,需要特别注意异方差性的问题。如果出现了异方差性,仍然采用普通最小二乘法估计模型参数时,会产生参数估计量无效、变量的显著性检验失去意义等不良后果,严重影响模型的准确性。同样,对于历史性建筑的特征价格模型,如果特征变量存在多重共线性,也会对参数估计、统计检验及模型估计值的可靠性、稳定性产生不利影响。

10.2.4 估价对象的价值评估

依据以上程序,通过样本数据计算构建出历史性建筑特征价格方程,再根据方程中包含的有效变量及其内涵,收集目标对象建筑项目的相关数据和信息,并采用统一的量化方法指标、标准体系对估价对象历史性建筑的变量进行量化赋值。将估价对象的各变量值代入特征价格方程,最终计算得出目标对象的经济价值。

10.3 特征价格法的实证研究

10.3.1 估价对象历史性建筑情况

苏州市平江路 34 号建筑,属于风貌建筑,位于苏州历史文化街区平江路南段,产

---

[1] 拟合优度是指样本回归直线与观测值之间的拟合程度,即回归平方和与总离差平方和的比值。检验拟合优度的目的,在于了解自变量 X 对因变量 Y 的解释程度。以 R^2 为统计量,R^2 越接近于 1,说明模型的解释能力越强。

[2] 总体显著性检验,以 F 为统计量,又称 F 检验,目的是检验全部解释变量对被解释变量的共同影响是否显著。给定显著水平 a,当 $F>-Fa$ 时,则回归方程显著成立,即总体线性显著。当 $F<Fa$ 时,则回归方程无显著意义,即总体线性不显著。

[3] 回归参数的显著性检验,以 t 为统计量,又称 t 检验,目的在于检验当其他解释变量不变时,该回归系数对应的解释变量是否对因变量有显著影响。

[4] 自相关会使模型参数估计值不具最优性,而且很容易低估随机误差项的方差。自相关性的检验方法常采用 D. W. 检验。

[5] 异方差性是指模型不满足不同的观测值中随机扰动项的方差为常数的假设。采用截面数据做样本时容易产生异方差性。如果其中被略去的某一因素或某些因素随着解释变量观测值的不同而对被解释变量产生不同的影响,就会产生异方差性。

[6] 多重共线性即两个或多个自变量与因变量有相似联系,通常存在于环境变量之间。对于采用时间序列作样本、以简单线性形式建立的计量经济学模型,往往存在多重共线性。以截面数据作样本,问题较不严重,但多重共线性仍然可能存在。检验多重共线性的方法主要有经验判断法、相关系数判断法、条件数判断法、方差膨胀因子判断法、逐步回归判断法等。

权为苏州平江历史街区保护整治有限公司持有，目前租赁给一家以苏帮菜为主要特色的餐馆“鱼米纪苏州味道”经营。其建筑始建于19世纪20年代末，建筑风格为传统苏式二层建筑，建筑已修复，目前保存现状完好。鱼米纪距离平江路南停车场约230米，距干将东路出入口约240米，至相门地铁站约700米，500米内有相门和临顿路公交站。

苏州古城平江历史文化街区南至干将东路，北经白塔东路与东北街相接，全长1 606米。平江路两侧分布有诸多横街窄巷，比如东花桥巷、曹胡徐巷、大新桥巷、卫道观前、中张家巷、大儒巷等，目前，历史文化街区内仍保留许多各级文物保护单位和历史性建筑。2002年至2004年，苏州市平江区政府实施平江路风貌保护与环境整治工程，使平江路从白塔东路到干将东路的主体部分(共计1 090米)再现原来的传统面貌。目前，平江路沿街主要以零售商业、餐饮、休闲茶室和民宿为主要利用形式。通过分析发现，平江路经过整治和修复，目前是一个保存现状较好的历史街区，拥有众多传统风貌建筑，“鱼米纪”即是其一。与平江路范围内其他历史性建筑相比，“鱼米纪”不具备特殊的特征要素，保存现状与利用方式与平江路的其他历史性建筑相仿，可以采用特征价格法进行价值评估(图10.1)。

图10.1　鱼米纪区位及现状

10.3.2 变量的选择

1）因变量

经分析，本书采用该区域内的类似历史性建筑实际成交价格作为特征价格方程的因变量，在实际操作中以采集样本的成交价格计算。

2）自变量

根据平江路街区的历史性建筑现状和利用情况，本书选取以下(详见表 10.2)特征因素作为变量选项：

表 10.2 平江路特征价格模型的变量及量化指标

特征向量	变量	变量代码	变量特征	量化指标
因变量	价格	Y	定量	样本的实际成交价格
建筑特征(S)	建筑年代	X_1	定量	2014—历史性建筑实际建造年代
	建筑风貌	X_2	定量	通过打分赋值，百分制
	建筑保存情况	X_3	定量	通过打分赋值，百分制
	用途	X_4	定性	历史性建筑当前的实际用途，采用虚拟变量
	建筑规模	X_5	定量	历史性建筑的实际建筑面积
邻里特征(N)	环境景观	X_6	定性	通过打分赋值，百分制
	配套设施	X_7	定性	历史性建筑到停车场的距离
区位特征(L)	区位	X_8	定量	历史性建筑到最近主要出入口的距离
	交通状况	X_9	定量	以历史性建筑所处的建筑物为圆心，统计其到最近地铁站和公交站的距离，并对两个距离做算术平均
历史性建筑特有因素(H)	历史价值特征	X_{10}	定性	根据实际情况评判，百分制
	艺术价值特征	X_{11}	定性	根据实际情况评判，百分制
	科学价值特征	X_{12}	定性	根据实际情况评判，百分制
	社会文化价值特征	X_{13}	定性	根据实际情况评判，百分制
	环境生态价值特征	X_{14}	定性	根据实际情况评判，百分制
	产权限制	X_{15}	定性	根据实际情况打分，百分制

3）样本数据的选取、筛选和计算

通过对平江路街区历史性建筑的调查，收集与估价对象类似的样本数量共 37 个，其中数据完整可用的有效样本 31 个(表 10.3)。样本数据反映了建筑年代、建筑实体状况和建筑保存情况等 13 个特征指标。

表 10.3 模型有效样本历史性建筑

排序	历史性建筑名称	门牌号	排序	历史性建筑名称	门牌号
1	明堂咖啡	平江路 23 号	17	聚砂阁	平江路 16 号
2	筑园会馆	平江路 31 号	18	寒香会所	苏州市平江路 37 号
3	彼岸	平江路 36 号	19	王檀阁	平江路 58 号
4	Sabai 咖啡	平江路 41 号	20	桃花坞	平江路 53 号
5	廊桥菜馆	凤池弄 13 号(近平江路)	21	翰尔雪茄吧	平江路 78 号
6	土灶馆	评弹博物馆附近	22	真绫阁	平江路 100-101 号
7	翰尔园	平江路 64 号	23	华宝斋	平江路 102 号
8	品芳	平江路 94 号(近大儒巷)	24	曼陀罗华	平江路 124 号
9	伏羲古琴文化馆	平江路 97 号	25	大树舫	平江路 160 号
10	岚山咖啡	南石子街 14 号(近苏妃奶酪)	26	Solo Cafe	平江路 166 号
11	吗哪闲情小食铺	平江路胡厢使巷 4-1 号(三吴亭)	27	时光寄存铺	平江路 170 号
12	螺壳	平江路 59 号	28	爵色坊	平江路 134 号
13	弄堂口	平江路 64 号	29	富山香堂	平江路 211 号
14	洛七时光咖啡	平江路 49 号	30	鱼木	平江路 207 号
15	疏影琴斋	平江路 117 号	31	品茗苑	平江路 340 号
16	在云端	平江路 138 号			

10.3.3 模型估计和检验

1) 函数选择与模型估计

由于本次选择计入模型的 15 个自变量中,有 1 个是虚拟变量(用途),故特征模型不适合采用对数形式和线性对数形式。因此选用线性形式和半对数形式对特征价格方程进行估计。

本书采用最常用的逐步回归法[1]对平江路历史性建筑的特征价格模型进行估计。操作程序如下:在 SPSS[2] 中录入数据后,选择强制进入法进行回归分析,即将所选的 15 个解释变量全部进入特征价格方程,可以得到表 10.4 所示的回归分析结果;同时采用方差膨胀因子(VIF)监测变量共线性。

通过模型试算发现,采用线性模型的拟合效果不如半对数模型,因此本书确定采用半对数模型,即被解释变量取对数形式;解释变量采用线性形式,为连续变量和虚拟

[1] 逐步回归法,即按照变量对已解释变差的贡献依次进入回归模型,直到最后一个回归系数显著异于零的变量。

[2] SPSS:“统计产品与服务解决方案”软件系统,现已出至版本 22.0,并更为为 IBM SPSS.

变量。回归结果显示模型的拟合度优,具有良好的解释能力。

表 10.4 基本模型回归结果比较

模型形式	R	R^2	调整的 R^2	估计的标准差	F	Sig.
线性形式	0.802	0.655	0.638	10.299	37.734	0.000
半对数形式	0.823	0.691	0.676	0.135	44.765	0.000

2) 统计检验

从表 10.4 中分析可知,苏州平江路街区历史性建筑特征价格方程的复相关系数 $R=0.823$,拟合优度 R^2 为 0.691,调整后的 R^2 为 0.676,说明特征价格方程较好地解释因变量的变化,拟合情况佳。同时,回归方程方差分析的显著性检验值为 0.000,小于 0.001,说明方程是高度显著的,拒绝全部系数为零的原假设,表明进入方程的历史性建筑特征和价格对数(Ln P)之间的线性关系显著成立。

3) 计量经济学检验

表 10.5 模型的回归系数统计表

Model 模型	Unstandardized Coefficients 非标准化系数		Standardized Coefficients 标准化系数	t t 检验值	Sig. 显著性检验	Collinearity Statistics 共线性检验	
	B 回归系数	Std. Error 标准误差	Beta 标准化系数 β			Tolerance 容忍度	VIF 方差膨胀因子
(Constant) 常数	1.471	0.058		57.737	0.000		
X_1	0.033	0.047	0.205	5.092	0.000	0.938	1.024
X_2	0.013	0.002	0.318	5.036	0.000	0.302	2.015
X_3	0.010	0.027	0.482	6.853	0.000	0.244	2.496
X_4	−0.383	0.000	−0.048	−0.815	0.399	0.428	2.241
X_5	0.103	0.000	0.011	0.247	0.669	0.795	0.936
X_6	0.020	0.014	0.079	1.784	0.018	0.616	0.987
X_7	−0.003	0.003	−0.188	−3.721	0.000	0.473	1.288
X_8	−0.004	0.004	−0.236	−4.675	0.000	0.594	1.618
X_9	−0.003	0.002	0.400	6.327	0.000	0.379	2.531
X_{10}	0.038	0.034	0.606	8.610	0.000	0.307	3.136
X_{11}	0.027	0.018	0.099	2.241	0.023	0.774	1.241
X_{12}	0.026	0.008	−0.309	−4.505	0.000	0.321	2.990
X_{13}	0.024	0.014	0.089	1.998	0.042	0.755	1.272
X_{14}	0.117	0.000	0.012	0.281	0.760	0.903	1.064
X_{15}	0.106	0.000	−0.035	0.171	0.844	0.735	2.624

注:因变量为 Ln P

采用 OLS 方法对苏州平江路街区历史性建筑特征价格模型的系数进行估计,还应满足计量经济学检验的要求,即异方差性检验和解释变量的多重共线性检验。

1）多重共线性检验

表10.5表明，所有变量的VIF统计量最小为0.936，最大的为3.136，该指标越大，说明该自变量被其余变量预测的越精确，共线性可能就越严重。解释变量中最大的VIF统计量远小于10，可以拒绝变量之间的共线性假设，认为自变量之间不存在严重的多重共线性。

2）异方差检验

对平江路历史性建筑特征价格方程进行残差分析，即对残差的正态性、残差的直线性和方差齐次性三方面检验。分析结果如图10.2至图10.4：

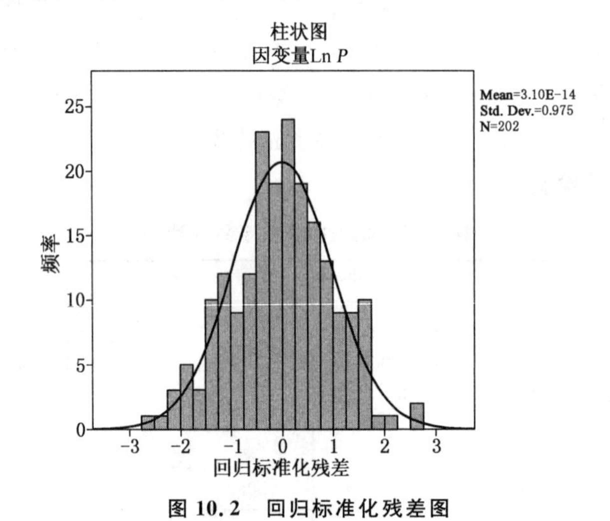

图10.2　回归标准化残差图

如图10.2所示，残差分布比较均匀，正态形状较好，反映了因变量服从正态分布。

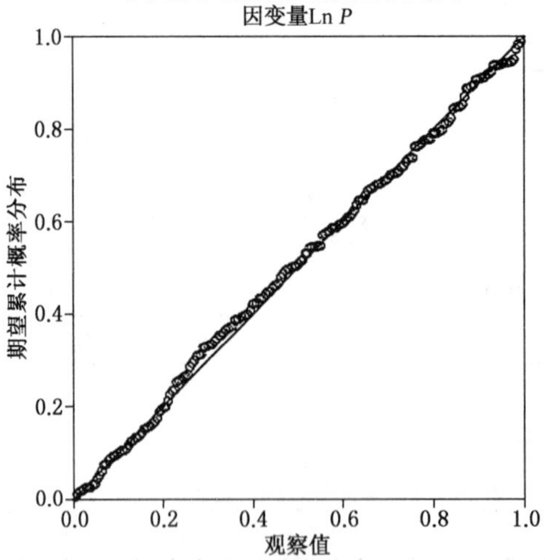

回归标准化残差的观测量累计概率
因变量Ln P
期望累计概率分布
观察值

图10.3　残值的累计概率图

如图10.3所示，残差随机均匀地分布在穿过零点的直线两侧，说明回归模型基本符合残差的直线性假设。

图 10.4 为因变量对数与残差的散点图。从图 10.4 可见,残差围绕均线均匀分布,大部分残差绝对值在 2 以内,说明方差齐次性,不存在异方差。

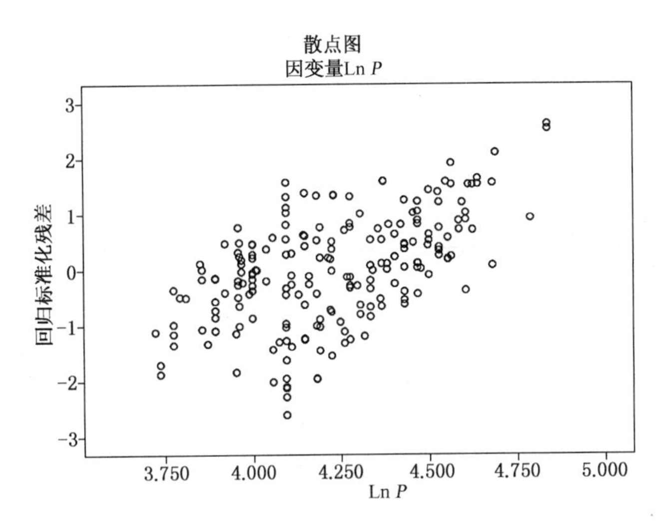

图 10.4 因变量预测值与残差的散点图

分析以上检验结果,模型基本上满足正态假设、等方差假设和独立性假设,具有良好的拟合度和较高的解释能力,在统计上是有意义的,可以用来分析和解释苏州平江路街区历史性建筑的各特征因素对经济价值的影响程度。

3) 模型的总体分析

各特征变量及回归标准化系数如表 10.6 所示。可以得出,15 个解释变量中,共有 11 个解释变量对价值结果有显著影响。不显著的有 X_4(用途)、X_5(建筑规模)、X_{14}(环境生态价值)和 X_{15}(产权限制),在最终结果方程中将被删除。在剩余的 11 个显著影响历史性建筑价值的变量中,历史价值特征对历史性建筑价值的影响度最大,其次为建筑年代。根据符号可确定这些自变量对历史性建筑价值的影响方向,在这 11 个自变量中,区位、配套设施和交通状况对历史性建筑的价值有负向影响,即历史性建筑分别到最近出入口、停车场和公交站台、地铁的距离越远,其价值越低。其余 8 个对历史性建筑价值有正向影响。变量的符号与预期符号完全一致,经济检验有效。因此,修正调整后的价格因素为:

表 10.6 苏州平江路历史性建筑特征价格方程回归系数

变量代码	变量	回归系数	标准误差	标准化系数 β	显著性检验 Sig.
X_1	建筑年代	0.033	0.047	0.205	0.000
X_2	建筑风貌	0.013	0.002	0.318	0.000
X_3	建筑保存情况	0.010	0.027	0.482	0.000
X_6	环境景观	0.020	0.014	0.079	0.000
X_7	配套设施	−0.003	0.003	−0.188	0.018

续表 10.6

变量代码	变量	B	Std Error	标准化系数 β	显著性检验 Sig.
X_8	区位	−0.004	0.004	−0.236	0.000
X_9	交通状况	−0.003	0.002	0.400	0.000
X_{10}	历史价值特征	0.038	0.034	0.606	0.000
X_{11}	艺术价值特征	0.027	0.018	0.099	0.000
X_{12}	科学价值特征	0.026	0.008	0.205	0.023
X_{13}	社会文化价值特征	0.024	0.014	0.318	0.000

注:因变量为 Ln P

根据上述回归结果表,综合确定苏州平江路街区历史性建筑特征价格方程❶为:

$$\text{Ln } P = 1.471 + 0.033X_1 + 0.013X_2 + 0.010X_3 + 0.020X_6 + -0.003X_7 + -0.004X_8 + -0.003X_9 + 0.038X_{10} + 0.027X_{11} + 0.026X_{12} + 0.024X_{13} \quad \text{公式(10.7)}$$

式中:P 表示历史性建筑价值;X_1 表示建筑年代;X_2 表示建筑风貌;X_3 表示建筑保存情况;X_6 表示环境景观;X_7 表示配套设施;X_8 表示区位;X_9 表示交通状况;X_{10} 表示历史价值特征;X_{11} 表示艺术价值特征;X_{12} 表示科学价值特征;X_{13} 表示社会文化价值特征。

10.3.4 估价对象历史性建筑的价值评估

对估价对象历史性建筑"鱼米纪"的各变量要素进行赋值,并代入公式 10-7 中,计算过程详见表 10.7。

表 10.7 苏州平江路鱼米纪项目价值评估表

特征向量	变量	变量代码	变量描述	变量值	估计系数
因变量	Ln(价格)			10.602	
常数项					1.471
建筑特征(S)	建筑年代	X_1	建筑始建于 1920 年左右	103	0.033
	建筑风貌	X_2	为典型苏式二层民居建筑,建筑规模较小	72.6	0.013
	建筑保存情况	X_3	2002 年—2004 年经过翻修,目前保存现状尚可。外墙和木结构略有残破、掉漆现象	71.4	0.010
邻里特征(N)	环境及景观	X_6	建筑临街,河街相邻,自然景观优美。但沿街分布众多小吃,卫生较差,影响了环境景观效果	69.6	0.020
	配套设施	X_7	到平江路专属公共停车场约 230 米	230	−0.003

❶ 变量 X_4、X_5、X_{14} 和 X_{15} 对历史建筑价值没有显著影响,未通过检验,被删除,故不在结果方程中。

续表 10.7

特征向量	变量	变量代码	变量描述	变量值	估计系数
区位特征(L)	区位	X_8	到干将东路出入口约 240 米	240	−0.004
	交通状况	X_9	距离临顿路地铁站约 700 米,距离相门公交站约 500 米	800	−0.003
历史性建筑因素(H)	历史价值特征	X_{10}	平江路整体历史悠久,历史价值较高,但是,鱼米纪在平江路众多历史性建筑中仅属于普通历史性建筑	65.4	0.038
	艺术价值特征	X_{11}	典型苏式民居,艺术价值一般	62.6	0.027
	科学价值特征	X_{12}	普通的二层砖木结构建筑,科学价值较差	59.4	0.026
	社会文化价值特征	X_{13}	非名人故居,没有历史事件、典故,社会文化价值较差	58.8	0.024

通过模型定量计算得出,估价对象的价值结果为 40 232.99 元/m²。经过综合分析认为,估价对象历史性建筑“鱼米纪”在已修复状态下,价值时点 2014 年 1 月 15 日的市场价值为 40 200 元/m²。

需要注意的是,本次估价中收集的样本历史性建筑用途与估价对象基本一致,均为商业,仅在具体的商业形态上略有区别,有零售商业、餐饮、休闲茶室等,其影响价值的差异程度不高。按照特征价格法的技术要求,在本次构建的特征价格模型中,“用途”变量未通过方程的计量经济学检验而被删除。如果一旦选择不同用途的历史性建筑数据样本,用途变量会对价值存在着显著影响,应在模型变量中予以充分考虑。

X_{15}表示的产权限制因素在本案例所构建的特征价格方程中并不显著,原因是目标对象和所选样本均为普通历史性建筑(风貌建筑),并且都处于平江路历史街区范围,其建筑限制、利用限制以及环境区域等限制条件基本相似,因此,未能体现出明显的产权限制差异。如果样本与目标对象分别为不同保护等级的历史性建筑,或者限制条件存在明显差异,则必须对产权限制进行影响分析。

11 评价指标比较法

前五章分别介绍了不动产传统估价方法和资源经济学评估方法的应用，这些都属于比较成熟的估价方法；但历史性建筑本身有其特殊性，综合价值的评价[1]（评估）在实际工作中运用比较普遍。本书基于历史性建筑综合价值的评价体系成果与市场比较法原理，将两者结合起来，尝试探索新的历史性建筑经济价值估价方法。

11.1 评价指标比较法的原理

从前文概念分析中得知，历史性建筑价值分为内在综合价值和外在效用价值。从哲学意义上讲，这种外在效用价值代表着人类主体的积极意义，人类有根据自身的需要、意愿、兴趣或目的对他生活相关的对象物赋予的某种好或不好、有利或不利、可行或不可行等的特性[2]，这是人类的外在价值的体现。而事物满足这种人类外在价值的功能就是物的外在效用价值，是依赖主客体关系与外界影响要素而存在的。

在历史性建筑保护和修缮过程中，由于关注程度和资金规模的原因，无可避免地需要对诸多历史性建筑进行取舍，因而要对不同历史性建筑的重要程度进行定量或定性排序处理，为科学保护历史性建筑、合理配置有限的资源提供理论决策依据。在此决策过程中，历史性建筑综合价值的评价工作就具有重要意义。评价就是对目标对象的外在效用价值进行衡量排序的过程，是用量化手段将人类主体对客体事物的普遍认知度反映出来。这种社会普遍认知度也会因受到众多外界因素的影响而产生变化。评价结果就是全面考虑各因素的影响程度，综合反映出不同的历史性建筑对人类主体的效用价值高低。历史性建筑价值评价是一项多角度、多方位的复杂工程。评价对象是历史性建筑内在综合价值，内在综合价值又包含历史、社会文化、科学、艺术和环境生态价值等五大基本内含价值。历史性建筑价值评价（评估）就是在充分考虑内含价值体系贡献比例大小的基础上分析计算得到综合评分值，即评价结果。历史性建筑综合价值的评价工作应用广泛，理论与方法的研究实践已经较为成熟。

经济价值是外在效用价值在经济上的反映。经济学认为，人类通常愿意为更加喜

[1] 在历史性建筑保护领域中，对历史性建筑价值进行综合评定、评价赋分的行为也称为评估。为了便于让估价行业准确理解，本书将综合价值评估改称为综合价值评价，评估指标改为评价指标。

[2] 夏征农，陈至立. 辞海-第六版缩印本[M]. 上海：上海辞书出版社，2010：876.

欢和欣赏的物品支付更多报酬。从理论上讲,效用价值评价结果的优劣次序与经济价值的大小存在着应然性关系,当然还存在着实然性的问题。事实上,由于经济价值受到价值规律和市场规律的制约,内在价值、效用价值、经济价值和市场价值相互脱节或背离的情况经常发生。高文化价值含量的客体未必获得高的市场价值,市场价值甚高的商品其文化价值含量却可能很低❶。但人们会随着经济规律的调整增加或减少相应的投入,导致在长期的市场供求均衡中得到两者一致性的回归趋势。

估价是一种将判断的经济价值无限接近准确的过程。我们对此大胆设定:评价结果反映了目标对象效用价值之间的差异性。如果将这种差异比例直接转换为可比实例与估价对象之间经济价值的差异值,就有可能尝试一种新的方法:首先对一组目标对象进行评价,取得相应的衡量结果;其次,如果其中的一两个目标对象有市场交易实例,则根据市场比较法的替代、变动与均衡原理,以这个交易实例为基数,可以按照评价分值结果相应调整出其他各个目标对象的经济价值。本书称之为"评价指标比较法"。

本书认为,普通不动产不适用于该估价方法,因为很少有人对其进行大规模综合价值评价,而历史性建筑的评价工作却属于保护措施的一部分。此外,该估价方法有其应用局限性,因为无论是何种用途、何种建筑风格的历史性建筑,都可以依据综合评价体系得出相应分值,但是不同区位、不同用途的历史性建筑通过这种估价方法得出的经济价值,差异性很大。例如:将一处寺庙历史性建筑与一处名人故居去评价,也会得到相应综合分值;但以名人故居的市场交易价格由此推导出寺庙历史性建筑的市场价值,则无信服力;地段差异也会产生类似结果。因此本书认为,使用评价指标比较法应有下列前提:一是地段区位相似,如在同一村镇或同一历史街区;二是用途相似;三是建筑风格、新旧程度等尽可能相近。如果其他一些影响因素彼此也能相似或相近,那么,估算结果将更加接近于市场准确性。

当然,评价指标比较法也有明显优势:利用评价的综合分值结果来估算历史性建筑经济价值,简单快速,也有一定的理论基础;特别适用于快速估算大量的历史性建筑的经济价值,例如同一历史街区中相似的历史性建筑群,该方法可以适用核定资产、大型项目群融资贷款或征收税费等经济行为。

11.2 评价指标比较法的程序

本书认为,运用评价指标比较法时遵循的程序是:首先,分析明确目标对象历史性建筑群的物理与功能特征;其次,设定或选用一套科学合理的综合价值评价体系,通过德尔菲法确定目标对象建筑群的分值数据及权重值,最终得到目标对象建筑群的评价

---

❶ 杨曾宪.试论文化价值二重性与商品价值二重性——系统价值学论稿之八[J].东方论坛,2002(3):10-18.

结果;第三,利用目标对象建筑群中的某一处历史性建筑的市场交易价格实例,根据目标对象建筑群的评价结果来初步计算出各历史性建筑的经济价值结果;第四,专家组通过对目标对象历史性建筑群的经济价值结果进行比较分析来衡量其合理性,经综合考虑来调整确定最终价值指示。

11.2.1 明确估价对象

要分析明确估价目标对象历史性建筑群:首先要实地勘察、充分掌握各处历史性建筑的物理状况、建筑特征、产权限制和周边环境等;然后再通过问询、查阅相关文献资料等方式来了解其历史渊源、文脉背景以及社会影响等;最后要做到精确描述和分析目标对象历史性建筑群的物理状态、历史文化及功能特征等因素状况。

11.2.2 确定估价对象评价结果

综合价值评价体系分为评价指标、评价参考标准、权重调整体系和综合评价模型。其中,评价指标是对影响各类内在价值体系的因素详细分析后通过一定的计量模式所取得的,因而对一定区域范围的历史性建筑具有普遍适用性。评价参考标准的分值体系则不然,同一因素对不同保护等级(文物建筑、非文物历史建筑)的历史性建筑的影响度差异较大,分值体系相互不适用,所以,必须针对相似等级的历史性建筑建立评价参考标准。接着,采用德尔菲法对历史性建筑各类指标进行打分处理,从而得出参评目标对象的历史价值、社会文化价值、艺术价值、科学价值以及环境生态价值的准则层分值数据,然后在此基础上引入权重值。最后,通过综合评价模型得到目标对象的综合价值评价分值结果。

11.2.3 经济价值结果的初步估算

将评价目标对象建筑群中的一处历史性建筑的市场交易价格调整到价值时点,然后以此为计算基数,综合评价结果值的修正依据,进而估算出建筑群的初步估价结果。

11.2.4 验证与确定最终价值指示

评价指标比较法的初步估价结果的理论性较强,与市场实际情况可能会出现显著差距。为了避免这种情况的出现,最佳方式是请专家组对初步估价结果进行检验、论证和分析,能够充分考虑和判断最终价值指示。

11.3 历史性建筑综合价值评价指标体系

在历史性建筑价值评价相关研究方面,早在 20 世纪 90 年代初东南大学朱光亚教授等人就曾经对安徽呈坎村进行了历史文化遗产定量评价研究,截至目前,学术界对于历史性建筑各价值因素、评价指标体系以及评价方法等,已经形成较为成熟的研究成果和工作方式。但必须注意到,在国家级层次还缺乏相对统一的、规范的、权威的及通用的评价标准体系❶。同时,由于历史性建筑价值由历史价值、科学价值、艺术价值等多种价值属性综合而成,在评价过程中,研究者会根据评价目的不同而赋予不同价值属性相应的权重值,主观性较强,实际应用中会产生诸多问题,也会直接影响到历史性建筑或历史文化遗产最终的综合价值评价结果的合理性。

历史性建筑综合价值评价不是本书的研究重点,但由于评价指标比较法涉及相关内容,故在此就综合价值评价的技术思路及步骤进行简单介绍,并针对于现有的因素权重选取模式的不足之处提出作者本人的观点。

11.3.1 历史性建筑综合价值的评价总体思路

首先,根据对历史性建筑综合价值影响因素(如第 4 章的历史性建筑相关影响因素)的分析,在代表性原则的指导下通过专家初步选择评价指标,然后采用因子分析法进行筛选,筛选确定后的指标构成最终的历史性建筑价值评价指标体系;其次,针对于特定研究区域的案例对象,采用德尔菲法对筛选确定的评价指标体系进行量化处理;第三,对历史性建筑价值评价指标的基础权重进行确定,然后以此为依据,再通过变权模型来确定变权权重体系;第四,采用德尔菲法对研究区域待评价的历史性建筑案例对象赋予分值,初步确定五种基本价值的分值;第五,根据变权权重体系,根据五种基本价值的分值,对各种价值的基础权重值进行调整,从而得到针对不同分值的变权权重;最后,根据前面所得到的五种基本价值的分值及相应的权重值,采用综合评价模型得出历史性建筑综合价值的评价结果分值(图 11.1)。

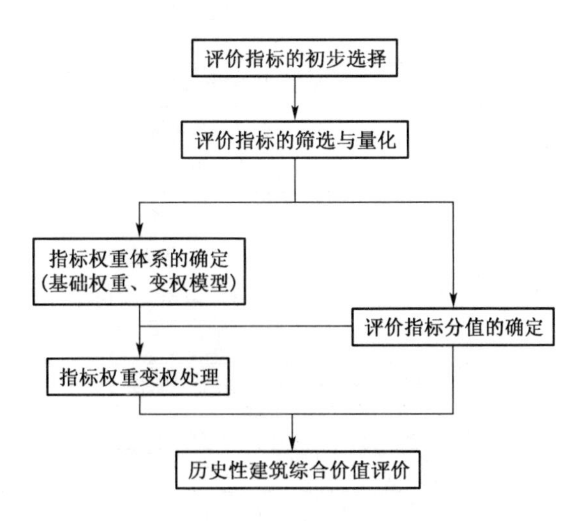

图 11.1 历史性建筑综合价值评价思路

❶ 童乔慧,刘天桢.历史建筑评估中的结构方程模型研究[J].华中建筑,2008,26(12):263-266.

11.3.2 评价指标体系构建

评价指标是对象价值或效用的具体衡量准则或尺度，建立指标的过程就是把总目标分解为子目标，再把子目标分解为可以具体度量的指标，指标体系就是评估目标价值的具体体现❶。历史性建筑综合价值评价指标体系的构建，应从历史性建筑内在综合价值的内容特征、内含价值体系及各自影响因素出发，在现有的经济技术水平和既有的核算框架下，以加强历史性建筑保护和可持续利用为目的，科学合理地选择评价指标体系。

1）指标的筛选和确定

本书通过对历史性建筑相关影响因素的分析、归纳合并，进一步采用量化方式对指标进行筛选。指标筛选的方法也有多种，如德尔菲法、主成分分析法、因子分析法、回归分析法以及灰色聚类法等。最终择出主要的、具有代表性、相对独立的因素指标，避免指标之间出现相互交叉干扰，能够准确、全面地对评价对象进行分析。

本书从目标层、准则层及指标层三个层次初步构建了一套历史性建筑综合价值评价指标体系(表11.1)。其中，目标层为历史性建筑内在综合价值，准则层分为历史价值、社会文化价值、艺术价值、科学价值以及环境生态价值五种基本价值，而指标层分别由33项表征各类准则层价值的因素构成。

表11.1 历史性建筑综合价值评价指标体系

<table>
<tr><th>目标层</th><th>准则层</th><th>指标层</th></tr>
<tr><td rowspan="15">历史性
建筑价值</td><td rowspan="9">历史
价值</td><td>建造年代</td></tr>
<tr><td>反映当时典型建筑风格与建筑元素</td></tr>
<tr><td>反映当时特殊建筑风格与建筑元素</td></tr>
<tr><td>反映建筑风格及建筑元素的演变</td></tr>
<tr><td>建筑在地域历史发展中的地位</td></tr>
<tr><td>与重大历史事件的关联性</td></tr>
<tr><td>与重要历史人物或群体的关联性</td></tr>
<tr><td>是否保留历史遗物</td></tr>
<tr><td>反映当时社会发展状况</td></tr>
<tr><td rowspan="4">社会
文化
价值</td><td>社会知名度</td></tr>
<tr><td>社会文化背景象征与反映</td></tr>
<tr><td>真实性</td></tr>
<tr><td>教育旅游功能</td></tr>
<tr><td rowspan="2">艺术
价值</td><td>建筑地域或民族特征艺术美感</td></tr>
<tr><td>不同历史时期艺术美感</td></tr>
</table>

❶ 刘翔. 文化遗产价值及其评估体系——以工业遗产为例[D]. 长春：吉林大学，2009.

续表 11.1

目标层	准则层	指标层
历史性建筑价值	艺术价值	空间布局艺术美感
		建筑造型艺术美感
		建筑构件细部艺术美感
		装饰艺术美感
		造园艺术美感
		附属物的艺术美感
	科学价值	完整性
		建筑空间布局(设计理念)的科学合理性
		建筑主体结构的科学合理性
		造园的科学合理性
		建筑构件的科学合理性
		建筑装饰的科学合理性
		建筑材料的科学合理性
		施工工艺水平
		科学研究价值
	环境生态价值	地理区位、风水
		建筑与环境生态的协调性
		建筑或所在建筑群落在反映地域生态环境中的作用

2）指标的量化处理

指标的量化处理就是对历史性建筑评价指标体系中的指标值进行定量化及其标准化。对历史性建筑内在综合价值的特点,一般采用德尔菲法进行指标量化处理,即各个指标的状态值均通过专家打分进行确定,并且在指标量化时对其标准化限制(即采用百分制进行打分),详细步骤不再阐述。

11.3.3 基于变权的指标权重确定

权重确定是历史性建筑综合价值评价研究中的重要环节,因为权重是体现各项内含价值在综合价值中的贡献构成比例,即如果某一类价值的权重值高,该类价值大小对于内在综合价值的影响比重较大。

1）现有权重模型的缺陷分析

现有的研究成果中涉及权重赋值的,一般采用加权平均法得到历史性建筑综合分值。虽然采用的评价方法各有不同,但确定权重赋值时,都是基于常权模型。常权模型的主要优点为模型简单,同时考虑了各因素的相对重要性,使综合值能够在一定程度上反映各因素的综合优度。然而,历史性建筑价值具有自身的特殊性。历史性建筑价值的特征包括了感知性和主观性,现实中具体表现为:历史性建筑在某一内含价值特别突出时,其他价值的降低并不会明显弱化综合价值。

例如,假设有两处历史性建筑,综合价值仅受历史价值和艺术价值两个价值属性的影响,它们的权向量为(0.5,0.5);建筑A的历史价值和艺术价值分值分别为95分和50分,而建筑B的历史价值和艺术价值各为75分和75分,即建筑A在历史价值十分突出,而建筑B在历史价值和艺术价值均较为一般。根据专家论证结果,一致认为建筑A的综合价值高于建筑B。原因是虽然建筑A的建筑主体状况较差,不具有建筑艺术代表性(艺术价值50分),但作为名人故居(历史价值95分),它反映了一定历史时期和历史事件的人类活动情况,体现出特定的文化内涵,具有一定的稀缺性;相对而言,建筑B没有显著特点。

但是如果按常权进行评价,假设历史价值和艺术价值同等重要,即按照各自0.5的等量常权计算评价结果是:建筑A综合价值分值为72.5,建筑B的综合价值分值为75,即建筑B的综合价值反而高于建筑A的价值,与上述的客观事实相违背,导致评价结果有失合理与公正。作者经过调查研究,发现问题产生的根源正是在于历史性建筑表现出如下特征:其中一种价值高,不会由于另外一种价值低而大幅降低综合价值。而现有的常权理论无法解决此问题,不管其中一种高的价值有多高,都会被低的价值中和,导致其整体综合价值不高。

当然人们可以根据各种价值的分值高低来调整常权评价中的权重来体现历史性建筑价值特征,如不等量常权(即权重由各自0.5转为0.7和0.3),但也只能部分解决历史性建筑评价所存在的问题。例如采用0.7和0.3的不等量权重,虽然可以解决上述建筑A和建筑B的分值倒置的悖论,但如果应用到建筑C(历史价值和艺术价值的分值为50分和95分),将会导致建筑C的综合分值极低,甚至还低于建筑B。反之,适用于建筑C的不等量权向量也不能适用于建筑A。所以,传统的常权评价方法可能会“中和”某些“瓶颈”因素而导致评价结果的不合理。

所以,针对于历史性建筑这个特殊对象的评价,高分值因素的权重应受到激励(即增加其权重),使其他因素的权重值相应减少,从而使历史性建筑综合评价分值提高,即历史价值评价模型的指标权重系数应随着各项价值因素指标分值的变动而做出相应调整。这种方式称为变权处理。具体程序为:先对历史性建筑价值评价指标的基础权重进行确定,然后以此为依据,再通过变权公式来确定权重标准[1]。

2)基础权重确定

历史性建筑价值评价中基础权重的确定是变权权重分析的第一步。对于基础权重的确定,目前学术界已有多种方法。就历史性建筑综合价值评价而言,由于各项价值的指标分值是由专家进行赋值确定的,实际上具有一定的主观性,再结合历史性建筑综合价值的本身特征,故本书建议采用主观赋权法来进行研究。在主观赋权法中,层次分析法较为成熟,具有主观与客观的统一性,不仅可以综合考虑有关专家的知识

[1] 具体可参考拙作:徐进亮.基于变权模型的古建筑价值评价研究[J].四川建筑科学研究,2013(3):78-82.

和判断，同时也可以合理应用数学原理分析各指标间的关系，因此应用较为广泛。

3）评价指标权重的变权处理

传统常权评价模型由于较优和较劣的因素“中和”而导致与实际不相符合的结论，无益于历史性建筑的保护与可持续利用，因此建议引入变权模型。

变权即指标权重值随评价对象的不同或同一对象时点的不同而变化，这是由于不同的评价对象或不同时点的同一评价对象的各个指标状态值不同，因而各指标权重应随指标状态值的不同而变化。变权的理论思想首先是由我国学者汪培庄教授❶提出，李洪兴❷在此基础上进一步提出了变权综合决策模型，并将变权模型分为三种形式：激励型变权、惩罚型变权和激励惩罚混合型，同时给出了各自的变权模型公理化定义❸。由于对历史性建筑综合价值评价时，仅是需要对达到一定水平的优项指标进行激励，不用对弱项指标进行惩罚，因此只需要采用激励型变权综合模型即可。具体的模型公式、定理等不再赘述。

变权模型的引入既能考虑到同一历史性建筑的指标权重，又考虑了不同历史性建筑的指标状态值及其组态水平的作用，能够突出个别指标的显著变化，有效地解决了历史性建筑价值评价分析中权重系数恒定不变而引起的评价结果不合理现象。与一般常权综合评价法相比，更加准确反映出历史性建筑综合价值的实际情况。

11.3.4　综合评价模型与方法

由于历史性建筑涉及多因素信息，评价时需要分别考虑这些因素的影响情况，才能得到历史性建筑内在综合价值的综合整体认识。常用的综合评价方法有加权线性和法、乘法合成法以及加乘混合法等。历史性建筑需要考虑各类因素指标对综合价值的总体贡献，采用加权线性和法比较普遍。

加权线性和法是一种较为简单而应用较为广泛的方法。该方法适用于各参评指标间相互独立的场合，考虑了各指标对于综合目标的贡献度（即权重），基本公式为：

$$C = \sum_{i=1}^{n} w_i x_i \qquad \text{公式(11.1)}$$

式中，C 为评价对象的综合评价分值；w_i 为各评价指标的权重值（经变权处理）；x_i 为单个指标的评价分值（状态值）；n 为评价指标个数。

---

❶ 汪培庄. 模糊集与随机集落影[M]. 北京：北京师范大学出版社，1985.

❷ 李洪兴. 因素空间理论与知识表示的数学框架(IX)[J]. 模糊系统与数学，1996，10(2)：12-19.

❸ 李德清，李洪兴. 变权决策中变权效果分析与状态变权向量的确定[J]. 控制与决策，2004，19(11)：1241-1245.

11.4 评价指标比较法实证:以苏州东山古民居群为例

11.4.1 估价对象历史性建筑群情况

本次估价对象是位于苏州东山镇的一组历史性建筑群,共有 11 处控制保护建筑(古民居)[1]。其中相同或相似的要素包括:建造年代为清朝,用途为住宅,苏式传统风格,物理新旧程度基本相似(图 11.2)。11 处古民居零散分布在东山镇内。综合分析认为,11 处历史性建筑的周边环境基本相似。要求估算 2012 年 1 月的 11 处历史性建筑的市场价值。

本书认为 11 处历史性建筑的用途、区域、物理状况、功能特征都基本相似,可以考虑采用评价指标比较法进行估价。

图 11.2 部分东山古民居照片

11 处东山控保古民居建筑群的详细情况见表 11.2。

[1] 相关资料均由苏州天元土地房地产估价机构提供。

表 11.2　东山古民居建筑群情况一览表

编号	252	253	256
名称	麟庆堂	同德堂	尊德堂
内容	麟庆堂位于东山镇新丰村 56 号，属于清代早期建筑。建筑总面积为 410.46 平方米，土地面积 777.95 平方米。麟庆堂原规模宏大。目前仅留存二路二进，有楼厅及天井，楼厅面阔五间，带两厢房，楼底层青砖铺地，并留有落地雕花长窗。二层有木梁及木制楼梯。苏式屋顶，上盖小青瓦。目前建筑内通水、电。由出租户使用。该堂散落民间，周边多为普通民宅，社会影响较小	同德堂位于东山镇翁巷太平村，属于清代早期建筑。建筑总面积为 558.43 平方米，土地面积 374.80 平方米。同德堂原规模宏大，现仅存楼厅及庭院。主楼面阔五间带两厢，进深九檩。明面前檐柱作四方抹角形，下设提灯形青石柱础。二楼构架为内四界后抱厦形式。二楼檐柱退步造。内四界大梁扁作，抬梁式山界梁脊置五七式斗六升牌料。山尖设山雾云，明间脊檩施彩绘。目前建筑内通水、电。由出租户使用。该堂散落民间，周边多为普通民宅，社会影响较小	尊德堂位于东山镇太平村，属于清代中期建筑。建筑总面积为 1 068.07 平方米，土地面积 1 021.1 平方米。尊德堂原规模宏大。目前仅留存二轴四进，有住楼及天井，住楼面阔五间，带两厢房，住楼底层青砖铺地，并留有落地雕花长窗。二层有木梁及木制楼梯。苏式屋顶，上盖小青瓦。院内设有砖雕门楼一座。目前建筑内通水、电。由出租户使用。该堂散落民间，周边多为普通民宅，在当地已无人知晓该堂的历史及来历，因而社会影响较小
编号	259	260	261
名称	修德堂	瑞凝堂	容春堂
内容	修德堂位于东山镇翁巷太平村，属清代中期所建。建筑总面积为 1 081.99 平方米，土地面积 1 026.86 平方米。修德堂原为东山望族严氏祖宅。该堂现有建筑可分为东西二路，西路依次有门屋、大厅、住楼，东路有花厅与住楼。门屋面阔三间，明间两侧做清水砖垛头，兜肚内浮雕寿字蝙蝠卷云纹，含福寿之意。大厅面阔三间，为内四界大梁扁作，抬梁式。山界梁脊设五七式斗六升牌科，山尖置山雾云。住楼面阔三间前后带两厢。二楼构架圆作，正贴抬式，边贴穿斗式，较朴素。目前建筑内通水、电。由出租户使用。该堂散落民间，周边多为普通民宅	瑞凝堂位于东山镇东新街殿后弄 5 号，属于清代早期建筑。建筑总面积为 982.57 平方米，土地面积 853.5 平方米。瑞凝堂原规模宏大。目前仅留存二落二进，有住楼及天井，住楼面阔五间，带两厢房，住楼底层青砖铺地，并留有落地雕花长窗。二层有木梁及木制楼梯。苏式屋顶，上盖小青瓦。目前建筑内通水、电。由出租户使用。该堂散落民间，周边多为普通民宅，社会影响较小	容春堂又名 108 间，位于东山镇翁巷汤家场。属于晚清建筑。建筑总面积为 2 045.3 平方米，土地面积 3 324.26 平方米。容春堂为刘恂如所建。该堂原规模极为庞大，有三路单体建筑。中路依次有门厅、大厅、楼厅、住楼；西路有花厅、茶厅、花厅；东路为花园及园林建筑。现仅存中、西二路建筑，是东山地区晚清时期群体民居建筑的代表作。目前建筑内通水、电。由出租户使用。该堂散落民间，周边多为普通民宅，社会影响较小
编号	266	267	268
名称	秋官第	信恒堂	景德堂
内容	秋官第位于东山镇光明村，属于晚清建筑。建筑总面积为 525.23 平方米，土地面积 1 579.7 平方米。秋官第原规模宏大。目前仅留存二进住楼、附房及花墙门。住楼底层青砖铺地，并留有落地雕花长窗；二层有木梁及木制楼梯。目前建筑群内通水、电。由出租户使用。该堂散落民间，周边多为普通民宅，在当地已无人知晓该堂的历史及来历，因而社会影响较小	信恒堂位于东山镇新义村，属于晚清建筑。建筑总面积为 155.95 平方米，土地面积 368.19 平方米。信恒堂原规模宏大，目前仅剩下一幢住楼，住楼面阔五间，住楼底层青砖铺地，并留有落地雕花长窗；二层有木梁及木制楼梯。苏式屋顶，上盖小青瓦。目前建筑群内通水、电。由出租户使用。该堂散落民间，周边多为普通民宅，在当地已无人知晓该堂的历史及来历，因而社会影响较小	景德堂位于东山镇建新村，属于晚清建筑。建筑总面积为 588.59 平方米，土地使用权面积 587.7 平方米。景德堂原规模宏大。目前仅留存二进住楼及庭院。楼房面阔五间，底层青砖铺地，并留有落地雕花长窗；二层有木梁及木制楼梯。建筑目前建筑内通水、电。由出租户使用。该堂散落民间，周边多为普通民宅，社会影响较小

续表 11.2

编号	270	283	
名称	慎馀堂	崇本堂	
内容	慎馀堂(薛家祠堂)位于东山镇殿新村,属于晚清建筑。建筑总面积为 1 066.1 平方米,土地面积 967.6 平方米。慎馀堂原规模宏大。目前仅留存一路三进,有住楼及天井,主房二楼构架为典型清代流派。木制雕花落地长窗相配,大梁扁作,抬梁式山界梁脊。目前建筑内通水、电。由出租户使用。该堂散落民间,周边多为普通民宅,社会影响较小	崇本堂位于东山镇杨湾村,为晚清杨湾张氏所建。建筑总面积为 995.21 平方米,土地面积 1 006.67 平方米。崇本堂原规模宏大,有东西二路:西路有门屋、大厅、住楼、住屋;东路有花厅、花园等。现东路建筑与花园已毁,西路尚存。宅院坐北朝南。临街而建,四周高墙相围,形成封闭院落。住楼面阔五间,住屋面阔五间带两厢。目前建筑内通水、电。由出租户使用。该堂散落民间,周边多为普通民宅,社会影响较小	

11.4.2 估价对象的综合价值评价

专家组依据估价目标对象的实际状况,对历史性建筑各类指标进行打分处理,从而得出参评目标对象的历史价值、社会文化价值、艺术价值、科学价值以及环境生态价值的准则层分值数据,结果见表 11.3。然后在此基础上,赋予变权权重值,得到最终综合评价结果,详见表 11.4。

11.4.3 根据综合评价结果对目标对象进行初步估价

11 处古民居控保历史建筑中的“崇本堂”在 2011 年 12 月发生市场交易,售价为 7 200 元/平方米。估价人员认为交易时点与价值时点相差不大,可以不进行时点修正。将“崇本堂”的市场价格作为计算基数对其他 10 处古民居建筑进行调整,得到评价指标比较法的初步结果。

表 11.3 东山控保建筑群综合价值评价各准则层分值统计表

控保建筑编号	控保建筑名称	历史价值	社会文化价值	艺术价值	科学价值	环境生态价值
252	麟庆堂	59	74	65	69	68
253	同德堂	56	77	69	67	69
256	尊德堂	54	78	71	69	67
259	修德堂	61	81	71	69	69
260	瑞凝堂	59	74	67	67	68
261	容春堂	58	79	66	64	67
266	秋官第	54	68	64	65	68
267	信恒堂	53	65	65	64	68
268	景德堂	56	72	62	66	68
270	慎馀堂	56	72	62	63	65
283	崇本堂	58	77	67	70	70

11.4.4 验证及结论

最后,请专家组对初步的估价结果进行检验、论证,能够充分考虑和判断最终价值指示,结果见表11.4。

表11.4 东山控保建筑群综合价值评价结果和估价结果表

控保建筑名称	编号	变权评价结果		经济价值结果	
		排名	评价结果值	初步计算结果	最终价值指示
修德堂	259	1	71.0815	7 499.87	7 500
崇本堂	283	2	68.239 5	7 200.00	7 200
尊德堂	256	3	67.940 3	7 168.43	7 170
同德堂	253	4	67.596 1	7 132.11	7 130
容春堂	261	5	67.469 8	7 118.79	7 120
瑞凝堂	260	6	66.759 4	7 043.83	7 040
麟庆堂	252	7	66.609 5	7 028.02	7 030
景德堂	268	8	64.185 7	6 772.28	6 770
慎馀堂	270	9	63.282 7	6 677.01	6 675
秋官第	266	10	63.091 9	6 656.88	6 650
信恒堂	267	11	62.271 0	6 570.26	6 500

遵循评价指标比较法的估价程序,快速计算得到11处历史性建筑的估价结果。当然,如果在估价对象建筑群中还能找到其他的实际交易实例,也可就另一处交易价格作为计算基数进行测算,再将两套交叉结果体系相互对比和检证,取其一或以权重调整得到价值结果,可能更有说服力。这种多元交叉估算模式针对于有较多的估价对象项目(如整个历史地段建筑群)时,更为有效合理。

12 结论:构建历史性建筑估价体系

历史性建筑蕴含着丰富的历史、文化、艺术和科学等信息属性,是人类延续最重要的记忆载体之一,是人类社会宝贵的财富。但是随着城市化进程的加快,历史性建筑的保护与利用面临着许多问题。本书通过对历史性建筑经济价值进行准确评估,为历史性建筑的重点保护、修缮及再利用提供参考依据,为鼓励引入民间资金、进一步完善历史性建筑市场建设等提供决策支持。

本书采用理论与实证研究、定性与定量分析等方法,在以下一些方面进行了研究:首先是对历史性建筑概念、价值体系等进行理论分析;其次是对历史性建筑经济学原理和产权制度进行探究;第三是详细阐述了影响历史性建筑经济价值的主要因素;第四是分析了历史性建筑估价的价值基准、估价原则和参考资料;最后是依据估价原理,具体运用不同的估价方法对历史性建筑经济价值的计算进行研究,力求建立可行的估价方法体系,并且以具体的历史性建筑实证为例,证明其方法的科学合理性。

12.1 主要结论

本章通过对前面各章的分析作简要总结和归纳,主要形成以下结论:

(1) 本书首先对历史性建筑的概念进行界定,对比分析古建筑、传统建筑、历史文化遗产和历史街区等相关概念;接着,在此基础上,根据已有研究归纳总结了历史性建筑的各种类型;最后,结合文献成果和专家意见,分析认为历史性建筑作为一种特殊的不动产,具有二元性、传承性、地域性、产权限制性、稀缺性、社会性与资源和资产的双重属性等特征。

(2) 明确研究对象的概念与特征之后,再从分析价值概念入手,以哲学角度与经济学角度对历史性建筑价值进行剖析,认为历史性建筑综合价值是历史性建筑保存的信息要素相互关联、相互作用而逐步形成的凝聚在本体对象的知识存在,从而能够引起人类主体对这一客体事物产生积极的价值观念与本质力量;这些信息要素产生的功能属性构成历史性建筑内含价值体系,包括了历史价值、环境生态价值、艺术价值、科学价值和社会文化价值五种基本价值。历史性建筑综合价值通过人类主体价值的物化和投射成为外在效用价值;外在效用价值在经济关系上的反映就是经济价值,体现的是历史性建筑的经济属性,两者是可以被衡量的。一般情况下,历史性建筑估价的价值基准为市场价值(市场价格),市场价值是经济价值在真实市场中的具体反映,会因受到供求关系和其他市场因素的影响产生变化,从而形成相互作用的动态关系。市场价值(市场价格)和经济价值相比,市场价值属于短期均衡,而经济价值属于长期均衡,在正常市场或经济发展条件下,市场价值会表现出围绕着经济价值上下波动的周期变动。历史性建筑综合价值通过效用价值的转化,与经济价值形成内在与外在的哲学关系。历史性建筑综合价值、内含价值、效用价值、经济价值、市场价值等相互关联、相互作用,共同形成了较为完善的历史性建筑价值体系。

(3) 历史性建筑具有效用、稀缺和不可再生的特性,从而产生经济价值。本书首先从劳动价值论分析认为,历史性建筑的存在凝结着人类的劳动,无论是在建造初期还是维护使用期间,揭示了其内在综合价值的形成机理,同时也阐述了经济价值的产生根源;又从效用价值论的角度分析了历史性建筑对人类社会的普遍效用性,同时基于历史性建筑数量的稀少,也从稀缺理论角度探讨了效用和稀缺对其价值的影响;而正是由于上述特征,历史性建筑在市场供给、需求方面呈现出特殊变化,还从均衡理论分析了历史性建筑的供求特征和市场价格变化趋势。最后,考虑到历史性建筑具有外部性和公共性特征,也从新制度经济学的角度阐述了外部性和公共性产生的原因,分析了产权制度对历史性建筑经济价值的影响。本书从经济学理论分析,简单揭示了历史性建筑经济价值产生机理、变化过程和发展趋势等;同时还对历史性建筑的产权制度进行了系统性阐述,整理了国内目前主要的产权限制条件,认为产权限制最终目的是合理地保护和再利用历史性建筑,也认为清晰的产权界定和限制条件是合理准确地进行历史性建筑估价的基本前提。本书进一步研究认为,历史性建筑经济价值具有感知性与主观性、动态性与增值性、多元性与整体性、公共性与外部性、可衡量性与市场稳定性等特征。

(4) 历史性建筑价值的变化趋势和规律通常由各种复杂的影响因素引起,因此本书通过梳理现有研究成果、文献资料并结合实际工作经验,对影响历史性建筑经济价值的重要因素进行了综合分析,认为:其价值首先是受到社会经济发展因素、市场供求关系、国家或地区相关法律政策以及历史性建筑作为不动产自身因素的影响;其次,由于历史性建筑的独特性,不同的内含价值属性根据其内涵及特征也会受到不同因素的作用和影响,还需要分别对历史、艺术、科学、社会文化和环境生态等五种基本价值要素的影响因素进行研究阐述。力求最终能整理建立一个较为完善的历史性建筑经济价值影响因素体系。

(5) 历史性建筑估价是指估价人员根据估价目的,遵循估价原则,选用适宜的估价方法,并在综合分析影响历史性建筑经济价值因素的基础上,对历史性建筑在价值时点的客观合理价值进行分析、估算和判定的活动。估价行为的前提是设定价值基准。价值基准的表述是估价最基本的原则。价值基准与目标对象资产在价值时点的认定状态有关,通常以假设或特殊假设予以设定。

除非有特殊规定,历史性建筑估价的价值基准为市场价值。对于明确不得转让或抵押的历史性建筑,价值基准可设定为市场价值,但需要进行特殊假设。历史性建筑的市场价值是指历史性建筑经适当营销后，由熟悉情况、谨慎行事且不受强迫的交易双方，以公平交易方式在价值时点自愿进行交易的最可能的价格，包括现有的、预期的、显现的和隐含的。

历史性建筑基本估价原则包括最高最佳使用原则、替代原则、变动原则、预期原则、贡献原则、供求原则等。估价是一种价值指示意见的过程，不动产传统估价方法和资源环境经济学的估价方法都有其优势和适用范围，针对于历史性建筑特殊对象是否适用，需要对各种方法的技术思路和特点进行分析。本书认为收益资本化法、市场比较法、成本法、条件价值法更适宜于历史性建筑估价，同时还引入目前较为流行的特征价格法适用于历史性建筑进行研究。本书作为历史性建筑估价的专业用书，专门罗列了估价时应收集的资料清单以及相关解释说明，以帮助估价人员更好地进行估价工作。

(6) 本书在理论和实证研究的基础上，详细分析了不动产传统估价方法应用于历史性建筑估价的可行性。

首先，认为收益法理论清晰，明确投资收益的经济范畴，但是难点在于对未来预期的客观判断。直接资本化法只需要测算未来一期的收益，更加适用于有收益或潜在收益的历史性建筑价值评估。收益法中存在多种组合技术：投资组合，反映自有资金和外部融资比例关系；物理构成，反映土地与改良物收益关系；历史文化增值与产权限制，反映历史性建筑的特殊因素增值与贬值关系。运用收益法，投资者最终关注的是未来收益，因为这意味着盈利能力。直接资本化法的收益可分为毛收益与净收益、直接收益与间接收益。直接收益包括了租金收益和经营收入；间接收益包括许多方面：历史性建筑对周边环境及景观的提升，提供了旅游观光的资源，提高周边地区知名度、带动经济发展等。如果无视间接收益的存在，片面强调直接收益，历史性建筑经济价值实际上会被严重低估；而将所有的间接收益不计繁琐地全盘考虑，则会增加没有必要的工作量和技术难度。因此，采用收益资本化法对历史性建筑估价时，要针对不同的收益形式分别判断。综合资本化率是指在直接资本化法中单一年度的净运营收益与不动产总价值关系的收益率，是收益与价值的转换系数；计算综合资本化率的方式主要有累加法和市场提取法。累加法公式计算出的资本化率所对应的是估价对象净收益；而市场提取法得出的资本化率更适宜于那些较易获取直接收益，但明知间接收益的存在，却无法精确估算的历史性建筑项目。

其次，市场比较法应用广泛、简单直接，适用于拥有充分有效数据的开放性市场，是一些非收益性不动产市场价值评估的首选方法。当目标市场不成熟或对象特殊时，市场比较法的应用会受到一定限制；然而，扩大历史性建筑市场地域与时间范围、合理比较可比实例和目标对象的特征差异，分析各影响因素的贡献程度，以及给予估价对象估价结果区间是较好的解决方式。本书提出了“交易时点、交易情况、区位、历史文化特征、产权限制、建筑实体状况、社会知名度……”等针对于历史性建筑的10项比较因素，认为不同因素应分别采用定量、定性分析技术，最终通过可比实例的修正得到估价对象历史性建筑的价值。本书还创新性地提出了市场调整法应用于历史性建筑用地地价评估。人们关注历史性建筑用地是由于其蕴含着普通建设用地所不具备的历史、社会文化及环境生态等信息要素，能产生额外的效用价值，额外的效用价值创造了收益的增值；如果缺乏这种额外效用价值，人们会选择价格低廉的普通土地；正是由于特殊的信息要素，需要更加严格的保护措施，具体表现为特有的产权及规划保护限制，使得历史性建筑功能定位、利用收益等产生局限性，同样对经济价值带来负面影响。本书依据市场法原理，尝试在普通地价的基础上，对历史性建筑用地的历史文化特征增值与产权限制影响等进行修正调整，得出历史性建筑用地的地价。

第三，成本法比较适合那些市场发育不成熟、收益性较弱的不动产评估，是历史性建筑价值评估最为适宜的估价方法，成本法优势在于依据充分、容易判断，缺点是计算结果往往与市场供求状况关联性不够，有时会出现过高或过低的现象，这是因为历史性建筑市场价值与重新购建所花费的成本相互关联。历史性建筑重建成本的资料收集和估算虽然有些难度，但还是有据可查的；可是建筑使用年限越长，磨损折旧越严重；历史性建筑相对于普通建筑蕴含着独有的品质特征和历史文化内涵，这些信息属性会随着建筑的磨损折旧而衰退。一般来说，现存历史性建筑的年代越久远，重建成本的估算和折旧额的合理性就越不准确；反之，新修复的历史性建筑运用成本法就比较适宜。成本法需要对历史性建筑的相关建筑术语与材料成本等有充分了解，这对估价人员的专业知识能力提出一定的挑战。

(7)历史性建筑是祖辈留下的特殊文化资源，有稀缺性和不可再生性的特征；采用资源经济学估价方法对历史性建筑价值进行评估也具有一定的可行性。本书选用了条件价值法，并对其进行实证研究。条件价值法简单实用，从消费者的角度出发，在一系列假设问题的前提下，通过调查、问卷和投标等方式来获得消费者的 WTP，综合所有消费者的 WTP 即为经济价值。从理论上来说，该方法充分考虑了历史性建筑经济价值的所有变化，包括当前经济增长模式下价值规律能够实现的价值，还包括当前经济增长模式下价值规律无法实现的部分，即资源利用过程中的外部性部分。条件价值法估算的结果易受到调查者和受访者样本数量与个人观念的影响，样本量越多，结果越准确。

(8) 本书认为历史性建筑市场价值与影响特征因素存在数理关系，可以引入目前流行的特征价格法进行历史性建筑的价值评估。特征价格法先选取适当的变量来反映历史性建筑的各特征因素，再根据样本数据构建同类型物业的特征价格方程；然后将估价对象的特征进行赋值后再代入模型方程，最终计算得到估价对象的特征价格。特征价格法理论基础论据充足，一旦构建完成目标对象历史性建筑的特征价格模型方程，对于同区域类似项目可以做到简单快速的评估，特别适合于批量化估算历史性建筑经济价值，可以用于核定资产或为征收税费等经济行为。当然基于特征价格法的原理，在选取适当变量的基础上，其模型结果的准确性取决于样本数据量的大小。我国目前历史街区、古村落或者古镇等具有分布规模的历史地段，保存着一定数量的历史性建筑,影响这些历史性建筑价值的特征因素也较为相似,这使得估价人员能够收集到符合数量要求的样本数据,以建立较为准确的特征价格数学模型。而对于零星分布的历史性建筑,或者具有独一无二的特性、难以找到同类型样本的历史性建筑,则不适用于特征价格法。

(9) 除了上述的一些估价方法,本书还结合历史性建筑综合价值评价成果与市场比较法的原理,尝试提出了基于评价指标比较的历史性建筑价值评估方法。该方法利用评价的综合分值结果来估算历史性建筑经济价值,简单快速,也有一定的理论基础,特别适合于一次性估算大量的历史性建筑群价值,可以用于核定资产或征收税费等经济行为。同时,针对于历史建筑综合价值的特殊性,传统的常权评价体系在实际工作中经常会出现偏悖,本书认为相对于目前通用的常权评价模型,基于变权理论的评价模型更符合历史性建筑综合价值的特征属性,更能精确、科学地反映出研究对象各价值因素动态变化对综合价值的影响程度,更符合专家决策结果与客观实际,有利于历史性建筑保护和可持续利用。

本书阐述了收益法、市场比较法、市场调整法、成本法、条件价值法、特征价格法和评价指标比较法适用于历史性建筑估价的程序、技术参数等。本书认为上述各种估价方法都有其适用范围、优势和缺陷,应根据历史性建筑的实际情况谨慎选用。对于多数的风貌建筑与历史建筑,市场比较法和成本法基本能满足需要;收益性的历史性建筑可以选用收益法;对于文物保护单位、不可移动文物或复杂的历史性建筑,不宜采用比较法或收益法时,可适用条件价值法或成本法;历史性建筑用地地价可适用于市场调整法;市场调整法的原理同样也能引入一些资料不充分的历史性建筑估价,特别是当其他方法都不适宜时,可采用市场调整法作为主要方法。对历史地段内建筑单体或群体进行估价,也可采用特征价格法,也可考虑评价指标比较法。

基于历史性建筑的特殊性,可选用一种方法进行估价;如能选用两种方法的,建议选用两种估价方法,并对两种估价方法的测算结果各自进行校核和比较分析,合理确定估价结果。

总之,历史性建筑作为一种特殊的估价对象,其经济价值评估理论与技术方法在国内几乎为零,在国际上研究也较少。本书将这些估价方法适用于历史性建筑,本身就是一种尝试;也是意图通过对历史性建筑估价方法的应用研究,弥补了当前相关研究的空白。这对于建立相对完善的历史性建筑估价理论、方法体系及标准具有重要意义。

12.2 研究展望

历史性建筑估价研究所涉及的学科较为广泛,因此需要综合多学科、多领域的知识,目前有关历史性建筑价值的研究成果较为零散且尚不深入,而本书虽尝试对构建历史性建筑价值体系、经济价值变化规律、影响因素、估价方法的适用等进行一定程度的分析,但限于知识水平及研究精力的限制,尚有许多方面可以进一步深入研究。

(1) 在历史性建筑价值体系方面,由于历史性建筑价值存在多重含义,人类社会对于不同价值类型的认识仍在不断变化及完善过程中,经济价值的表达方式也会呈现多样性与复杂性。本书对历史性建筑价值体系的分析仍然尚较粗浅,今后需要深入进行这一领域的研究。

(2) 历史性建筑价值的经济学原理和产权制度,揭示经济价值变化的基本运行规律与限制条件,是整个估价体系的理论基础。本书虽已从经济学和产权制度角度进行一定程度的解释剖析,但在一些针对于历史性建筑领域的学术难点,如特殊历史文化元素引起的增值变化,产权分割、界定和限制的影响,交易费用与经济价值关系等研究还可以进一步细致和深入。

(3) 在历史性建筑估价过程中,任何估价方法的计算结果都是价值指示。这些估价方法都有各自的适用范围或相应缺陷,得出的结论与市场实际情况可能会存在偏差。正如前文所述,估价过程只是表现出目标对象市场价值一种无限接近准确的趋势,而非必然。所以,今后的研究仍需结合历史性建筑的自身特征,对估价方法、参数和技术路线的适用性不断改进,让估价程序进一步做到规范可行,以便能够更加科学合理地进行历史性建筑估价行为。

参考文献

[1] Abelardo Santos Pérez, Gaston G A Remmers. A landscape in transition: an historical perspective on Spanish latifundist farm[J]. Agriculture Ecosystems and Environment,1997,63(2~3):91-105.

[2] Amareswar Galla. Authenticity: rethinking heritage diversity in a pluralistic framework[C]. NARA Conference on Authenticity, 1994.

[3] Ana Bedate, Luis César Herrero, José Üngel Sanz. Economic valuation of the cultural heritage: application to four case studies in Spain[J]. Journal of Cultural Heritage,2004(5):101-111.

[4] Anna Alberini, Alberto Longo. Combining the travel cost and contingent behavior methods to value cultural heritage sites: evidence from Armenia[J]. Journal of Cultural Economics, 2006,30(4):287-304.

[5] Appraisal Institute. The Appraisal of Real Estate[M]. [S. l.]:The Appraisal Institute. 2008.

[6] Arjo Klamer. Accounting for social and cultural values[J]. De Economist,2002(4):150.

[7] Arjo Klamer. The Value of Culture: On the Relationship between Economics and Arts[M]. Amsterdam: Amsterdam University Press, 1997.

[8] Asabere P K, Huffman F E, Medhian S. The adverse impacts of local historic designation: the case of small apartment buildings in Philadelphia[J]. Journal of Real Estate Finance and Economics, 1994(8): 225-234.

[9] Başak İpekoğlu. An architectural evaluation method for conservation of traditional dwellings [J]. Building and Environment, 2006(41):386-394.

[10] Butler R V. The specification of hedonic indexes for urban housing [J]. Land Economics,1982,58(1):94-108.

[11] Coase, Ronald. The nature of the firm. in Coase, 1988. The firm, the market and the Law: 33-55. Chicago: The University of Chicago Press, 1937: 33-55.

[12] Coulson N E, Leichenko R M. The internal and external impact of historical designation on property values[J]. Journal of Real Estate and Economics,

2001, 23(1): 113-124.

[13] Creigh. Valuing culture and heritage[C]. London: 6th European Commission Conference on Sustaining Europe's Cultural Heritage, 2004(7):1-3.

[14] David Throsby, Arjo Klamer. 为过去付费:文化遗产经济学[R]//联合国教科文组织.世界文化报告.北京: 北京大学出版社,2002:125-138.

[15] David Throsby. Conceptualizing heritage as cultural capital, heritage economics — challenges for heritage conservation and sustainable development in the 21st Century[M]. [S.l.]:Australian Heritage Commission,2000.

[16] E C M Ruijgrok. The three economic values of cultural heritage: a case study in the Netherlands[J]. Journal of Cultural Heritage, 2006(7):206-213.

[17] Edmund F Ficek, etc. Real Estate Principles and Practices[M]. 5th ed. Ohio: Merrill Public Company, 1990.

[18] Eric van Damme. Discussion of accounting for social and cultural Values[C]. NARA Conference on Authenticity, 1994.

[19] Faroek Lazrak, Peter Nijkamp, Piet Rietveld, etc. Cultural heritage and creative cities: an economic evaluation perspective[EB/OL]. http://dare.ubvu.vu.nl/bitstream/1871/15322/2 rm%202009-36.pdf.

[20] Faroek Lazrak, Peter Nijkamp, Piet Rietveld, etc. Cultural heritage: hedonic prices for non-market values [EB/OL]. http://ideas.repec.org/e/pni111.html.

[21] Frank E Harrison. Appraising the Tough Ones[M]. [S.l.]:The Appraisal Institute. 1996.

[22] Gianna Moscardo. Mindful visitors: heritage and tourism [J]. Annals of Tourism Research, 1996, 23 (2): 376-397.

[23] H Margenau. The scientific basis of value theory[M]. //A H Maslowed. New Knowledge in Human Values. New York: Harper & Brothers Publishers, 1959: 38-51.

[24] Hall C M, McArthur S. Managing community values: identity-place relations: an introduction. //Hall C M, McArthur S. Heritage Management in New Zealand and Australia. Melbourne: Oxford University Press. 1996:180-184.

[25] International Valuation Standards Council. International valuation Standards [S]. (London,2000):92-93

[26] Jack P Friedman, Jack C Harris, J Bruce Lindeman. Dictionary of Real Estate terms[M]. 5th ed. New York: Barron's, 2000.

[27] Jeffrey D Fisher, Robert S Martin. Income property valuation[M]. USA: Dearborn Publishing, Inc., 1994.

[28] Judith Reynolds. Historic Properties:Preservation and the Valuation Process [M]. 3rd ed. [S. l.]:The Appraisal Institute,2006.

[29] Keith Donohue. Preserving our heritage: center for arts and culture[C]. // Art, Culture & the National Agenda, 2000.

[30] L Venkatachalam. The contingent valuation method: a review[J]. Environmental Impact Assessment Review, 2004(24): 89-124.

[31] Lancaster K J. A new approach to consumer theory[J]. Journal of Political Economy, 1966,74(2):132-157.

[32] Lee, S L. Urban conservation policy and the preservation of historical and cultural heritage: the case of Singapore[J]. Cities, 1996,13(6),399-409.

[33] Leichenko R, Coulson N E, Listokin D. Historic preservation and residential property values: an analysis of Texas cities[J]. Urban Studies, 2001,38(11): 1973-1987.

[34] Loomis J B, Walsh R G. Recreation Economic Decisions, Comparing Benefits and Costs[M]. 2nd ed. Pennsylvania: Venture Publishing, Inc, 1997.

[35] Marta dela Torre. Assessing the values of cultural heritage[R]. Los Angeles: The Getty Conservation Institute, 2000.

[36] Massimiliano Mazzanti. Cultural heritage as multi-dimensional, multi-value and multi-attribute economic good: toward a new framework for economic analysis and valuation[J]. Journal of Socio-Economics , 2002 (31): 529-558.

[37] Minors C. Listed Buildings and Conservation Areas[M]. London: Longman, 1989.

[38] Moorhouse J C, Smith M S. The market for residential architecture: 19th century row houses in Boston's South End[J]. Journal of Urban Economics,1994, 35(3): 267-277.

[39] Navrud S, Ready R C. Valuing Cultural Heritage: Applying Environmental Valuation Techniques to Historic Buildings, Monuments and Artifacts [M]. Northampton, MA: Edward Elgar, Publishing, 2002.

[40] Nijkamp, P and Riganti, P. Assessing cultural heritage benefits for urban sustainable development [J]. International Journal of Services Technology and Management, 2008,10(1):29-38.

[41] Paolo Rosato, Lucia Rotaris, Margaretha Breil, et al. Do We Care about Built Cultural Heritage? The Empirical Evidence Based on the Veneto House Market [R/OL]. http://www. feem. it/Feem/Pub/ Publications/WPapers/default. htm, 2008.

[42] Peggy Teo, Shirlena Huang. Tourism and heritage conservation in Singapore

[J]. Annals of Tourism Research, 1995, 22(3): 589-615.

[43] Peterson G L, Driver B L, Gregory R. Amenity resource valuation: integrating economics with other disciplines [M]. Pennsyl vania: Venture Publishing, 1998.

[44] Rosen S. Hedonic prices and implicit markets: product differentiation in pure competition[J]. Journal of Political Economy, 1974,82(1):35-55.

[45] Randall Mason, Marta dela Torre. Heritage conservation and values in globalizing societies[R]. 联合国教科文组织. 世界文化报告. 北京:北京大学出版社, 2002:161.

[46] Richard M Betts, Silas J Ely. Basic Real Estate Appraisal[M]. 5th ed. American: South-Western College Publishing, 2007.

[47] RICS. Red Book[S]. 6th ed. the RICS, 2009.

[48] Robert L Janiskee. Historic houses and special events[J]. Annals of Tourism Research, 1996,23(2):398-414.

[49] Samuel Seongseop Kim, Kevin K F Wong, Min Cho. Assessing the economic value of a world heritage site and willingness-to-pay determinants: A case of Changdeok Palace[J]. Tourism Management, 2007(28):317-322.

[50] Seenprachawong U. Economic valuation of cultural heritage: a case study of historic temples in Thailand[R/OL]. [2007-3-20]. http://eepsea.org/en/ev-108098-201-1-DO_TOPIC.html.

[51] Stefano Pagiola. Economic analysis of investments in cultural heritage: insights from environmental economics [R]. Environment Department, World Bank, 1996.

[52] Susana Mourato, Ece Ozdemiroglu, Tannis Hett, et al. Pricing cultural heritage: a new approach to managing ancient resources[J]. World Economics,2004, 5(3):7-9.

[53] Throsby D. Economics and Culture [M]. Cambridge: Cambridge University Press, 2001.

[54] Tran Huu Tuan, St˙le Navrud. Valuing cultural heritage in developing countries: comparing and pooling contingent valuation and choice modelling estimates [J]. Environmental and Resource Economics, 2007,38(1):51-69.

[55] Tyron J Venn, John Quiggin. Accommodating indigenous cultural heritage values in resource assessment: cape york peninsula and the murray-darling basin, australia [J]. Ecological Economics, 2007(61): 334-344.

[56] A. 迈里克 · 弗里曼. 环境与资源价值评估——理论与方法[M]. 曾贤刚,译. 北京:中国人民大学出版社,2002.

[57] 阿兰·兰德尔. 资源经济学[M]. 施以正,译. 北京:商务印书馆,1989.
[58] 艾建国,吴群. 不动产估价[M]. 北京:中国农业出版社. 2002.
[59] 保罗·A. 萨缪尔森,威廉·D. 诺德豪斯. 经济学(上、下)[M]. 12 版. 北京:中国发展出版社,1992.
[60] 鲍玮. 产业类历史建筑的保护与社区化改造[D]. 长沙:湖南大学,2006.
[61] 贝弗莉·阿尔伯特. 美国历史建筑和遗址的保护[J]. 臧尔忠,译. 北京建筑工程学院学报,1995(3):87-93.
[62] 彼罗·斯法拉. 李嘉图著作和通信集—第一卷—政治经济学及赋税原理[M]. 北京:商务印书馆,2009.
[63] 蔡建辉. 城市森林的环境价值评估及其政策[D]. 北京:北京林业大学,2001.
[64] 蔡军.《工程做法则例》成立体系的研究[J]. 华中建筑,2003(2):89-91.
[65] 蔡蕾. 西安碑林文化遗产价值及其保护初探[D]. 西安:西安建筑科技大学,2004.
[66] 曹辉,兰思仁. 条件价值法在森林景观资产评估中的应用[J]. 世界林业研究,2002(6):32-36.
[67] 曹永康. 我国文物古建筑保护的理论分析与实践控制研究[D]. 杭州:浙江大学,2008.
[68] 陈海曙. 地域建筑保存与地方永续发展之策略[C]//东南大学建筑学院. 东亚建筑遗产的历史和未来——东亚建筑文化国际研讨会. 南京 2004 优秀论文集. 南京:东南大学出版社,2006.
[69] 陈克元. 浅谈历史建筑保护[J]. 科协论坛下半月,2007(1):126-127.
[70] 陈平. 李格尔与艺术科学[M]. 杭州:中国美术学院出版社,2002.
[71] 陈蔚,胡斌. 当代城市历史遗产的保护——以"互补方法论"的观点[J]. 重庆建筑大学学报,2005(5):30-33.
[72] 陈应发. 旅行费用法——国外最流行的森林游憩价值评估方法[J]. 生态经济,1996(4):35-38.
[73] 陈应发. 条件价值法——国外最重要的森林游憩价值评估方法[J]. 生态经济,1996(5):35-37.
[74] 陈志华. 保护文物建筑及历史地段的国际宪章[J]. 世界建筑,1986(3):13-14.
[75] 陈智云. 浅谈中国民族古建筑[J]. 中国科技信息,2005(13):231-232.
[76] 程恩富. 文化经济学通论[M]. 上海:上海财经大学出版社,1999.
[77] 程建军,孔尚林. 风水与建筑[M]. 南昌:江西科学技术出版社,2005.
[78] 程建军. 文物古建筑的概念与价值评定——古建筑修建理论研究之二[J]. 古建园林技术,1993(4):26-31.
[79] 程圩. 文化遗产旅游价值认知的中西方差异研究——以旅西游客为例[D]. 西安:陕西师范大学,2009.
[80] 程孝良,冯文广,曹俊兴. 中国古建筑的社会学含义[J]. 成都理工大学学报(社会

科学版),2007,15(4):7-12.

[81] 楚方君,李之吉.关于历史建筑保护若干问题的思考[J].才智,2008(4):35-37.

[82] 崔越,毛兵,汝军红,等.园林构成要素实例解析——建筑[M].沈阳:辽宁科学技术出版社,2002.

[83] 邓鑫.谈建筑风格与文化传承[J].安徽文学(下半月),2008(12):28.

[84] 丁冰.当代西方经济学原理[M].北京:北京经济学院出版社,1993.

[85] 丁学军,张丽伟.从文物保护建筑修缮中品味其历史价值——以闸北公园钱氏宗祠修缮工程为例[J].中国园林,2009 (5):100-102.

[86] 丁智勇.洋县华阳古镇历史建筑研究[D].西安:西安建筑科技大学,2009.

[87] 董黎.教会大学建筑与中国传统建筑艺术的复兴[J].南京大学学报(哲学、人文科学、社会科学),2005(5):70-81.

[88] 董黎.中国近代教会大学建筑史研究[M].北京:科学出版社,2010.

[89] 董雪旺,张捷,刘传华,等.条件价值法中的偏差分析及信度和效度检验——以九寨沟游憩价值评估为例[J].地理学报,2011(2):267-278.

[90] 杜汝俭.园林建筑设计[M].北京:中国建筑工业出版社,1986.

[91] 段锦.云南石林世界遗产地及缓冲区生态资产评估及其补偿研究[D].昆明:云南师范大学,2009.

[92] 段文斌,陈国富,谭庆刚,等.制度经济学[M].天津:南开大学出版社,2003:50.

[93] 范艳丽,周秉根,吕永平.山西古建筑的旅游价值与开发前景[J].国土资源科技管理,2008,25(5):56-60.

[94] 冯晓东.园踪[M].北京:中国建筑工业出版社.2006.

[95] 弗·冯·维塞尔.自然价值[M].北京:商务印书馆,1982.

[96] 国际古迹遗址理事会中国国家委员会.中国文物古迹保护准则[S].2002.

[97] 高洁.中国古建筑基本特征[J].承德职业学院学报,2005(3):110-111.

[98] 高蕾,唐黎洲,王冬.如将不尽 与古为新——更新中的城市历史建筑及其保护[J].城市建筑,2009(2):29-31.

[99] 高山,徐百佳.论徽州古建筑雕刻艺术"图形遗产"的价值[J].江淮论坛,2009(3):175-178.

[100] 高秀玲.天津市历史建筑保护研究与再开发管理模式研究[D].天津:天津大学,2005.

[101] 顾江.文化遗产经济学[M].南京:南京大学出版社,2009.

[102] 顾晓鸣.因子分析法综合评价医院医疗绩效[J].中国卫生统计,2008,25(1):50.

[103] 国家文物局法制处.国际保护文化遗产法律文件选编[M].北京:紫禁城出版社,1993.

[104] 哈罗德·德姆塞茨.产权理论:私人所有权与集体所有权之争[J].徐丽丽,译.经济社会体制比较,2005(5):79-90.

[105] 何风云.文化遗产的旅游价值评估及其开发策略——以湖北省三国文化遗产为例[D].武汉:湖北大学,2007.
[106] 何维达,杨仕辉.现代西方产权理论[M].北京:中国财政经济出版社,1998.
[107] 何祚榕.关于价值一般双重含义的几点辩护[J].哲学动态,1995(7):21-22.
[108] 何祚榕.什么是作为哲学范畴的价值?[J].哲学动态.1993(3).
[109] 贺臣家.北京传统四合院建筑的保护与再利用研究[D].北京:北京林业大学,2010.
[110] 洪长瑾,陈刚.基于GIS的历史建筑环境敏感区保护规划初探[J].山西建筑,2009(2):44-45.
[111] 胡国华.居民生活方式和消费兴趣点会发生哪些变化?[N].常州日报,2011-08-26.
[112] 胡希军,黄中伟,马小蕾,等.宁波城区古建筑的保护与旅游开发建议[J].中南林业科技大学学报(社会科学版),2007(5):87-90.
[113] 胡仪元.生态补偿理论基础新探——劳动价值论的视角[J].开发研究,2009(4):42-45.
[114] 黄明玉.文化遗产的价值评估及记录建档[D].上海:复旦大学,2009.
[115] 黄晓燕.历史地段综合价值评价初探[D].成都:西南交通大学,2006.
[116] 黄秀娟.寻租行为与国家自然文化遗产管理[J].林业经济问题,2003(8):226-229.
[117] 黄艺农.中国古建筑审美特征[J].湖南师范大学社会科学学报,1998,27(5):68-73.
[118] 惠国夫.中国传统风水学合理性因素及其在居住环境艺术设计中的应用研究[D].昆明:昆明理工大学,2007.
[119] 贾佳,秦潇璇.浅析中国传统礼仪在古建筑中的体现[J].武汉科技学院学报,2007(6):37-39.
[120] 江荣生.历史建筑旅游资源评价指标体系的构建及其实证研究[D].福州:福建师范大学,2009.
[121] 杰克·普拉诺,等.政治学分析辞典[M].胡杰,译.北京:中国社会科学出版社,1986:378.
[122] 莱昂·瓦尔拉斯.纯粹经济学要义[M].北京:商务印书馆,2009.
[123] 赖金良.马克思主义哲学价值论研究中应注意的几个问题[J].浙江学刊,1995(6).
[124] 赖明华,王晓鸣,罗爱道.基于正交设计的历史建筑综合价值评价研究[J].华中科技大学学报(城市科学版),2006,23(1):35-38.
[125] 雷利·巴洛维.土地资源经济学——不动产经济学[M].北京:北京农业大学出版社,1989.

[126] 李德华.城市规划原理[M].北京:中国建筑工业出版社,2001.
[127] 李德清,李洪兴.变权决策中变权效果分析与状态变权向量的确定[J].控制与决策,2004,19(11):1241-1245.
[128] 李方方.论中国古建筑的装饰特点[J].西北建筑工程学院学报(自然科学版),2002(4):37-40.
[129] 李洪兴.因素空间理论与知识表示的数学框架(Ⅸ)[J].模糊系统与数学,1996,10(2): 12-19.
[130] 李嘉图. 政治经济学及赋税原理(中译本)[M]. 北京:商务印书馆,1976: 57.
[131] 李建新,朱光亚.中国建筑遗产保护对策[J].新建筑,2003(4):38-40.
[132] 李将.城市历史遗产保护的文化变迁与价值冲突[D].上海:同济大学,2006.
[133] 李丽.旧工业建筑再利用价值评估综合研究[D].西安:长安大学,2006.
[134] 李丽田.西方折衷主义建筑风格的历史价值[J].湖南城市学院学报(自然科学版),2010(3):33-36.
[135] 李莉莉.广州历史文化遗产的传承与价值评估[D].广州:广州大学,2006.
[136] 李庭新,李书.文化产品价值的经济分析[J].市场周刊(研究版),2005(3).
[137] 李萱,赵民.旧城改造中历史文化遗产保护的经济分析[J].城市规划,2002(7):39-42.
[138] 李艳莉.成都市中心城历史建筑及街区保护与利用模式研究[D].成都:西南交通大学,2003.
[139] 李云.我国建筑企业国际化程度评价:基于德尔菲法方法的实证分析[J].理论月刊,2009 (3):165-168.
[140] 李浈,雷冬霞.历史建筑价值认识的发展及其保护的经济学因素[J]. 同济大学学报(社会科学版),2009.
[141] 李子奈.计量经济学应用研究的总体回归模型设定[J].经济研究,2008(8):136-144.
[142] 理查德·豪伊.边际效用学派的兴起[M]. 晏智杰,译.北京:中国社会科学出版社,1999.
[143] 梁青槐,孔令洋,邓文斌.城市轨道交通对沿线住宅价值影响定量计算实例研究[J].土木工程学报,2007,40(4):99.
[144] 梁思成.中国建筑史[M].天津:百花文艺出版社,2007.
[145] 梁薇.物质文化遗产的性质及其管理模式研究[J].生产力研究,2007(7).
[146] 林诩.中国经济发展进程中农民土地权益问题研究[D].福州:福建师范大学,2009.
[147] 林英彦.不动产估价[M].台北:文笙书局股份有限公司,2004:147-150.
[148] 林源.中国建筑遗产保护基础理论研究[D].西安:西安建筑科技大学,2007.
[149] 林增杰.房地产经济学[M].北京:中国建筑工业出版社,2000.

[150] 凌颖松.上海近现代历史建筑保护的历程与思考[D].上海:同济大学,2007.
[151] 刘爱河.简论文化遗产的物质性和精神性[J].理论月刊,2008(5):32-34.
[152] 刘春玲.中国古建筑景观的旅游功能与鉴赏[J].石家庄师范专科学校学报,2000,2(4):69-72.
[153] 刘梦琴.从经济学角度分析资产评估的价值内涵[J].中国资产评估,2010(4):28-31.
[154] 刘敏.青岛历史文化名城价值评价与文化生态保护更新[D].重庆:重庆大学建筑城规学院,2003.79.
[155] 刘培哲.可持续发展理论与中国21世纪议程[M].北京:气象出版社,2001.
[156] 刘勤.商业地产租赁估价模型研究——以大型商业零售连锁企业为例[D].上海:上海交通大学,2007.
[157] 刘书楷,曲福田.土地经济学[M].北京:中国农业出版社,2004.
[158] 刘思峰,党耀国,方耕,等.灰色系统理论及其应用[M].北京:科学出版社,2004:50-95.
[159] 刘托.外国建筑艺术欣赏[M].太原:山西教育出版社,1996.
[160] 刘文俭.对青岛城市定位问题的思考[N].青岛日报,2010-04-24.
[161] 刘翔.文化遗产的价值及其评估体系——以工业遗产为例[D].长春:吉林大学,2009.
[162] 刘晓君,王玲,王美霞,等.古建筑保护项目的经济评价[J].西安建筑科技大学学报(社会科学版),2005,24(4):49-53.
[163] 刘学毅.德尔菲法在交叉学科研究评价中的运用[J].西南交通大学学报(社会科学版),2007,8(2):21-25.
[164] 柳雯.中国文庙文化遗产价值及利用研究[D].济南:山东大学,2008.
[165] 楼庆西.中国古建筑二十讲[M].北京:三联书店,2007.
[166] 卢永毅.遗产价值的多样性及其当代保护实践的批判性思考[J].同济大学学报(社会科学版),2009(5):35-44.
[167] 鲁品越.价值的目的性定义与价值世界 [J].人文杂志,1995(6):7-13.
[168] 陆地.建筑的生与死:历史性建筑再利用研究[M].南京:东南大学出版社,2004.
[169] 罗丹萍.论城市经营中文化遗产的价值取向[D].成都:四川大学,2007.
[170] 吕国伟.浅析江南民居的建筑设计风格[J].无锡南洋学院学报,2007(12):44-49.
[171] 马建华.世界文化遗产的保护及其价值意义[J].福建艺术,2007 (4):8-14.
[172] 马克思恩格斯选集—第2卷[M].北京:人民出版社,1995.
[173] 马克思恩格斯选集—第23-25卷[M].北京:人民出版社,1972.
[174] 马维野.评价论[J].科学学研究,1996,14(3):5-9.
[175] 美国估价学会.房地产估价(原著第12版)[M].中国房地产估价师与房地产经

纪人学会,译.北京:中国建筑工业出版社,2005.
[176] 缪步林.古建筑的价值及其资料的收集[J].城建档案,2008(1):26-28.
[177] 尼古拉斯·布宁,余纪元.西方哲学英汉对照辞典[M].北京:人民出版社,2001:1050-1051.
[178] 南京工学院建筑研究所.造园史纲[M].北京:中国建筑工业出版社,1983.
[179] 潘谷西.中国建筑史[M].南京:东南大学出版社,2001.
[180] 潘如丹.建筑文化遗产的环境艺术价值研究[D].上海:复旦大学,2005.
[181] 潘夏宁.我国世界遗产地旅游可持续发展分析与评价[D].南宁:广西大学,2006.
[182] 裴辉儒.资源环境价值评估与核算问题研究[D].厦门:厦门大学,2007.
[183] 彭小舟.非物质文化遗产旅游开发潜力的评估研究[D].长沙:湖南师范大学,2009.
[184] 全国重点文物保护单位保护规划编制要求[S].2007.
[185] 齐静.天津城市文化遗产价值与保护研究[D].长春:吉林大学,2009.
[186] 祁嘉华.中国古建筑美学精神的三重维度[J].建筑文化,2006 (19):2-4.
[187] 祁丽.武当山古建筑木雕的美学价值初探[J].郧阳师范高等专科学校学报,2009,29(5):8-11.
[188] 钱锋,朱亮.文远楼历史建筑保护及再利用[J].建筑学报,2008(3):76-79.
[189] 秦霖,邱菀华.论文化产品的价值实现与价格形成[J].东北大学学报(社会科学版),2004(11):407-410.
[190] 秦寿康.综合评价原理与应用[M].北京:电子工业出版社,2003.
[191] 曲福田.资源经济学[M].北京:中国农业出版社,2001:3-7.
[192] 汝军红.历史建筑保护导则与保护技术研究[D].天津:天津大学,2007.
[193] 阮仪三.城市遗产保护论[M].上海:上海科技出版社,2005.
[194] 单霁翔.城市化发展与文化遗产保护[M].天津:天津大学出版社,2006.
[195] 邵华.城市规划所遇到的问题及其解决措施[J].民营科技,2013(9).
[196] 沈庆年.苏州楼市——住宅古今文选[M].香港:天马出版有限公司,2010:120-122.
[197] 沈彤.文化遗产价值评价标准探悉——EVA 指标体系[J].集团经济研究,2007(1):259-260.
[198] 舒帮荣.基于约束性模糊元胞自动机的城镇用地扩展模拟研究[D].南京:南京农业大学,2010.
[199] 宋文.中国传统建筑图鉴[M].上海:东方出版社,2010:16.
[200] 苏军,乔媛媛,曹玉红.西方经验与我国历史建筑保护[J].山西建筑,2008(9):78-80.
[201] 苏州市房产管理局.苏州古民居[M].上海:同济大学出版社,2004:15-19.

[202] 苏州市文物局,苏州市市区文物保护管理所.苏州平江历史文化街区[M].北京:中国旅游出版社,2008.
[203] 孙宏斌,马华泉,谷松.条件价值法(CVM)在森林景观资源资产评估实例中的应用[J].佳木斯大学社会科学学报,2010(10):55-57.
[204] 孙立公.中国古建筑艺术长廊 庭院深深——民居的传说[M].上海:上海人民美术出版社,1998.
[205] 孙洛平.收入分配原理[M].上海:上海人民出版社,1996:24.
[206] 孙美堂.从价值到文化价值——文化价值的学科意义与现实意义[J].学术研究,2007(7):44-49.
[207] 孙珊.武汉市历史建筑保护研究[D].武汉:华中科技大学,2008.
[208] 孙薇.古建筑的社会保护及其框架下的旅游利用研究——以大连市为例[D].大连:东北财经大学,2007.
[209] 田超然,柯宏伟,付云杰.历史建筑和历史名城的价值重估与保护开发[J].河南大学学报(自然科学版),2009(9):123-124.
[210] 童乔慧,刘天桢.历史建筑评估中的结构方程模型研究[J].华中建筑,2008,26(12):263-266.
[211] 童乔慧.澳门历史建筑的保护与利用实践[J].华中建筑,2007,25(8):206-210.
[212] 童乔慧.中国建筑遗产概念及其发展[J].中外建筑,2003(6):13-16.
[213] 威尼斯宪章[S].1964.
[214] 汪培庄.模糊集与随机集落影[M].北京:北京师范大学出版社,1985.
[215] 汪路.合肥市包河区历史建筑调查和保护研究[D].合肥:合肥工业大学,2005.
[216] 汪培庄.模糊集与随机集落影[M].北京:北京师范大学出版社,1985.
[217] 汪秋菊.微观经济学[M].北京:科学出版社,2009.
[218] 王彩霞.试论土地利用规划的理论基础(一)[J].甘肃林业职业技术学院学报,2004 (4):85-87.
[219] 王常文.资源稀缺理论与可持续发展[J].当代经济,2005(4):32-35.
[220] 王冠贤,魏清泉.湛江历史建筑特征及其保护[J].规划师,2003,19(3):42-47.
[221] 王及宏.高速城市化进程中历史性建筑的类型保护策略[J].东南大学学报(自然科学版),2005(7):220-224.
[222] 王建国,戎俊强.关于产业类历史建筑地段的保护性再利用[J].时代建筑,2001(04).
[223] 王林.中外历史文化遗产保护制度比较[J].城市规划,2000,24(8):49-51.
[224] 王明贤.中国古建筑美学精神[J].时代建筑,1992(1):18-21.
[225] 王万茂,韩桐魁.土地利用规划学[M].北京:中国农业出版社,2004.
[226] 王晓玲.中亚伊斯兰教建筑的营造法式与艺术风格[J].美术观察,2009(5):111.
[227] 王玉民,赵作权.论“评价”[J].科学与技术观察,1994(6):42-44.

[228] 王云霞，罗荣，金曦，等. 因子分析与聚类分析在妇幼保健评价指标筛选中的应用比较[J]. 中国妇幼保健，2009，24(34)：4739-4742.
[229] 王昭言. 中国古建筑的历史文化价值[J]. 包装世界，2010(1)：63-64.
[230] 维特鲁威. 建筑十书[M]. 高履泰，译. 北京：知识产权出版社，2009.
[231] 卫国昌. 上海城市开发、发展与对历史建筑的保护、利用[J]. 上海建设科技，2008(3)：60-61.
[232] 魏杰. 现代产权制度辨析[M]. 北京：首都经济贸易大学出版社，1999：9.
[233] 文庭孝. 科学评价的理论基础研究[J]. 科学学研究，2007 (6)：1032-1040.
[234] 吴冠岑. 区域土地生态安全预警研究[D]. 南京：南京农业大学，2008.
[235] 吴卉. 古建筑、近代建筑、历史建筑和文物建筑析义探讨[J]. 福建建筑，2008(9)：23-24.
[236] 吴美萍，朱光亚. 建筑遗产的预防性保护研究初探[J]. 建筑学报，2010(6)：37-39.
[237] 吴美萍. 全国重点文物保护单位的保护规划与旅游规划关系问题研究[C]. 旅游学研究(第二辑)，2006(8)：194-196.
[238] 吴美萍. 文化遗产的价值评估研究[D]. 南京：东南大学，2006.
[239] 吴强. 矿产资源开发环境代价及实证研究[D]. 北京：中国地质大学，2008.
[240] 吴宣恭，等. 产权理论比较——马克思主义与西方现代产权学派[M]. 北京：经济科学出版社，2000.
[241] 伍江，陈侠. 当前社会背景下上海历史建筑保护与改造策略[J]. 山西建筑，2007(8)：5-7.
[242] 夏征农，陈至立. 辞海(第六版缩印本)[M]. 上海：上海辞书出版社，2010：876.
[243] 肖旻. 韩国古建筑实例的基本尺度取值规律探析[J]. 华南理工大学学报(自然科学版)，2003(6)：10-14.
[244] 萧默. 东方之光：古代中国与东亚建筑[M]. 北京：机械工业出版社. 2007.
[245] 萧默. 华彩乐意：古代西方与伊斯兰建筑[M]. 北京：机械工业出版社. 2007.
[246] 谢辰生. 中国大百科全书：文物、博物馆[M]. 北京：中国大百科全书出版社，1995.
[247] 徐春茂. 中国古代建筑风格[J]. 中国地名，2007(11)：34-35.
[248] 徐进亮，王茂森. 浅谈风水学对中国古建筑选址布局的影响——以苏州古建筑为例[J]. 江苏土地估价通讯，2010(1).
[249] 徐进亮. 礼耕堂[M]. 苏州：古吴轩出版社，2011.
[250] 徐进亮. 基于变权模型的古建筑价值评价研究[J]. 四川建筑科学研究，2013(3)：78-82.
[251] 徐民苏. 苏州民居[M]. 北京：中国建筑工业出版社，1991.
[252] 许抄军，刘沛林，王良健，等. 历史文化古城的非利用价值评估研究——以凤凰古

城为例[J]. 经济地理,2005,25(2): 240-243.
[253] 许抄军. 历史文化古城游憩利用价值及非利用价值评估方法与案例研究[D]. 长沙:湖南大学,2004.
[254] 许伟丽. 无形资产价值评估方法的研究及应用[D]. 石家庄:河北工业大学,2005.
[255] 薛达元,Clem Tisdell. 环境物品的经济价值评估方法:条件价值法[J]. 农村生态环境,1999,15(3):39-43.
[256] 亚当·斯密. 国富论[M]. 郭大力,王亚南,译. 上海:三联书店. 2009.
[257] 晏智杰. 经济学价值理论新解——重新认识价值概念、价值源泉及价值实现条件[J]. 北京大学学报(哲学社会科学版),2001(6):10-17.
[258] 杨曾宪. 试论文化价值二重性与商品价值二重性——系统价值学论稿之八[J]. 东方论坛,2002(3):10-18.
[259] 杨鸿勋. 关于历史城市与历史建筑保护的基本观点[J]. 建筑文化,2007(1):15.
[260] 杨柯柯. 文化线路遗产价值评价特征分析[D]. 北京:中国建筑设计研究院,2009.
[261] 杨明远. 城市凝聚力与历史文化遗产的价值实现[D]. 长春:吉林大学,2008.
[262] 杨毅栋,王凤春. 杭州市历史建筑的保护与利用研究[J]. 北京规划建设,2004(2):128-130.
[263] 姚炳学,李洪兴. 局部变权公理体系[J]. 系统工程理论与实践,2000(1):106-110.
[264] 叶剑平. 中国农村土地产权制度研究[M]. 北京:中国农业出版社,2000.
[265] 一凡. 古建筑:千年文化读本[J]. 房地产导刊,2006(23),70-71.
[266] 应臻. 城市历史文化遗产的经济学分析[D]. 上海:同济大学,2008.
[267] 尤建林. 天目山国家级自然保护区森林游憩价值评估方法研究[D]. 杭州:浙江林学院,2009.
[268] 于海清. 城镇综合用地估价理论与方法[D]. 开封:河南大学,2009.
[269] 余宏. 对我国公共资源型景区产权制度设计的探讨——以丽江玉龙旅游公司为例[J]. 中国商界,2008(5):114.
[270] 余晖. 燕坊古村传统民居现状调查与古建筑保护研究[D]. 南昌:南昌大学,2007.
[271] 余慧. 基于灰色聚类法的历史建筑综合价值评价[J]. 四川建筑科技研究,2009(10):240-242.
[272] 约翰·罗斯金. 建筑的七盏明灯[M]. 济南:山东画报出版社,2006.
[273] 张兵,康新宇. 中国历史文化名城保护规划动态综述[J]. 中国名城,2011(1):27-33.
[274] 张岱年. 论价值与价值观[J]. 中国社会科学院研究生院学报,1992(6):24-29.

[275] 张红霞.宏村古村落游憩价值及其旅游开发的环境影响价值评估[D].芜湖:安徽师范大学,2006.

[276] 张宏艳. 环境质量价值评估的经济方法综述 [J]. 中国科技成果,2007(23):33-36.

[277] 张家骥.中国造园论[M].太原:山西人民出版社,1991.

[278] 张杰,庞骏,董卫.悖论中的产权、制度与历史建筑保护[J].现代城市研究,2006(10):10-15.

[279] 张洁运.古文物年代的鉴定[J].数学通讯,2004(8):23-24.

[280] 张五常.经济解释(卷三)——制度的选择[M].香港:花千树出版有限公司,2002.

[281] 张艳华.在文化价值和经济价值之间——上海城市建筑遗产(CBH)保护与再利用[M].北京:中国电力出版社,2007.

[282] 张杨.社区居民对历史建筑保护与利用的态度研究——以比利时鲁汶市女修道院为例[J].社会科学研究,2009(06):102-105.

[283] 张茵.历史地段文化资源的保护动力机制研究[D].武汉:武汉理工大学,2006.

[284] 张银岭.江汉平原耕地资源利用效率研究[D].武汉:华中农业大学,2009.

[285] 张驭寰.古代军事建筑、军事工程有什么内容?(中国古建知识问答)[EB/OL].[2003-10-27]. http://www.people.com.cn/GB/paper39/10481/954391.html.

[286] 张政伟,王运良.国家软实力与文化遗产[J].世界文化,2008(6):4-6.

[287] 张祖群.汉长安城的文化、经济价值分析与遗产保护[D].西安:西北大学,2005.

[288] 赵和生.建筑的生与死:历史性建筑再利用研究[M].南京:东南大学出版社,2004.

[289] 赵坤利.穿着绚丽衣裳的建筑——漫游世界最美伊斯兰风格建筑[J].西部广播电视,2008(9):190-119.

[290] 赵秋艳.东昌湖生态系统服务功能价值评估研究[D].济南:山东大学,2007.

[291] 曾晓红.中国古建筑的人本主义[J].中外房地产导报,2000 (18):51-52.

[292] 郑杭生,李路路.城市居民的生活方式与社会交往[D].2005 中国社会发展研究报告 3,2005.

[293] 郑孝燮.世界遗产的“不可再生”价值[J].现代城市研究,2004(6):27-29.

[294] 郑云扬,吴颖,李浩.中国传统哲学观在古建筑中的体现[J].南昌航空工业学院学报(社会科学版),2005(7):16-19.

[295] 中国房地产估价师与房地产经纪人学会.房地产估价理论与方法[M].北京:中国建筑工业出版社.2005:75,229,300.

[296] 政治经济学批判·第一分册[M].北京:人民出版社,1995.

[297] 中华人民共和国建设部.房地产估价规范[M].北京:中国建筑工业出版社,1999.

[298] 中华人民共和国国务院令第524号.历史文化名城、名镇、名村保护条例[DB/OL].[2008-04-22]. http://www.gov.cn/flfg/2008-04/29/content_957342.htm.

[299] 周国峰.马克思劳动价值论和西方经济学价值理论的比较[D].贵州:贵州大学,2008:28-30.

[300] 周吉平.革命历史建筑的保护方法研究[D].太原:太原理工大学,2006.

[301] 周建春.耕地估价理论与方法研究[D].南京:南京农业大学,2005.

[302] 周其仁.要紧的是界定权利[N].经济观察报,2006(31).

[303] 周学鹰,马晓.江南水乡建筑文化遗产保护[J].华中建筑,2007(1):214-218.

[304] 朱光亚,杨丽霞.浅析城市化进程中的建筑遗产保护[J].建筑与文化,2006(6):15-22.

[305] 朱光亚,杨丽霞.历史建筑保护管理的困惑与思考[J].建筑学报,2010(2):18-22.

[306] 朱光亚.建筑遗产评估的一次探索[J].新建筑,1998(2):22-24.

[307] 朱华友.空间集聚与产业区位的形成:理论研究与应用分析[M].北京:中国科学技术出版社,2005.

[308] 朱沁夫.遗产经济学与文化产业发展[J].生产力研究,2004(8):130-132.

[309] 朱善利.价格、价值理论与经济学的层次[J].北京大学学报(哲学社会科学版),1986(6):80-86.

[310] 朱向东,丁辉.中国古建筑信息构成及价值初探[J].太原理工大学学报,2007,38(1):81-84.

[311] 朱向东,申宇.历史建筑遗产保护中的历史价值评定初探[J].山西建筑,2007,33(34):5-6.

[312] 朱向东,薛磊.历史建筑遗产保护中的科学技术价值评定初探[J].山西建筑,2007,33(35):1-2.

[313] 邹晓云.土地估价基础[M].北京:地质出版社,2010.

附　件

条件价值法——东山雕花楼支付意愿问卷调查表

说明:本调查仅供研究使用,您的个人信息将会被严格保密。问卷第二部分所涉及的支付意愿指您个人为保护东山雕花楼的出资意愿,即内心愿意出多少钱,而非真的需要您当场支付。

一、个人信息

1. 您的性别是:男(　　);女(　　)

2. 您的年龄位于哪个年龄段:________

A. 25 岁以下;B. 26～40 岁;C. 41～55 岁;D. 56 岁以上

3. 您的职业为:________

A. 公务员;B. 教师或科研人员;C. 企事业单位职工;D. 农民;

E. 其他职业________

4. 您的学历为:________

A. 研究生以上学历;B. 大学本、专科学历;C. 中等教育者;D. 初等教育者(含初中、小学及文盲)

5. 您的家庭年收入为:________

A. 50 000 元以下;B. 50 001～100 000 元;C. 100 001～200 000 元;D. 200 001 元以上

二、支付意愿

1. 您愿意为保护东山雕花楼支付多少钱的费用? ________(选择 A 请回答问题 2,其他回答直接跳转问题 3)

A. 不愿意支付; B. 1～50 元; C. 50～100 元; D. 100～200 元; D. 200 元以上; E. 其他________

2. 选择 A 如果您不愿意为保护东山雕花楼支付费用,原因是________(可多选)

A. 愿意保护,但是家庭收入低;

B. 对旅游区的环境保护不感兴趣;

C. 家庭和工作地离旅游区较远,享受不到其环境资源;

D. 不想享受旅游区资源，也不想为别人或子孙后代享用资源而出资保护；

E. 应全部由国家出资保护，而不应由个人支付；

F. 应由当地人或当地政府出资保护；

G. 对本支付意愿调查没有兴趣；

H. 担心出资的钱不能真正用于环境保护；

I. 其他(请说明)________

3. (选择 B\C\D\E)如果您愿意为保护东山雕花楼出资，您倾向采用哪种支付方式：________

A. 直接以现金形式捐献到某自然保护基金组织并委托专用；

B. 直接以现金形式捐献到东山雕花楼管理机构；

C. 包含在旅游景区或景点门票中支付；

D. 以纳税的形式上交国家统一支配；

E. 其他方式(请说明)________

推荐的参考法律与书目

1. 法律法规文件：

国际

- 第一届历史纪念物建筑师及技师国际会议《关于历史性纪念物修复的雅典宪章》(1931)
- 国际现代建筑协会《雅典宪章》(1933)
- 第二届历史纪念物建筑师及技师国际会议《关于古迹保护与修复的国际宪章(威尼斯宪章)》(1964)
- 联合国教科文组织《保护世界文化和自然遗产公约》(1972)
- 联合国教科文组织《关于历史地区的保护及其当代作用的建议(内罗毕建议)》(1976)
- 国际古迹遗址理事会章程(1978)
- 国际古迹遗址理事会《保护历史城镇与城区宪章(华盛顿宪章)》(1987)
- 联合国教科文组织《保护传统文化和民俗的建议》(1989)
- 国际古迹遗址理事会《关于乡土建筑遗产的宪章》(1999)
- 国际古迹遗址理事会《木结构遗产保护准则》(1999)
- 国际古迹遗址理事会中国国家委员会《中国文物古迹保护准则》(2000)
- 联合国教科文组织《保护非物质文化遗产公约》(2003)
- 国际古迹遗址理事会《西安宣言》(2005)

中国

- 中华人民共和国文物保护法
- 中华人民共和国文物保护法实施条例
- 历史文化名城名镇名村保护条例
- 国家级非物质文化遗产保护与管理暂行办法
- 城市紫线管理办法
- 全国重点文物保护单位记录档案工作规范(试行)
- 全国重点文物保护单位保护规划编制要求
- 历史文化名城名镇名村保护规划编制要求

2. 国家及行业标准：

- 历史文化名城保护规划规范(GB 50357—2005)
- 仿古建筑工程工程量计算规范(GB 50855—2013)

- 古建筑修建工程质量检验评定标准(北方地区)CJJ 39—91
- 古建筑修建工程质量检验评定标准(南方地区)CJJ 70—96

3. 行业用书:

- 潘谷西主编,《中国古代建筑史 第四卷:元、明时期建筑(第二版)》,中国建筑工业出版社,2009
- 孙大章主编,《中国古代建筑史 第五卷:清代建筑(第二版)》,中国建筑工业出版社,2009
- 国家发展改革委、建设部,《建设项目经济评价—方法与参数(第三版)》,中国计划出版社,2006